미니탭을 이용한

실용회귀분석

이태섭 저

Minitab

자유아카데미

사랑하는 아들 재운에게

머 리 말

현대를 살아가는 우리는 우리의 의지와 상관없이 어떤 형태로든 우리 생활의 상당 부분을 통계학과 함께 하고 있습니다. 매일매일 우리에게 전달되는 수많은 정보, 즉 고속도로의 통행량, 여론조사의 결과, 주식가격의 변동, 실업률, 국민총생산, 스포츠나 일기예보 등을 예로 들 수 있을 것입니다. 이처럼 우리가 접하게 되는 자료나 정보의 양이 너무도 방대하여 이를 모두 소화시키기가 불가능할 정도입니다. 또한 어떤 자료가 올바른 것이고, 어떤 정보가 그릇된 것인지를 파악하기도 어려운 실정입니다. 따라서 현대 사회에 현명하게 대처하려는 사람들은 부정확한 정보로부터 자신을 보호하거나 또는 올바른 의사결정을 내리기 위하여 통계학의 기본 개념을 이해하는 것이 필수적이라 하겠습니다. 아울러 이러한 문제를 해결하기 위해서는 자료수집과 분석과정, 그리고 기초계획단계에서 통계학을 연구하는 많은 사람들의 참여가 더욱 더 요구된다고 하겠습니다.

이 책은 여러 가지 통계방법 중에서 인문, 사회 및 자연과학 등 거의 모든 분야에서 가장 폭넓게 활용되고 있는 회귀분석을 다루었습니다. 이처럼 활용도가 큰 회귀분석이다 보니 회귀분석을 통하여 도움을 얻는 사람들도 많겠지만, 오히려 회귀분석으로 인하여 고통을 받고 있는 사람들도 많은 것이 사실입니다. 따라서 이 책은 이러한 문제를 극복하고자 회귀분석의 제반 과정과 그 결과를 가급적 쉽게 해석하고 설명하고자 하였습니다. 또한 회귀분석과 그 자료 분석의 목적은 동일하나 자료의 형태상 접근방법이 다른 시계열분석을 포함하여, 독자들이 유사한 두 가지 자료 분석 방법을 비교해 볼 수 있도록 하였습니다.

이 책은 한 학기 정도의 기초통계학을 수강한 경험이 있는 사람들을 대상으로 하였습니다. 그러나 만일 통계학을 전혀 수강한 경험이 없는 독자의 경우에도 이 책의 제2장에 설명되어 있는 기본적인 통계이론을 먼저 잘 이해한다면 별 무리 없이 여기서의 회귀분석 내용을 이해할 수 있으리라 생각합니다. 만일 이 책을 교과서로 사용하려 한다면 한 학기 정도의 회귀분석 과목에 적당할 것이나, 통계패키지 및 자료의 실습과정이 수반된다면 두 학기 과목으로의 사용도 적절하리라고 봅니다.

끝으로 이 책의 출판에 많은 도움을 준 자유아카데미 관계자 여러분께 고마운 마음을 전하며, 부디 이 책이 회귀분석을 공부하고 실무에 적용하고자 하는 독자들에게 커다란 도움이 되기를 기대합니다.

2011. 12.

이 태 섭

tslee@anyang.ac.kr

차 례

1

서 론

제 1 장 서 론

회귀분석이란 회귀모형을 통하여 변수들 사이의 관계식을 파악하는 통계적 방법인데 경제, 경영, 교육, 정치 등의 사회과학 그리고 물리, 화학, 생물, 공학, 농학, 의학 등 자연과학의 거의 모든 분야에서 응용되고 있다.

먼저 **회귀**(regression)라는 말은 1885년 영국의 과학자 갈톤(F. Galton)이 발표한 '유전에 의하여 보통사람의 신장으로 회귀(Regression toward Mediocrity in Hereditary Stature)'라는 논문에서 비롯되었다. 갈톤은 이 논문에서 아들의 키와 부모 키의 관계를 분석하였는데, 부모의 키가 매우 클 때(또는 작을 때) 아들의 키는 일반적으로 평균키보다는 크지만(작지만) 그들의 부모만큼 크(작)지는 않다는 결론이다. 즉 부모가 키가 크(작)더라도 그 자식들은 결국 보통 키로 회귀한다는 뜻이다.

제1절 회귀분석의 개요

회귀분석(regression analysis)을 이해하기 위하여 회귀분석 기법을 사용하는 가상적인 예를 들어 보자. 외관상으로 나타나는 신체적 조건으로부터 그 사람의 몸무게를 추정하는 문제를 고려해 본다. 일반적으로 키가 큰 사람의 몸무게가 키가 작은 사람보다 더 무겁고, 또한 가슴둘레가 클수록 몸무게는 더 무거울 것이다. 먼저 키와 몸무게의 관계를 알아보기 위하여, 랜덤으로 표본을 추출하여 키와 몸무게를 측정하였더니 다음의 <그림 1-1>에서와 같은 **산점도**(scatter diagram)를 이루었다.

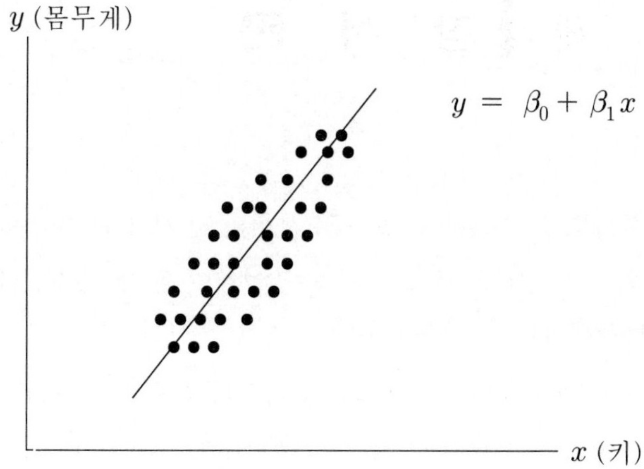

〈그림 1-1〉 키와 몸무게 자료의 산점도

▶ 회귀모형

키와 몸무게는 상관관계가 높으므로 키를 알면 몸무게를 짐작할 수 있을 것이다. 이 때, 몸무게를 y로 하고 키를 x라고 하여 키와 몸무게의 관계식을 만든 것이 **회귀모형**(regression model) 또는 **회귀방정식**(regression equation)이다. <그림 1-1>에서와 같이 이 산점도에서 자료를 가장 잘 반영하는 직선을 적합시켰다면, 이 직선의 방정식은 다음과 같이 쓸 수 있다.

$$y = \beta_0 + \beta_1 x, \quad \text{여기서 } \beta_0 : \text{절편}, \ \beta_1 : \text{기울기}$$

그러나 그림에서 보는 바와 같이 관찰값들이 직선과 정확하게 일치하지는 않는다. 그 이유는 키가 같은 사람들이라도 몸무게가 모두 똑같을 수는 없기 때문인데, 그러므로 키만 가지고 몸무게를 정확하게 추정할 수는 없다. 따라서 위의 직선의 방정식은 관찰값을 표현하기 위하여 다소 조정되어야 할 필요가 있다. 여기서 몸무게 y와 $\beta_0+\beta_1 x$의 차이를 오차라 하여 ϵ으로 나타내면, ϵ은 통계적 오차로 생각될 수 있다. 즉 오차항은 모형이 관찰값들을 정확하게 적합시키지 못하는 부분을 표현한다. 오차항은 회귀모형에 나타난 키 이외에 몸무게에 영향을 줄 수 있는 가슴둘레 등의 다른 변수에 따른 효과나 측정오차 등으로 구성된다. 그러므로 몸무게와 키의 관계를 더욱 잘 반영하는 모형은 오차항을 포함하여 다음과 같이 나타낼 수 있다.

$$y = \beta_0 + \beta_1 x + \epsilon$$

▶ 독립변수와 종속변수

위의 모형에서 x를 **독립변수**(independent variable)라 하고, y를 **종속변수**(dependent variable)라 부른다. 다른 표현으로는 독립변수는 **예측변수**(predictor variable) 또는 **회귀변수**(regress variable), 그리고 종속변수는 **반응변수**(response variable)라고 칭하기도 한다. 일반적으로 회귀분석에서 종속변수 y는 어떤 양이나 크기 등으로 측정될 수 있는 **양적변수**(quantative variable)라야 하고, 독립변수는 양적변수 및 어떤 범주나 집단 등을 표현하는 **질적변수**(qualitative variable) 모두를 취할 수 있다.

회귀분석은 y와 모수 β와의 관계가 선형을 유지하는 모형을 다루므로 선형회귀분석 또는 선형회귀모형이라 해야 한다. 그러나 일반적으로 회귀분석은 선형모형을 주로 다루므로 선형을 빼고 그냥 회귀분석이라고 부른다.

▶ 단순회귀모형

회귀모형이 아래와 같이 오직 하나의 독립변수 항을 가질 경우, 이를 **단순회귀모형**(simple regression model)이라 한다.

$$y = \beta_0 + \beta_1 x + \epsilon$$

▶ 다중회귀모형

두 개 이상의 독립변수가 사용되는 회귀모형을 **다중회귀모형**(multiple regression model)이라 한다. 일반적으로 k개의 독립변수항으로 이루어진 다중회귀모형은 다음과 같이 표현된다.

$$y = \beta_0 + \beta_1 x_1 + \cdots + \beta_k x_k + \epsilon$$

몸무게 추정의 예에서 키를 x_1 그리고 가슴둘레를 x_2라 하면, 다음의 세 가지 모형은 모두 다중회귀모형이 된다.

① $y = \beta_0 + \beta_1 x_1 + \beta_2 x_2 + \epsilon$

② $y = \beta_0 + \beta_1 x_1 + \beta_2 x_2 + \beta_3 x_1 x_2 + \epsilon$

③ $y = \beta_0 + \beta_1 x_1 + \beta_2 x_1^2 + \epsilon$

이 때, 회귀모형 ②의 $\beta_3 x_1 x_2$항을 독립변수 x_1과 x_2에 대한 **교호작용** 또는 **상호작용**(interaction)항이라고 한다. 또한 모형 ③은 x_1에 대한 2차 다항식인데, 여기서 $x_2 = x_1^2$으로 나타내면 모형 ①과 같은 형태가 된다.

제2절 회귀분석의 목적

회귀분석의 중요한 목적은 종속변수와 독립변수 사이의 관계식을 파악하고 미래의 값을 예측하기 위하여 적절한 회귀모형을 설정하고 알려지지 않은 모수, 즉 **회귀계수**(regression coefficient)를 추정하는 것이다. 회귀분석의 목적은 일반적으로 다음과 같이 요약하여 나타낼 수 있다.

회귀분석의 목적

- ▶ 자료의 요약 정리
- ▶ 회귀모형의 설정
- ▶ 회귀모수의 추정
- ▶ 반응값 y에 대한 추정

위의 목적 중에서 처음 세 가지는 종속변수와 독립변수 사이의 관계식을 파악하기 위한 내용이고, 마지막 내용은 파악된 관계식을 이용하여 미래의 값을 예측 또는 통제하는 과정이다. 그러면 회귀분석의 목적을 차례로 설명해 보기로 한다.

▶ 자료의 요약 정리

자연과학 분야에서는 일련의 **자료를 요약**하여 표현하기 위한 목적으로 회귀방정식을 자주 사용한다. 예를 들어 몸무게와 키에 관한 자료에서 회귀모형이 표나 그림보다 훨씬 더 편리하고 유용하게 자료를 요약하는 수단이 될 수 있다.

▶ 회귀모형의 설정

회귀모형의 설정과정에서 종속변수를 추정하는데 필요한 독립변수들을 선정하는 것이 목적일 때도 있다. 예를 들어 부동산가격에 영향을 주는 변수들이 무엇일까? 은행이자율, 주식가격, 인플레이션, 경제성장률 등 여러 가지가 거론된다. 이 중에서 어느 변수가 과연 부동산가격의 변동에 중요한 역할을 하는지 판단하는 방법으로 회귀분석을 이용할 수 있다.

또한 모형설정에 목적을 두는 경우도 있다. 이럴 때 분석자는 우선 모든 관련된 변수들이 자료에 포함되어 있는지를 확인해야 하고, 회귀방정식이 모든 독립변수들에 대하여 올바른 함수형태를 갖추었는지를 확인해야 한다. 이 두 사항을 제대로 만족시키지 못할 경우 잘못된 추정을 하게 될 것이다. 예를 들어 임금 수준의 불균형에 대하여 조사를 한다고 하자. 임금을 예측하기 위한 방정식을 만들기 위하여 독립변수로 성별, 직업, 근무연한, 그리고 기타 임금에 관련된 변수들을 포함시킬 수 있을 것이다. 그러나 고용과 관련된 많은 경우에 있어서 측정하기 어려운 독립변수는 업무의 질이다. 이 변수는 임금수준에 영향을 주는 가장 중요한 요소가 될 지도 모른다. 특히 미국같이 능력위주의 사회에서는 더욱 그러하다. 만약 연구의 목적이 성별에 따라 임금수준이 어떤 차이가 있는지를 파악하는 것이라면 이 변수는 꼭 고려되어야 한다. 그렇지 않으면 성별에 따라 임금격차가 없다고 나타날 수도 있을 것이며, 따라서 성별은 임금수준을 추정하는데 별로 필요 없는 변수로서 제거될 수도 있을 것이다. 마찬가지로 근무연한을 독립변수로 사용하는 경우에도 주의를 기울여야 할 것이다. 예를 들어 어떤 직종에서는 처음 몇 년간은 임금이 조금씩 오르다가 일정기간 이후부터는 상승률이 높아지는 경우도 있다. 즉 처음에 몇 년은 훈련기간이고 그 이후부터는 전문가로서 일하게 된다면 임금과 근무연한 사이의 관계를 단순히 선형적인 관계로 취급하는 것은 옳지 않은 방법이 된다.

회귀분석에서 올바른 모형설정이 요구되는 경우에는 좋은 추정만을 추구하는 경우보다 자료가 분석자들에게 더욱 중요하다. 관련이 있는 독립변수들을 포함시키는 것과 그 독립변수들에 대한 적절한 함수관계의 표현에 주의를 기울여야 한다. 이러한 요소들이 고려될 때, 각 독립변수들의 상대적인 가치가 적절히 평가될 것이다.

▶ 모수의 추정

때로는 **모수추정 문제**를 회귀분석으로 해결할 수도 있다. 예를 들어 어떤 전기회로에서 알려지지 않은 저항을 R이라 하자. 옴의 법칙에 따르면 전압 E와 전류 I

사이에는 E = IR이라는 관계가 성립한다. 여기서 저항 R을 결정하기 위하여 여러 가지 다른 전류를 전기회로에 보내어 전류에 대한 전압을 측정하여 산포도를 작성하면 전압과 전류의 선형관계를 도출할 수 있다. 이 자료를 가지고 회귀분석 방법에 모형을 적합시키면 기울기 R을 추정할 수 있다.

▶ 반응값 y의 추정

반응값 추정에 관한 예를 들어 본다. 시청에서 적절한 전력공급대책을 세우려 한다면 그 시의 전력수요량이 매우 중요한 변수가 될 것이다. 이 경우 전력수요량을 예측하기 위한 방정식을 만들 때의 주요 관심사는 이 방정식에 의하여 전력수요량을 얼마나 잘 예측할 수 있느냐 하는 것이지, 예측방정식에 어떤 변수가 포함되며 변수의 계수가 얼마인가 하는 것은 그다지 중요하지 않다. 즉 예측만 정확히 할 수 있으면 된다. 전력수요량에 대한 예측방정식이 다음과 같다고 가정하자.

$$\hat{y} = b_0 + b_1 x_1 + \cdots + b_k x_k$$

위의 식에서 $\hat{y}$은 독립변수들에 특정한 값 $x_1, \cdots, x_k$가 주어졌을 때 예측되는 전력수요량이다. 추정된 회귀계수는 $b_0, b_1, \cdots, b_k$로 표기된다.

이 예측모형에서는 실제 y에 대한 추정량인 $\hat{y}$을 얼마나 정확하게 구할 수 있느냐에 관심이 있는 것이다. 모수의 추정값을 결정하는 기준이 예측의 정확성과 관련될 수밖에 없겠지만, 이러한 기준이 반응값의 예측을 어느 정도 정확하게만 할 수 있다면 모수추정은 그리 정확하지 않아도 될 것이다. 요약하면 어떤 예측방정식은 반응을 잘 예측할 수 있도록 만드는 것이 첫째 목적이고, 모형을 올바르게 설정하는 것은 차후 문제이다. 결국 중요한 독립변수가 모형에서 잘못 삭제된다면 좋은 예측이 될 수 없겠지만, 불필요한 변수가 포함되는 것같이 모형이 잘못 설정되었지만 좋은 예측결과를 얻는 경우도 있다.

제3절 회귀분석에서의 유의사항

회귀분석은 거의 모든 분야의 통계자료 분석에서 빼놓을 수 없는 방법이다. 실험계획법에 의한 분석도 많은 부분을 회귀분석으로 대신할 수 있다. 그러면 각 분야에서 대표적으로 적용될 수 있는 회귀분석의 예를 보면 다음과 같다.

〈표 1-1〉 회귀분석 적용의 예

분야	종 속 변 수	독 립 변 수
경영	매출액	광고비, 품질, 가격
	첨단기술제품의 시장점유율	연구개발비, 품질, 가격
경제	주식 가격	금리, 부동산 가격, 통화량, 경상수지
	1인당 저축액	소득액, 소비성향, 부양가족수
교통	교통사고 건수	차량통행량, 일기, 도로사정
교육	성적	I.Q, 공부시간, 교육방법
공학	열전도율	금속의 두께, 온도, 재질
	복사기에 종이가 끼는 정도	출력속도, 출구의 넓이
의학	산소흡입량	폐 크기, 오염도, 콜레스테롤 정도
법학	강력범죄 건수	불쾌지수, 환경, 계절, 경기
정치	특정후보의 지지율	출신지역, 학력, 의정활동 사항

이상과 같이 회귀분석은 거의 모든 분야에 적용될 수 있는 유용한 통계기법이라고 하겠다. 따라서 회귀분석을 적절하게 이용할 때에는 많은 도움을 얻을 수 있지

만, 자료의 대표성이 결여되어 있거나 적합된 모형을 잘못 적용시키는 경우에는 예상하지 못한 오류가 발생하게 된다. 이러한 회귀모형의 오용은 자료 분석자가 모형을 잘못 설정하여 발생할 때도 있고, 적합된 모형을 확대하여 적용시키거나 모형을 잘못 해석하는데 기인하기도 한다. 회귀분석의 적용과정에서 일반적으로 유의해야 할 사항을 정리하면 다음과 같다.

회귀분석과정에서의 유의사항

▶ 자료의 정확성

▶ 확대적용

▶ 일반화

▶ x값의 배치

▶ 이상값의 처리

▶ 넌센스 관계

▶ 고려되지 않은 변수의 역할

▶ 자료의 정확성

'엉터리 자료에서는 엉터리 분석 결과가 나온다.'는 말은 회귀분석뿐만 아니라 모든 일상생활에서도 당연시되는 일이다. 한 예로 지난 1987년의 우리나라 대통령 선거에서 세 명의 선두 후보들은 제각기 자신의 당선을 장담하였지만 결국 두 후보는 낙선하였다. 이들은 모두 엉터리 자료에 의한 분석결과에 도취되었는지도 모른다.

회귀분석은 종속변수와 독립변수 사이의 관계에 대한 정보를 마련해 주는데, 이는 자료에 포함되어 있는 정보만큼만 가능한 것이다. 자료가 모집단을 완벽하게 반영할 수 있도록 수집되었든지, 또는 아무렇게나 수집되었든지 상관없이 회귀계수는 추정되고 적합된 모형으로부터 결론은 내려진다. 그러나 적합의 정도나 결론의 정확도는 사용된 자료의 정확성에 달려 있다. 즉 자료가 대표성이 없거나 잘못 수집되었다면 결국 적합의 정도는 형편없을 것이고, 그 결론 또한 잘못될 것이다.

▶ 확대적용

회귀모형은 모형을 추정하기 위하여 사용된 독립변수의 값의 범위 내에서 적합된 직선이므로, 엄격히 말하자면 자료에 나오는 독립변수 범위 내에서만 종속변수를 고려하는 것이 타당하다. 그러나 회귀분석의 목적이 그렇지 못할 때가 있다. 예를 들어 2010년의 인구를 추정하기 위하여 과거의 자료를 사용하여 회귀모형을 만들었다면 모형의 **확대적용**(extrapolation)이 불가피할 것이다. 여기서 주의할 것은 독립변수와 종속변수 사이의 관계가 확대적용 되더라도 크게 달라지지 않는다는 이론적 근거가 뒷받침되어야 한다는 것이다. 가령 x가 온도이고 y가 반응량으로 <그림 1-2>와 같이 회귀직선이 추정되었다고 하자.

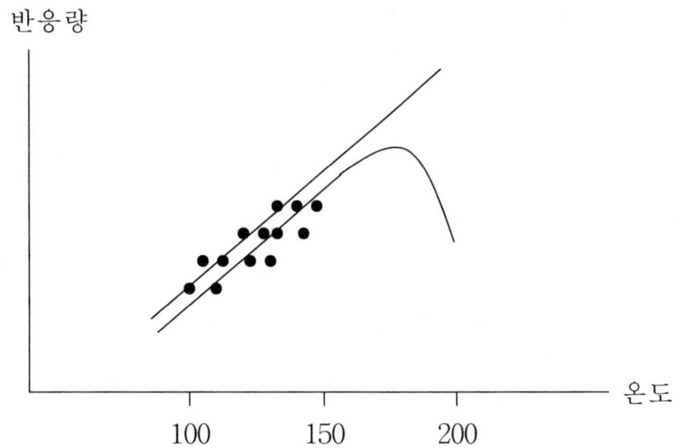

〈그림 1-2〉 온도와 반응량의 회귀직선

여기서 독립변수의 범위는 100℃~150℃인데, 200℃에서의 반응량을 이 회귀직선을 이용하여 추정한다면 큰 오류를 범할 수 있다. 그 이유는 반응량이 계속 증가하는 것이 아니라, <그림 1-2>에서와 같이 일정한 온도를 지나면 급격히 감소할 수도 있기 때문이다.

▶ 일반화

하나의 표본에서 모집단으로 또는 하나의 모집단에서 다른 모집단으로 **일반화**(generalization)를 시킨다는 것은 한 묶음의 자료에 의한 회귀분석의 결과를 다른 묶음의 자료를 추정하는데 사용한다는 뜻이다. 어떠한 예측모형을 만들기 위하여 사용된 일련의 자료에 대한 제반 사항들이 추정을 하려는 다른 모집단에는 해당되지 않을 수도 있다. 예를 들어 몸무게와 키에 대한 회귀방정식을 한국 사람들로부터 수집한 자료로 만들었는데, 유럽 백인들이나 아프리카 흑인들에게 적용시킨다면 다소 무리가 따를 것이다. 왜냐하면 인종마다 신체구조의 특징에 차이가 있기 때문이다.

그러면 확대적용과 일반화의 차이점을 살펴보기로 한다. 먼저 확대적용은 독립변수 값의 영역을 벗어나는 어떤 값에 대하여 종속변수의 반응값을 예측하는 경우이며, 일반화는 어떤 자료로부터 도출된 회귀모형을 그것과는 특성이 상이한 다른 자료에 적용하는 것이다. 예를 들어 현재까지의 자료에 의존하여 21세기 미국의 인구를 예측한다면 확대적용이고, 또한 미국의 자료에 의하여 만들어진 예측모형을 유럽이나 아시아에 적용시키는 것은 일반화이다.

▶ x 값의 배치

최소제곱법을 사용할 때 독립변수 **x 값의 배치**는 매우 중요하다. 이상적으로는 x 값들 사이의 구간이 똑같은 것이 가장 효율적이다. 왜냐하면 기울기를 추정할 때 모여 있는 점들은 비슷한 비중으로 작용되나, 멀리 떨어져 있는 x 값은 다른 점들에 비하여 더 강한 영향을 주기 때문이다.

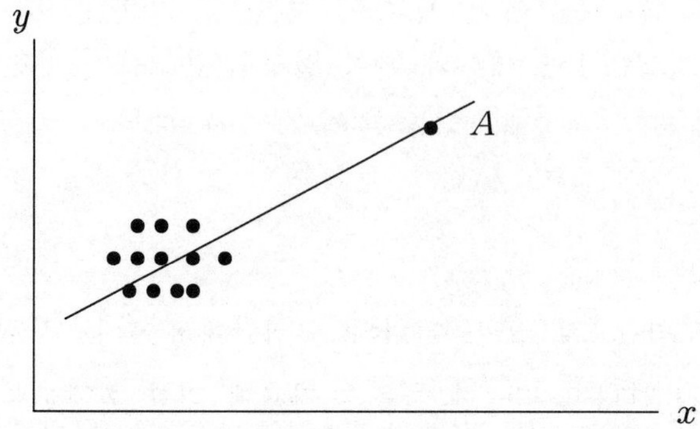

〈그림 1-3〉 멀리 떨어져 있는 관찰값의 영향

예를 들어 <그림 1-3>의 점 A는 최소제곱법에 의하여 기울기를 추정할 때 다른 점들보다 훨씬 많은 비중을 차지한다. 이와 같은 상황은 실제 문제에서 자주 발생되고 있다. 한 개 또는 몇 개의 관찰값들이 모형의 특성을 바꾸어 놓는 경우를 조심하여야 한다.

▶ 이상값의 처리

예외적으로 엉뚱한 관찰값이 모형을 바꾸어 놓을 수도 있다.

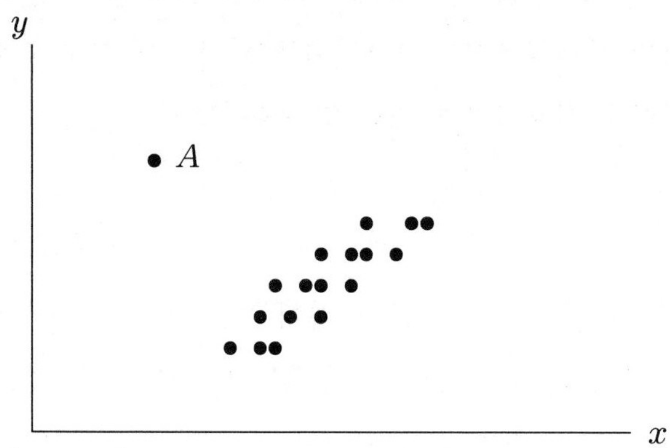

〈그림 1-4〉 이상값이 존재하는 자료

앞의 <그림 1-4>에서 보는 바와 같이 관찰값 A는 다른 자료와 비교해 볼 때 돌연변이라 할 수 있는데, 최소제곱법을 적용한 회귀모형의 추정에 있어 다른 관찰값보다 훨씬 큰 영향을 미치게 된다. 여기서 A와 같은 점을 **이상값**(outlier)이라 하는데, 이는 잘못 관찰된 값일 수도 있고 또는 분석하고자 하는 문제의 중요한 일면을 보여 주는 값일 수도 있다. 이러한 이상값에 대해서는 제6장 4절에서 자세히 다루고 있으므로, 여기서는 이의 실용적인 처리방법만을 간략하게 소개한다.

이상값의 처리 방법

- ▶ 우선 이상값이 실험과정이나 기재과정에서 실수로 나타난 값이 아닌가를 확인한다. 실수라면 제외한다.
- ▶ 이상값이 문제의 특성상 존재할 수 있는 값인 지를 검토한다. 존재할 수 없는 값이면 제외한다.
- ▶ 이상값을 포함한 분석과 포함하지 않은 분석의 두 가지를 모두 제시하고, 서로 비교하면서 결과를 해석한다.

▶ 넌센스 관계

두 변수가 회귀분석에서 수리적으로 강한 상관관계를 갖는다고 해서 반드시 두 변수가 원인과 결과의 관계가 되는 것은 아니다. 즉 회귀분석이전에 전문적인 지식으로 원인과 결과의 관계를 먼저 검토하여야 한다. 두 변수 사이의 넌센스 관계를 갖는 예가 다음의 <표 1-2>에 제시되어 있다. 이는 1981년부터 1986년까지의 우리나라 해군 장교정원 y와 우리나라의 이혼 건수 x를 의미한다. 여기서 해군 장교정원은 1981년의 값을 1000으로 하여 지수로 나타낸 것이다.

〈표 1-2〉 넌센스 관계를 나타내는 자료

연 도	1981	1982	1983	1984	1985	1986
해군 장교	1000	1019	1029	1036	1039	1046
이혼 건수	24543	26740	29139	35214	37314	37744

그러면 위의 자료를 이용하여 해군 장교정원과 이혼 건수에 대한 회귀모형을 추정한 결과는 다음과 같다.

$$\hat{y} = 942.03 + 0.00271x \quad \rightarrow \quad R^2 = 0.8694$$

여기서 회귀모형의 유의성을 검정해보면 매우 유의한 것으로 나타나며, 결정계수 R^2도 0.8694로 비교적 높게 도출된다. 그러면 해군 장교정원을 증가시키기 위해서는 우리나라의 이혼 건수가 늘어나면 된다는 것인데, 이것은 분명히 넌센스 관계로 이혼 건수가 장교정원에 영향을 줄 수 없다는 것은 상식이다. 다만 두 변수가 통계적으로 강한 선형관계를 보이는 것은 해당 기간 동안에 두 변수의 값이 모두 증가하고 있기 때문이다.

▶ 고려되지 않은 변수의 역할

다음의 <그림 1-5>는 식당에서 식기의 단위 면적당 대장균 수 y가 도시의 인구밀도 x에 따라 어떻게 변하는가를 관찰한 결과이다. <그림 1-5>의 (a)를 보면 인구밀도와 대장균 수는 선형관계를 갖는 것으로 보여 진다. 그러나 (a)는 (b)와 (c)를 합성한 것으로, (b)는 면 또는 리와 같이 작은 단위로서 소독시설이 없는 경우이고 또한 (c)는 도시로서 소독시설이 있는 경우를 나타낸다.

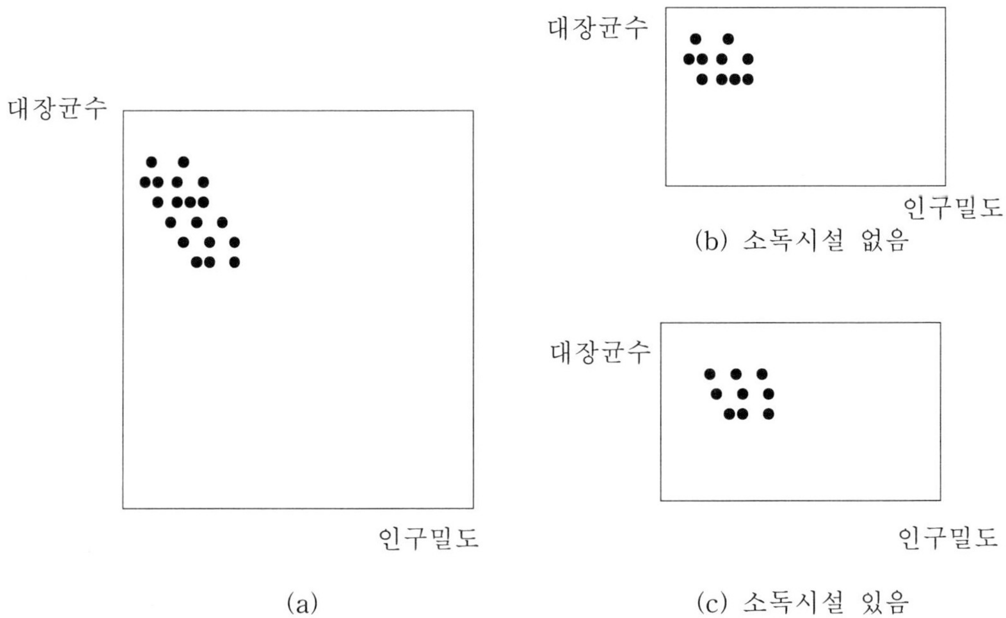

〈그림 1-5〉 인구밀도에 따른 식당의 대장균 수

즉 그림 (a)를 (b)와 (c)로 분리해 보면, 두 경우 모두 인구밀도와 대장균 수 사이에는 어떠한 상관관계도 없음을 알 수 있다. 이와 같이 소독시설의 유무라는 고려되지 않은 변수가 분석의 방향을 결정적으로 좌우하게 되는 경우도 있다.

제4절 통계패키지의 이용

여러 학문분야에서 그렇듯이 컴퓨터의 발전은 통계학에도 많은 영향을 주었다. 그 결과 통계학자들이 연구대상으로 하는 영역 그 자체도 눈부시게 확장될 수 있었으며, 이제는 가장 기초적인 수준의 통계학 강의에서도 컴퓨터 통계패키지에 대한 이용이 일반화되고 있다. 현재 일반적으로 이용되고 있는 **통계패키지**(statistical package)로는 **SPSS**(statistical package for social sciences), **SAS**(statistical analysis system), **MINITAB** 그리고 **BMDP**(biomedical computer programs) 등을 들 수 있다.

SPSS는 원래 사회과학에 사용되는 통계패키지로 발전되었고, SAS는 통계전문가를 위한 통계패키지로, 그리고 BMDP는 의학분야에서 주로 사용해 온 통계패키지이다. 그러나 각 통계패키지에서 다루는 통계방법들은 처음 통계패키지를 만들 때에는 그 내용에 다소 차이가 있었으나, 그 후 보완과정을 거침에 따라 지금은 실제적으로 거의 차이가 없게 되었다.

미니탭은 특히 컴퓨터에 대한 지식이 많지 않은 초보자도 쉽게 이용할 수 있도록 비교적 최근에 개발된 통계패키지이다. 미국 펜실바니아 주립대학교에서 1972년에 처음 개발된 후, 1982년에 PC 버전이 개발됨으로써 여러 학문분야에서 널리 이용되고 있다. 미니탭의 특징으로는 '매우 쉽고 간편하다'라고 할 수 있는데, 특히 작업이 컴퓨터와 사용자가 직접 대화하는 방식, 즉 대화형 모드(interactive mode)로 진행되는 장점을 갖는다. 한편 최근에는 거의 모든 작업이 메뉴방식을 따르게 되어 있어 사용이 더욱 편리해졌다.

이 책에서는 사용이 편리한 미니탭 15 버전을 중심으로 설명한다. 그러나 독자가 미니탭이 아닌 다른 통계패키지를 이용하더라도, 그 결과물은 거의 유사하므로 이 책의 내용을 이해하는 데에는 아무런 불편이 없을 것이다.

2

통계이론의 기초

제2장 통계이론의 기초

여기서는 회귀분석을 다루는데 기초가 될 전반적인 통계이론에 대하여 간략하게 알아보고자 한다. 먼저 연구의 대상이 되는 모집단과 표본을 알아보고, 확률변수와 확률분포를 소개하기로 한다. 확률변수란 표본공간의 모든 결과나 사상들을 숫자로 표시하여 계량화한 것이고, 확률분포는 확률변수의 모든 가능한 값에서 확률을 구하는데 사용되는 방정식이나 표 또는 그래프이다. 확률분포는 이항분포 및 포아송분포 등의 이산형 확률분포와 정규분포, 균일분포 및 지수분포 등의 연속형 확률분포로 구분될 수 있으나, 여기서는 정규분포 및 정규분포와 관련된 몇 가지 분포에 대하여 설명하기로 한다. 끝으로 통계이론의 결정체라고 할 수 있는 추정과 검정의 원리에 대하여 다루기로 한다.

제1절 모집단과 표본추출

우리가 수행하려는 어떠한 연구 또는 조사에서의 대상이 되는 모집단과 표본 그리고 표본의 추출에 관하여 알아보기로 한다.

(1) 모집단과 표본의 구성

우리나라 사람들의 하루 TV 시청시간은 평균 얼마나 될까? 우리나라 사람들의 TV 시청시간과 관련하여 그 평균과 분산을 알고 싶다면, 이 경우의 모집단은 우리나라 사람들 전체의 TV 시청시간이 되고 모수는 TV 시청시간의 평균과 분산인 μ와 σ^2가 된다.

그러나 우리나라 사람 전체에 대하여 TV 시청시간을 조사하기는 너무 방대하므로 n명의 표본을 추출하여 시청시간을 조사한 결과 관찰값이 $x_1, \ldots, x_n$으로 얻어졌다고 하자. 이 표본에서 모수 μ와 σ^2를 추정하기 위한 통계량으로 표본평균 $\overline{x}$와 표본분산 s^2를 계산하게 되는데, 이를 요약하면 <그림 2-1>과 같다.

모집단	→	표본
원소 수 : N		표본 수 : n
원소 : $X_1,\ X_2,\ \cdots,\ X_N$		표 본 : $X_1,\ X_2,\ \cdots,\ X_n$
모수 : 모평균 μ		통계량 : 표본평균 $\overline{X}$
모분산 σ^2		표본분산 s^2
모비율 P 등		표본비율 p 등

〈그림 2-1〉 모집단, 모수, 표본 및 통계량

이처럼 연구 또는 조사의 대상이 되는 모든 원소들의 집합을 **모집단**(population)이라 하고, 모집단의 특성값을 **모수**(parameter)라고 한다. 모수의 대표적인 예로 모평균과 모분산을 들 수 있는데, 그 식은 다음과 같이 정의된다.

$$\mu = \frac{\sum_{i=1}^{N} X_i}{N}, \quad \sigma^2 = \frac{\sum_{i=1}^{N} (X_i - \mu)^2}{N}$$

일반적으로 모수는 미지의 상수로서 모집단을 전부 조사해야만 알 수 있다. 그러나 모집단이 너무 방대하거나 또는 다른 이유로 모집단 전부를 관찰할 수 없는 경우에는 모수를 추정하기 위하여 **표본**(sample)을 추출하게 되는데, 추출된 표본을 요약한 것을 **통계량**(statistic)이라 한다. 위의 모평균 및 모분산에 대비되는 통계량은 표본평균과 표본분산인데, 그 정의는 다음과 같다.

$$\overline{X} = \frac{\sum_{i=1}^{n} X_i}{n}, \quad s^2 = \frac{\sum_{i=1}^{n} (X_i - \overline{X})^2}{n-1}$$

그러면 통계학의 궁극적인 목적은 이러한 통계량을 이용하여 모집단의 특성인 모수를 추정하는 것으로 요약될 수 있겠다. 이제까지 설명한 모집단, 모수, 표본 및 통계량 등에 대한 용어를 정의하면 다음과 같다.

용어의 정의

- ▶ 모집단 : 관심의 대상이 되는 모든 원소들의 집합
- ▶ 모　수 : 모집단에 대한 특성을 수치적으로 요약한 값
- ▶ 표　본 : 모수를 추정하기 위하여 모집단에서 추출된 일부 원소
- ▶ 통계량 : 표본 특성을 요약한 값으로 모수 추정에 이용됨

(2) 랜덤표본과 표본의 추출

이제 모집단의 특성을 밝히기 위하여 추출하는 표본과 관련하여 랜덤표본이 무엇이며 어떻게 구할 수 있는지에 관하여 알아보기로 한다. 표본추출의 중요성은 아무리 강조하여도 충분하지 않다. 모든 통계적 추론은 이 표본으로부터 비롯되기 때문이다. 표본을 잘못 추출하여 적합하지 않은 자료가 얻어 진다면, 아무리 현란

한 통계기법을 동원하여 분석을 하더라도 소용이 없다. 마치 미국에 여행간 사람이 그 곳의 모델에 맞춰서 자기 아내의 옷을 골라오는 것과 마찬가지이다.

표본추출과정에서 반드시 유의해야 할 점은 표본을 **랜덤**(random)으로 뽑아야 하는 것이다. 평균 TV 시청시간을 추정하기 위하여 표본을 주로 서울 근처에서 뽑았다면, 이는 전국의 시청시간을 파악하기엔 미흡하다. 왜냐하면 지역 또는 직업에 따라 TV 시청시간에 차이가 날 수 있기 때문이다. 따라서 전국에서 골고루 랜덤으로 표본을 추출해야 한다. 다음은 **랜덤표본**(random sample)의 정의이다.

랜덤표본

랜덤표본이란 모집단을 구성하고 있는 각 원소들이 표본으로 추출될 확률이 모두 동일한 상황하에서 추출된 표본을 의미한다.

그러면 표본추출에서 랜덤성을 보장하는 방법에 대하여 알아보기로 한다. 먼저 모집단의 크기가 크지 않은 경우에는 **항아리모형**(urn model)을 적용할 수 있다. 항아리모형이란 항아리 속에 모집단의 각 원소를 표시하는 제비를 만들어 넣고 이 중 일부를 표본으로 추출하는 방법이다. 이 경우 항아리 속에 들어 있는 모집단의 각 원소를 나타내는 제비가 표본으로 추출될 확률이 모두 동일하다고 기대할 수 있기 때문에 랜덤표본이 된다.

이제 모집단의 크기가 매우 방대한 경우를 생각해 보자. 이 때는 현실적으로 위의 항아리모형을 적용하기가 곤란하므로 <표 2-1>에서와 같은 **난수표**(random number table)를 이용하게 된다.

〈표 2-1〉 난수표의 예

79 17 65 52 82	58 63 64 58 60	19 83 90 05 92	22 16 37 03 53
31 07 93 71 30	52 75 46 67 19	84 47 88 58 53	63 12 96 88 52
23 51 23 94 05	02 92 36 82 31	43 80 89 20 78	23 94 82 35 99
84 49 52 73 75	78 24 27 14 48	45 73 40 73 79	97 39 12 33 33
81 86 42 52 06	56 35 11 72 56	19 33 29 77 96	10 36 17 81 45
⋮	⋮	⋮	⋮

난수표란 <표 2-1>에서의 예와 같이 0부터 9까지의 숫자를 임의로 나열해 놓은 표이다. 예를 들어 크기가 10,000인 모집단에서 10개의 표본을 추출하는 경우를 생각해 보자. 모집단에 있는 10,000개의 원소에 대하여 0부터 9,999까지 일련번호를 부여했다고 가정한 후 난수표의 임의의 점에서 시작하여 옆으로 또는 밑으로 4자리의 숫자를 10개를 채택한다. 여기서는 난수표의 첫 점, 즉 왼쪽 상단부터 시작하여 옆으로 진행해 나아간다면 다음과 같은 표본번호를 얻게 된다.

7917, 6552, 8258, 6364, 5860, 1983, 9005, 9222, 1637, 0353

따라서 모집단으로부터 위 번호에 해당하는 원소를 표본으로 추출한다. 여기서 만일 모집단의 크기가 10,000이 아니고 5,000이라면, 위의 난수 중 5,000을 넘는 숫자에 대해서는 그 숫자에서 5,000을 뺀 값을 표본으로 정하게 된다. 그러면 이 경우에는 다음과 같은 표본이 추출된다.

2917, 1552, 3258, 1364, 0860, 1983, 4005, 4222, 1637, 0353

그러나 랜덤표본을 추출하기 위하여 난수표를 이용하는 방법은 다소 이론적이라 할 수 있으며, 실제 조사에서 표본의 확률성을 보장하기 위해서는 난수표 방법을 각각의 상황에 알맞게 응용되어야 한다.

끝으로 다음의 <그림 2-2>에서와 같은 서로 다른 두 가지 표본추출의 결과를 살펴보기로 한다.

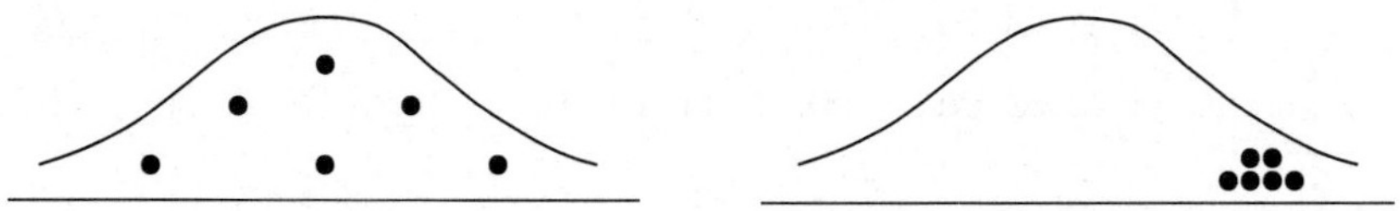

(a) (b)

〈그림 2-2〉 표본추출의 두 가지 결과

모두가 (a)에서와 같이 모집단 전체에서 골고루 뽑히는 표본을 원할 것이다. 그러나 랜덤표본의 여부와는 상관없이 (b)와 같은 최악의 결과가 초래되기도 한다. 따라서 표본을 추출하는 경우에 있어 (b)보다는 (a)의 추출결과가 나올 가능성을 높게 하는 방법을 추구하게 된다. 이를 위해서는 상황에 따라 **층화추출법**(stratified sampling) 또는 **집락추출법**(cluster sampling) 등의 표본추출 방법을 도입하는 것도 바람직하겠다.

제2절 확률변수

확률변수를 정의하기에 앞서 세 자녀 가정의 예를 고려하기로 한다. 세 자녀 가정이란 자녀가 세 명인 가정을 말하는데 자녀들의 성을 고려하여 모든 가능한 결과, 즉 **표본공간**(sample space)은 딸만 셋인 GGG부터 아들만 셋인 BBB까지 모두 여덟 개의 결과로 구성된다.

$$\Omega = \{ \text{GGG, GGB, GBG, GBB, BGG, BGB, BBG, BBB} \}$$

여기에 일련의 숫자를 부여하여 위 표본공간의 각 결과를 구분해 보기로 하자.

$$\begin{array}{lccccccccl} \Omega = \{ & \text{GGG,} & \text{GGB,} & \text{GBG,} & \text{GBB,} & \text{BGG,} & \text{BGB,} & \text{BBG,} & \text{BBB} & \} \\ & \downarrow & \downarrow & \downarrow & \downarrow & \downarrow & \downarrow & \downarrow & \downarrow & \\ \Omega' = \{ & 1, & 2, & 3, & 4, & 5, & 6, & 7, & 8 & \} \end{array}$$

즉 표본공간 Ω의 각 결과에 대하여 GGG는 1 그리고 GGB는 2 등으로 숫자화하여 새로운 표본공간 Ω′이 구성되었다. 이와 같이 표본공간의 모든 결과들에 대하여 산술적 값을 대응시킨 함수를 **확률변수**(random variable)라고 한다. 이 때, 표본공간의 각 결과들이 크기나 무게 등과 같이 양적인 값을 갖는 경우에는 그 자체가 바로 확률변수가 될 수 있다.

앞의 예에서는 원래의 표본공간 Ω의 각 원소를 단순히 숫자화하여 새로운 표본공간 Ω′을 구성하였다. 이제는 위의 표본공간 Ω로부터 또 다른 형태의 확률변수를 정의해 보기로 한다. 먼저 표본공간 Ω의 각 결과들 중에서 두 번째, 세 번째 그리고 다섯 번째 결과인 GGB, GBG 및 BGG는 순서만 다를 뿐 딸의 수가 두 명이라는 공통점을 갖고 있다. 여기서 만일 각 결과의 순서에는 관심이 없고 오로지 딸의 수 또는 아들의 수에만 관심이 있다면, 위의 표본공간은 다르게 표현될 수 있다. 따라서 위의 표본공간 Ω를 딸의 수만을 따지는 결과로 구성되는 새로운 표본공간 Ω″으로 나타내보면 다음과 같다.

$$\Omega'' = \{ 0, 1, 2, 3 \}$$

이상에서 볼 때, 새롭게 정의된 위의 표본공간 Ω″은 원래의 표본공간 Ω에 비하여 표본공간을 구성하는 결과의 숫자도 작아졌을 뿐만 아니라 GGG는 3 그리고 BBB는 0으로 표시되는 등 다루기가 좀 더 간편해졌음을 알 수 있다. 이 경우에는 딸의 수가 곧 확률변수가 되는 것이다. 즉 확률변수 X를 딸의 수라고 정의하면, 원래의 표본공간 Ω는 확률변수 X에 의하여 <그림 2-3>에서와 같이 새로운 표본공간 Ω″으로 대응된다.

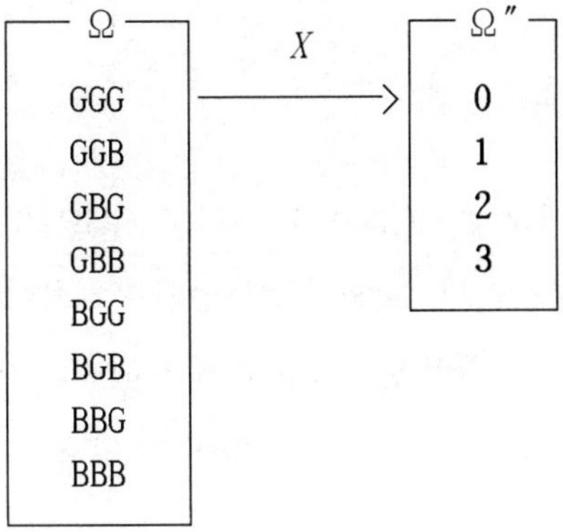

〈그림 2-3〉 세 자녀 가정 예에서 딸의 수에 대한 확률변수

이와 같은 확률변수 X는 다음과 같이 정의된다.

확률변수

확률변수는 원래의 표본공간을 숫자로 표현하여 수학적으로 다루기가 간편한 새로운 표본공간으로 대응시켜 주는 함수이다.

〔예제 2-1〕 하나의 동전을 차례로 두 번 던져 앞면(H)이 나왔는지 또는 뒷면(T)이 나왔는지를 관찰한다. 이 경우 나올 수 있는 모든 결과로 구성되는 표본공간 Ω에 대한 확률변수 X를 만들어라. 또한 확률변수 Y를 앞면이 출현한 횟수라고 정의할 때 이에 의하여 정의되는 새로운 표본공간 Ω′을 구하시오.

☞ 이 경우 표본공간 Ω는 다음과 같다.

$$\Omega = (\ HH,\ HT,\ TH,\ TT\ )$$

이 표본공간의 결과들에 대하여 숫자를 다음과 같이 대응시켜 본다.

$$\begin{aligned} HH &\rightarrow 0 \\ HT &\rightarrow 1 \\ TH &\rightarrow 2 \\ TT &\rightarrow 3 \end{aligned}$$

이렇게 하여 만들어진 확률변수 X가 취할 수 있는 값은 { 0, 1, 2, 3 }이고, $P(HT) = P(X=1)$ 등과 같이 쓸 수 있다. 또한 앞면의 출현횟수를 확률변수로 하는 새로운 표본공간은 아래와 같이 세 개의 원소로 구성된다.

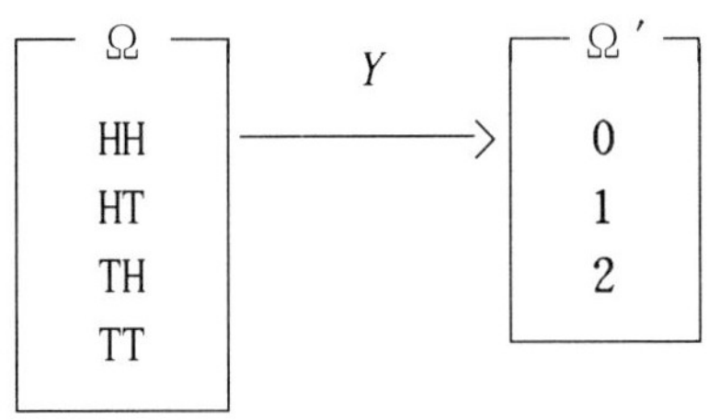

■

한편 확률변수는 취하는 값의 특성에 따라 이산확률변수와 연속확률변수로 구분된다. 먼저 **이산확률변수**(discrete random variable)란 앞의 세 자녀 가정 예에서의 딸의 수 그리고 동전던지기 예에서의 앞면 출현횟수 등과 같이 유한(finite)하거나 또는 셀 수 있는(countable) 값을 취하는 경우의 확률변수를 의미한다. 이와는 달리 **연속확률변수**(continuous random variable)는 전구의 수명시간, 몸무게 등과 같이 연속적인 값을 갖는 경우의 확률변수를 의미한다.

제3절 확률분포

확률분포(probability distribution)는 다음과 같이 정의된다.

> **확률분포**
>
> 확률분포는 확률변수가 취할 수 있는 모든 가능한 값, 즉 표본공간의 모든 결과들이 각각 발생할 확률에 대한 분포를 의미한다.

표본공간에 속해 있는 모든 결과들에 대하여 그 결과들이 나타날 확률을 정리해 놓은 것이 확률분포이다. 표본공간이 확률변수로 이루어졌을 때는 모든 확률변수들의 값에 대하여 각각 출현할 확률들을 모은 것이다. 확률분포는 표의 형태로 표현되기도 하고, 확률변수와 확률과의 관계를 규정짓는 방정식의 형태도 있다. 예를 들어 <표 2-2>는 표의 형태이고, 제4절부터 5절까지에 나오는 이항분포와 정규분포들은 방정식으로 표현된 확률분포이다. 이러한 확률분포는 어떤 결과나 확률변수가 나타날 가능성을 다루므로, 불확실한 상황에서 의사결정을 하는데 유용한 모형이다.

앞의 제1절에서 다룬 세 자녀 가정의 예에서 발생할 수 있는 모든 경우는 GGG부터 BBB까지의 여덟 가지이며, 또한 각 결과들의 발생할 확률은 모두 1/8로 동일하였다. 여기서 딸의 수를 확률변수 X로 정의한다면 확률변수 X가 취할 수 있는 값은 0, 1, 2 그리고 3의 네 가지가 되는데, 각각의 값이 발생하게 될 확률은 각 값에 해당하는 경우의 수에 따라 다르게 된다. <표 2-2>는 딸의 수를 의미하는 확률변수 X가 취할 수 있는 모든 값에 대하여 각각의 발생확률을 나타내고 있는데, 이것이 바로 확률변수 X의 확률분포가 된다.

〈표 2-2〉 세 자녀 가정 예에서의 확률분포

e	$P(e)$		X	$P(X)$
GGG	1/8		0	1/8
GGB	〃	⇔	1	3/8
GBG	〃		2	3/8
GBB	〃		3	1/8
BGG	〃			
BGB	〃			
BBG	〃			
BBB	〃			

한편 <표 2-2>의 확률분포를 그래프로 나타내면 다음의 <그림 2-4>와 같은데, 각 확률변수 값에 대한 상대적인 확률을 더욱 효과적으로 파악할 수 있다.

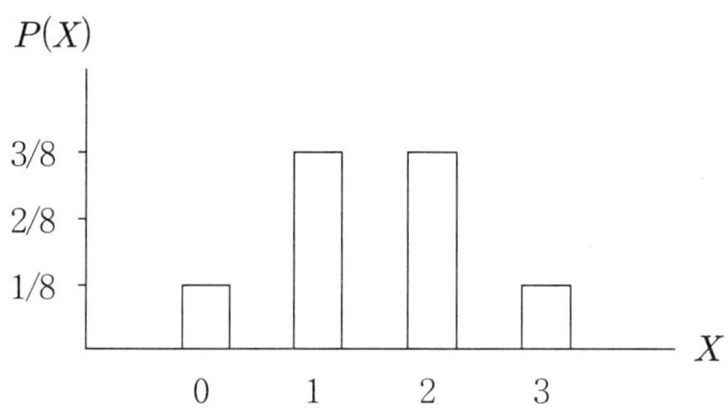

〈그림 2-4〉 확률분포의 그래프

확률분포의 종류는 크게 두 가지로 구분되는데, 해당 확률변수가 이산형인지 또는 연속형인지에 따라 확률분포도 이산확률분포 또는 연속확률분포로 나누어진다.

▶ 이산확률분포

이산확률분포(discrete probability distribution)는 이산확률변수를 다루는 분포로서 확률값 또는 확률밀도함수 $P(X_i)$는 1이하의 양수가 되며, 모든 확률값을 전부 더하면 1이 되는 특성을 갖는다.

이산확률밀도함수

$$0 \le P(X_i) \le 1, \quad i = 1, \cdots, n$$

$$\sum_{i=1}^{n} P(X_i) = 1$$

여기서 $P(X_i)$는 $P(X = X_i)$를 줄여 쓴 것으로 확률변수 X가 X_i의 값을 취할 확률이다.

▶ 연속확률분포

연속확률분포(continuous probability distribution)는 연속확률변수에 대한 분포로서 **확률밀도함수**(probability density function)에 의하여 형성된다. 확률밀도함수 $f(X)$는 확률분포에서 확률변수가 X일 때의 값으로서 0보다 작지 않으며, 확률변수의 값이 취할 수 있는 모든 영역에 대하여 이를 적분하면 1이 된다.

연속확률밀도함수

$$f(X) \ge 0, \quad -\infty < X < \infty$$

$$\int_{-\infty}^{\infty} f(X)\, dX = 1$$

▶ 누적분포함수

누적분포함수 (cumulative distribution function) $F(X)$는 다음과 같이 정의된다.

$$F(a) = P(X \leq a)$$

즉 누적분포함수는 확률변수 X가 어떤 값 a보다 작을 확률을 의미하는데, 그 특성은 다음과 같다.

누적분포함수와 그 특성

- ▶ $F(a) = P(X \leq a)$
- ▶ $F(X)$는 비감소함수이며, $F(-\infty) = 0$ 및 $F(\infty) = 1$을 만족한다.

이산확률변수의 누적분포함수는 $-\infty$에서 X까지 사이에 있는 모든 확률변수값에 대한 확률을 더한 것으로 다음과 같다.

이산확률변수의 누적분포함수

$$F(X) = \sum_{u \leq X} P(u)$$

그러면 <그림 2-4>의 이산확률분포에 대한 누적분포함수를 구하면 다음과 같다.

$$F(X) = \begin{cases} 0, & X < 0 \\ 1/8, & 0 \leq X < 1 \\ 4/8, & 1 \leq X < 2 \\ 7/8, & 2 \leq X < 3 \\ 1, & X \geq 3 \end{cases}$$

한편 연속확률변수에 대한 누적분포함수는 확률밀도함수를 $-\infty$ 부터 X까지 적분한 것으로 아래와 같다.

연속확률변수의 누적분포함수

$$F(X) = \int_{-\infty}^{X} f(u)\,du$$

〔예제 2-2〕 앞의 [예제 2-1]에서 확률변수 Y에 대한 확률분포와 누적분포함수를 구하고, 이를 그래프로 나타내시오.

☞ 확률변수 Y가 취할 수 있는 값 0, 1 및 2에 대한 확률값은 각각 1/4, 1/2 및 1/4이 되며, 이 확률분포를 그래프로 나타내면 다음과 같다.

Y	$P(Y)$	$F(Y)$
0	1/4	1/4
1	1/2	3/4
2	1/4	1

⇔

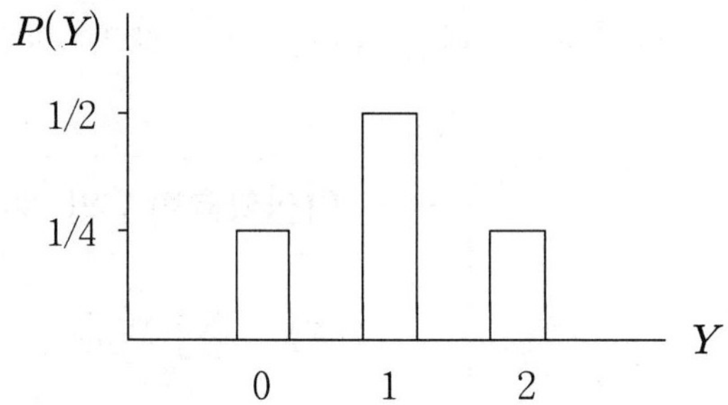

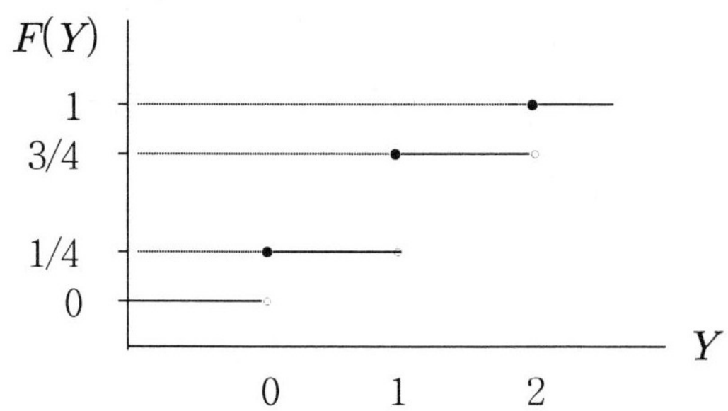

■

제4절 확률변수의 기대값

의사결정을 하는 과정에서 가능한 결과들에 대한 확률을 고려하는 경우가 많다. 가능한 결과들에 대한 확률을 염두에 두고 최선의 결정을 찾아내는 것이 쉽기 때문이다. 기대값을 설명하기 위하여 다음의 예를 고려한다. 어떤 회사에서 인도네시아의 어느 지점에 유전을 시추해야 할지를 결정하려고 한다. 그동안 여러 가지 조사해 본 결과 다음과 같은 자료가 집약되었다.

시추비용	: 4억 달러
성공하는 경우의 이익	: 10억 달러
성공확률	: 0.23

여기서 기대이익을 계산해 보면 다음과 같다.

기대이익 = 성공하는 경우의 이익(10억 달러) × 성공확률(0.23)
− 실패비용(4억 달러) × 실패확률(0.77)
= −0.78억 달러

즉 확률적으로 볼 때 7,800만 달러를 손해 본다는 계산이다. 좀 더 자세히 설명하면 이와 같은 조건의 사업을 수없이 여러 번 시도하면 어떤 때는 성공하고 어떤 때는 실패하겠지만, 그 평균 이익은 -7,800만 달러가 된다는 의미이다. 이와 같이 표본으로 나올 수 있는 결과들에 그 결과가 나올 확률을 곱하여 합한 것이 **기대값**(expected value)이다. 이 기대값은 의사결정을 하는데 매우 중요한 자료가 된다.

(1) 이산확률변수의 기대값

이산확률변수의 기대값은 변수의 각 값들에 확률을 곱한 후 합한 것이다. 여기서 $g(X)$를 확률변수 X에 대한 임의의 함수라 할 때, $g(X)$의 기대값은 다음과 같이 정의된다.

이산확률변수의 기대값

$$E[g(X)] = \sum_X g(X)P(X)$$

▶ **모평균**

모평균 μ는 $g(X)=X$일 때의 기대값으로 다음과 같이 정의된다.

모평균

$$\mu = E(X) = \sum_X XP(X)$$

▶ **모분산**

모분산 σ^2는 아래와 같이 $g(X)=(X-\mu)^2$에 대한 기대값이다.

모분산

$$\begin{aligned}\sigma^2 = E[(X-\mu)^2] &= \sum_X (X-\mu)^2 P(X) \\ &= \sum X^2 P(X) - 2\mu \sum XP(X) + \mu^2 \sum P(X) \\ &= E(X^2) - \mu^2\end{aligned}$$

〔예제 2-3〕 앞 <표 2-2>의 확률변수 X에 대하여 평균과 분산을 구하시오.

☞ 딸의 숫자를 나타내는 확률변수 X의 평균과 분산을 구하기 위하여 요구되는 계산과정과 그 결과는 다음과 같다.

X	$P(X)$	$XP(X)$	$X^2P(X)$
0	.125	0	0
1	.375	.375	.375
2	.375	.750	1.500
3	.125	.375	1.125
	1.000	1.500	3.000

$$\begin{cases} \mu = \Sigma XP(X) = 1.5 \\ \sigma^2 = \Sigma(X-\mu)^2P(X) = \Sigma X^2P(X) - \mu^2 = 3.0 - (1.5)^2 = .75 \end{cases}$$

즉 세 자녀 가정에서 딸의 수는 평균 1.5명이며, 분산은 0.75명이다 ■

(2) **연속확률변수의 기대값**

연속확률변수의 기대값은 연속확률변수의 특성이 연속적이므로 이산형의 Σ 대신에 $\int$을 사용하여 적분한다. 즉 연속확률변수의 함수 $g(X)$에 대한 기대값은 다음과 같이 정의된다.

연속확률변수의 기대값

$$E[g(X)] = \int_{-\infty}^{\infty} g(X)f(X)dX$$

▶ **모평균**

이산형에서와 마찬가지로 $g(X)=X$일 때의 기대값이 모평균 μ가 된다.

모평균

$$\mu = E(X) = \int_{-\infty}^{\infty} Xf(X)dX$$

▶ **모분산**

모분산 σ^2는 $g(X)=(X-\mu)^2$일 때의 기대값으로 다음과 같이 정의된다.

모분산

$$\sigma^2 = E[(X-\mu)^2] = \int_{-\infty}^{\infty} (X-\mu)^2 f(X)\, dX = E(X^2) - \mu^2$$

(3) **기대값의 특성**

이제 기대값에 대한 몇 가지 특성을 살펴보기로 한다. 먼저 X와 Y를 확률변수 그리고 a를 임의의 상수라 할 때, 기대값의 특성은 다음과 같이 정리된다.

기대값의 특성

① $E(aX) = aE(X)$

② $E(X \pm Y) = E(X) \pm E(Y)$

③ $E(XY) = E(X)E(Y)$ ← X와 Y가 독립인 경우

④ $V(aX) = a^2 V(X)$

⑤ $V(X \pm Y) = V(X) + V(Y)$ ← X와 Y가 독립인 경우

앞의 특성 ①과 ②를 n개의 확률변수에 대한 경우로 확장하면 다음과 같다.

$$E(a_1X_1 \pm \cdots \pm a_nX_n) = a_1E(X_1) \pm \cdots \pm a_nE(X_n)$$

그러면 표본평균 $\overline{X}$에 대한 기대값은 아래와 같이 도출된다.

$$\mu_{\overline{X}} = E(\overline{X}) = \frac{1}{n}\mu + \cdots + \frac{1}{n}\mu = \mu$$

또한 앞의 특성 ④와 ⑤로부터 분산에 대한 나음의 식을 유도할 수 있다.

$$V(a_1X_1 \pm \cdots \pm a_nX_n) = a_1^2V(X_1) + \cdots + a_n^2V(X_n)$$

따라서 표본평균 $\overline{X}$에 대한 분산은 다음과 같이 구해진다.

$$\sigma_{\overline{X}} = V(\overline{X}) = V(\frac{1}{n}X_1 + \cdots + \frac{1}{n}X_n) = \frac{1}{n^2}V(X_1) + \cdots + \frac{1}{n^2}V(X_n) = \frac{\sigma^2}{n}$$

〔예제 2-4〕 주사위를 세 번 던졌을 때 그 평균의 기대값과 분산을 구하시오.

☞ 세 주사위에서 나오는 숫자를 X_1, X_2, X_3라고 하자. 먼저 각 주사위 눈금 X의 기대값은 다음과 같이 구해진다.

$$\mu = E(X) = 1\left(\frac{1}{6}\right) + 2\left(\frac{1}{6}\right) + \cdots + 6\left(\frac{1}{6}\right) = 3.5$$

$$\sigma^2 = V(X) = (1-3.5)^2(\frac{1}{6}) + (2-3.5)^2(\frac{1}{6}) + \cdots + (6-3.5)^2(\frac{1}{6}) = \frac{35}{12}$$

따라서 세 주사위 눈금의 평균 $\overline{X}$에 대한 기대값과 분산은 다음과 같다.

$$E(\overline{X}) = E\left(\frac{X_1 + X_2 + X_3}{3}\right)$$

$$= \frac{1}{3}[E(X_1) + E(X_2) + E(X_3)]$$

$$= \frac{1}{3}(3.5 + 3.5 + 3.5) = 3.5$$

$$V(\overline{X}) = \frac{1}{3^2}\{V(X_1) + V(X_2) + V(X_3)\} = \frac{\sigma^2}{3}$$

$$= \frac{35}{12}\left(\frac{1}{3}\right) = \frac{35}{36}$$

■

제5절 정규분포와 관련 분포

정규분포(normal distribution)는 통계학에서 가장 많이 활용되는 연속확률분포인데, 그 특성은 다음과 같다.

정규분포의 특성

① 정규분포는 평균 μ를 중심으로 대칭을 이룬다.

② 확률분포에 상관없이 어떤 확률변수라도 표본평균의 분포는 표본수가 증가함에 따라 정규분포에 접근한다.

③ 정규분포를 따르는 확률변수들의 변형으로부터 통계방법에 많이 활용되는 χ^2분포, t분포 및 F분포 등이 파생된다.

정규분포는 두 개의 모수인 평균과 분산에 의하여 결정되는데 확률변수 X가 평균이 μ이고 분산이 σ^2인 정규분포를 따를 때의 확률밀도함수를 $N(\mu, \sigma^2)$으로 표기한다. 또 정규분포는 확률변수 X가 $-\infty$부터 ∞ 사이의 값을 가지며, 확률밀도함수 $f(X)$는 모든 X에서 0보다 크다.

(1) 표준정규분포

정규분포의 특수한 경우로 평균이 0이고 분산이 1일 때, 즉 $N(0,1)$을 특별히 **표준정규분포**(standard normal distribution)라고 한다. 이는 정규분포의 가장 단순한 형태이다. 표준정규분포를 따르는 확률변수를 특별히 Z로 나타낸다. 따라서 표준정규분포를 간략히 Z분포라고도 한다. 정규분포의 확률을 직접 계산하기는 매우 복잡하므로 미리 만들어져 있는 확률표를 이용한다. 이러한 확률표를 표준정규분포표라고 하는데, <부표 1>에 제시되어 있다.

(2) 표준정규분포로의 전환

정규분포의 확률밀도함수는 매우 복잡하여 확률변수의 어떤 구간에 대한 확률을 계산하기 어렵다. 따라서 정규분포의 확률계산은 우선 정규분포를 표준정규분포로 전환한 다음 표준정규분포에 대한 확률표인 <부표 1>을 이용한다. 그래서 정규분포를 표준정규분포로 전환하는 방법은 매우 중요하다.

확률변수 X가 평균이 μ이고 분산이 σ^2인 정규분포를 따를 때, X에서 평균 μ를 빼고 표준편차 σ를 나누어 주면 다음과 같이 표준정규분포의 확률변수 Z로 전환되는데, 이를 **표준화**(standardization)라고 한다.

표준정규분포로의 전환식

$$X \sim N(\mu, \sigma^2) \;\Rightarrow\; Z = \frac{X-\mu}{\sigma} \sim N(0, 1)$$

따라서 일반적인 정규분포에 대한 확률은 표준정규분포의 확률로 다음과 같이 전환된다.

$$P(X \le a) = P(\frac{X-\mu}{\sigma} \le \frac{a-\mu}{\sigma}) = P(Z \le \frac{a-\mu}{\sigma})$$

즉 정규확률변수 X가 어떤 값 a보다 작거나 같을 확률은 표준정규확률변수 Z가 $(a-\mu)/\sigma$보다 작거나 같을 확률과 같다. 따라서 정규분포의 확률변수 X가 5보다 클 확률은 표준정규확률변수 Z가 1보다 클 확률과 같아져서 다음과 같이 계산된다.

$$P(X \ge 5) = P(\frac{X-3}{2} \ge \frac{5-3}{2}) = P(Z \ge 1) = 0.159$$

〔예제 2-5〕 여자 대학생들의 체중은 평균이 50kg이고 분산이 16kg인 정규분포를 따른다고 할 때, 다음 물음에 답하시오.

a) 체중이 46kg 이하인 학생의 비율을 구하시오.

b) 체중이 48kg 과 54kg 사이인 학생의 비율을 구하시오.

c) 체중이 상위 5%인 학생을 별도 관리하고자 할 때, 이에 해당하는 학생들의 체중을 구하시오.

☞ a) $P(X \le 46) = P(\frac{X-\mu}{\sigma} \le \frac{46-50}{4}) = P(Z \le -1) = P(Z \ge 1) = .159$

b) $P(48 \le X \le 54) = P(\frac{48-50}{4} \le \frac{X-\mu}{\sigma} \le \frac{54-50}{4}) = P(-0.5 \le Z \le 1)$

$$= 1 - P(Z \ge 0.5) - P(Z \ge 1) = 1 - .309 - .159 = .532$$

c) <부표 1>에서 보간법(interpolation)을 이용하여 0.05에 해당하는 Z_0값을 구하면 1.645가 된다. 따라서 상위 5%에 해당하는 학생들의 체중 X는 다음과 같이 구할 수 있다.

$$Z = \frac{X-50}{4} > 1.645 \ \Rightarrow \ X > 50 + 4(1.645) = 56.58$$

즉 상위 5%에 해당하는 학생들의 체중은 56.58kg 이상이다. ■

한편 정규분포로부터 파생되는 분포는 여러 가지가 있는데, 여기서는 추정과 검정 등에 많이 이용되는 χ^2분포, t분포 및 F분포에 대하여 설명하기로 한다. 이 분포들에 대한 확률변수는 표준정규분포 확률변수 Z의 함수로 이루어지는데, 정의는 간단하지만 그 내용을 이해하기란 쉬운 일이 아니다. 우선 이 분포들에 대한 확률변수를 설명하기 위하여 필요한 다음의 가정사항을 보자.

가정사항

평균이 μ이고 분산이 σ^2인 정규분포를 따르는 모집단으로부터 n개의 독립적인 표본 $X_1, X_2, \ldots, X_n$을 추출한다.

즉 $X_i \sim N(\mu, \sigma^2)$, $i = 1, 2, \ldots, n$이고 X_i들은 서로 독립이다.

여기서 X_i를 표준화하면 다음과 같다.

$$Z_i = \frac{X_i - \mu}{\sigma} \sim N(0, 1), \quad i = 1, 2, \dots, n$$

(3) 카이제곱 분포

χ^2 **분포**(chi-square distribution)는 모분산에 대한 추정이나 비모수검정과 범주형 자료분석 등에 쓰인다. 표준정규분포 확률변수의 제곱인 Z_i^2의 합으로 정의되는 확률변수 χ^2는 다음과 같이 카이제곱 분포를 따른다.

카이제곱 분포의 확률변수

$$\chi^2 = \sum_{i=1}^{n} Z_i^2 \sim \chi^2(n)$$

여기서 카이제곱 분포에 대한 표기 $\chi^2(n)$은 정규분포에 대한 표기 $N(\mu, \sigma^2)$에서 μ와 σ^2가 정규분포의 모수를 뜻하는 것과 마찬가지로 모수가 n인 카이제곱 분포를 나타낸다. 그런데 모수 n을 특별히 **자유도**(degree of freedom)라 부른다. 여기서 자유도의 의미를 설명하는 것은 쉽지 않으므로 우선 모수 μ를 평균이라고 부르고 σ^2를 분산이라 부르듯이 카이제곱 분포에서의 모수를 자유도라고 부른다고 생각하자.

▶ 카이제곱 분포의 특성

카이제곱 분포의 특성은 다음과 같이 요약된다.

카이제곱 분포의 특성

▶ 카이제곱 분포의 평균과 분산은 다음과 같다.

$$E(\chi^2) = n, \ V(\chi^2) = 2n$$

▶ 카이제곱 분포의 확률밀도함수는 자유도 n이 커질수록 봉우리가 오른쪽으로 이동한다.

▶ $n=1$ 일 때, 카이제곱 분포는 지수분포와 같아진다.

▶ 표본분산 s^2와 χ^2 분포

분산 σ^2에 대한 추정량으로 많이 쓰이는 표본분산 s^2와 χ^2분포의 관계에 대하여 알아보자. 먼저 s^2를 표본분산으로 n개의 표본 $X_1, ..., X_n$에 대하여 평균으로부터 차이의 제곱합을 $(n-1)$로 나눈 값이다.

$$s^2 = \sum_{i=1}^{n} \frac{(X_i - \overline{X})^2}{n-1}$$

만약 X_i가 앞에서의 가정사항처럼 정규분포를 따르고 서로 독립적이라면, 아래와 같이 s^2의 변형된 형태는 자유도가 $(n-1)$인 χ^2분포를 따른다.

$$\frac{(n-1)s^2}{\sigma^2} \sim \chi^2(n-1)$$

한편 χ^2 확률분포의 기대값은 자유도와 동일하므로 다음의 관계가 성립한다.

$$E\left(\frac{(n-1)s^2}{\sigma^2}\right) = n-1$$

여기서 $(n-1)$과 σ^2는 확률변수가 아니므로 양변에 $\frac{\sigma^2}{n-1}$을 곱하면 다음의 결과를 얻는다.

$$E(s^2) = \sigma^2$$

(4) t 분포

t 분포(t-distribution)는 스튜던트(Student)라는 사람이 제안한 분포라서 스튜던트 t 분포라고도 불리는데, 다음과 같이 정의된다.

t 분포의 확률변수

$$T = \frac{Z}{\sqrt{\chi^2(n)/n}} \sim t(n)$$

여기서 분자 Z는 표준정규확률변수이고, 분모에서 χ^2_n은 자유도가 n인 카이제곱 확률변수를 뜻한다. 오른쪽에서 $t(n)$은 카이제곱 분포에서와 마찬가지로 자유도가 n인 t 분포를 뜻한다. 역시 t 분포에서도 자유도가 모수이다.

▶ t 분포의 특성

t 분포의 특성은 다음과 같이 요약된다.

t 분포의 특성

- ▶ 평균은 0이고 좌우대칭이다.
- ▶ 자유도 n이 증가함에 따라 t분포의 분산은 작아지고, 표준정규분포에 접근한다.

위에서 언급한 특성에 의하여 자유도 n이 커지면 t분포는 근사적으로 표준정규분포로 취급할 수 있다. 그러나 n이 얼마 이상일 때 표준정규분포로 간주해도 무리가 없는지에 대해서는 분석의 특성과 목적 등 상황에 따라 다를 것이다.

▶ t분포의 응용

n개의 독립적인 표본 $X_1, ..., X_n$은 평균이 μ이고 분산이 σ^2인 정규분포를 따른다고 하자. 그러면 표본평균 $\overline{X}$는 평균이 μ이고, 분산이 σ^2/n인 정규분포를 따르게 되는데, 이를 표준화시키면 아래와 같다.

$$\frac{\overline{X}-\mu}{\sigma/\sqrt{n}} \sim N(0,1)$$

한편 앞의 χ^2분포에서 다음과 같은 관계를 거론하였다.

$$\frac{(n-1)s^2}{\sigma^2} \sim \chi^2(n-1)$$

따라서 위의 관계를 이용하여 t분포의 확률변수를 다음과 같이 만들 수 있다.

$$T = \frac{\dfrac{\overline{X}-\mu}{\sigma/\sqrt{n}}}{\sqrt{\dfrac{(n-1)s^2}{\sigma^2(n-1)}}} \sim t(n-1)$$

즉 분자는 표준정규 확률변수이고, 분모는 χ^2 확률변수에 자유도 $(n-1)$을 나눈 것의 제곱근이므로, t분포 확률변수의 정의에 의하여 위의 관계가 성립한다. 이를 정리하면 아래와 같이 된다.

$$\frac{\overline{X}-\mu}{s/\sqrt{n}} \sim t(n-1)$$

위의 t확률변수는 추정과 검정 등에 많이 사용되는데, 여기서 표본수 n이 커지면 t분포의 자유도 $(n-1)$도 커져서 Z분포에 접근한다. 또 왼쪽 항은 표본수가 클 때 $\sigma \approx s$이므로, Z통계량과 같아진다. 따라서 표본수가 많아지면 t통계량은 Z통계량과 같아진다.

(5) F분포

F분포(F-distribution)도 통계적 추론에서 많이 쓰이는 분포인데, 주로 분산분석이나 두 모집단의 분산을 비교하고자 하는 경우에 많이 사용된다. F분포는 두 개의 자유도 n_1과 n_2를 모수로 하는데, 확률변수 F는 다음과 같이 정의된다.

F분포의 확률변수

$$F = \frac{\chi^2(n_1)/n_1}{\chi^2(n_2)/n_2} \sim F(n_1, n_2)$$

즉 분자에는 자유도가 n_1인 카이제곱 확률변수 $\chi^2_{n_1}$에 해당자유도 n_1을 나누었고, 분모도 자유도가 n_2인 카이제곱 확률변수 $\chi^2_{n_2}$에 해당자유도 n_2를 나누었다.

▶ F분포의 특성

F분포의 특성은 다음과 같이 요약된다.

F분포의 특성

▶ F분포의 평균은 다음과 같다.

$$E(F) = \frac{n_2}{n_2 - 2}, \quad n_2 > 2$$

▶ 두 번째 자유도 n_2가 커지면 기대값은 작아진다.

▶ 자유도의 순서를 바꾸면 다음과 같은 관계가 된다.

$$F_{n_1, n_2} = \frac{1}{F_{n_2, n_1}}$$

여기서 F_{n_1, n_2}는 자유도가 n_1과 n_2인 F분포 확률변수이다.

한편 왼쪽 꼬리부분의 확률면적에 대한 F값을 오른쪽 꼬리값을 이용하여 구하려면 위의 세 번째 특성을 이용한다. 만약 자유도가 n_1과 n_2인 F분포의 왼쪽 꼬리

부분을 α로 만드는 F값을 구한다면 아래와 같은 관계식을 이용한다.

$$\begin{aligned} P(F_{n_2,\, n_1} > a) &= \alpha \\ &= P\left(\frac{1}{F_{n_1,\, n_2}} > a\right) \\ &= P\left(F_{n_1,\, n_2} < \frac{1}{a}\right) \end{aligned}$$

따라서 자유도가 n_2와 n_1인 F분포에서 오른쪽 꼬리면적이 α가 되는 F값을 찾아서 그 역수를 취하면 된다. 예를 들어 α가 5%인 경우에 있어 두 자유도 n_1과 n_2가 각각 20과 10이라면, <부표 3>에서 첫 번째 자유도가 10 그리고 두 번째 자유도가 20인 경우의 F값이 2.77이므로 $1/F$은 0.36이 된다.

제6절 추정

통계학의 궁극적인 목적은 모집단의 확실하지 않은 어떤 특성에 대한 추정이라고 해도 과언이 아니다. 모집단의 특성값으로 정의되는 모수에 대한 **추정**(estimation)이란 <그림 2-5>에서 보는 바와 같이 N개의 원소로 구성된 모집단에서 n개의 표본을 추출한 후, 이를 토대로 통계량의 계산 등 필요한 작업을 통하여 모집단의 해당 모수의 값을 예측하는 과정이다.

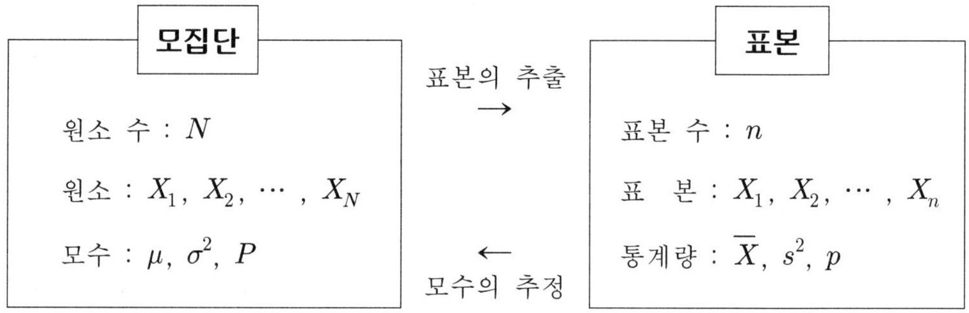

〈그림 2-5〉 모수에 대한 추정

추정은 그 형태에 따라 점추정과 구간추정의 두 가지로 구분된다. **점추정**(point estimation)이란 모수를 어떤 하나의 값(point)으로 예측하는 것을 말하며, **구간추정**(interval estimation)은 특정 구간(interval)을 도출하여 그 구간이 모수를 포함할 확률이 얼마가 될 것이라고 예측하는 것이다. 예를 들어 모집단은 여대생이고, 관심있는 모수는 평균키에 대한 모수는 μ이다. 표본을 추출하여 평균을 구해보니 162㎝였다. 이 때, 점추정은 '우리나라 여대생들의 평균키는 162㎝이다.'와 같이 하나의 값(여기서는 162㎝)으로 모수 μ를 추정하는 것이다.

$$\hat{\mu} = \overline{X} = 162\,\text{㎝}$$

이와는 달리 '우리나라 여대생들의 평균키는 159㎝에서 165㎝ 사이이다.'라고 표현한다면, 이는 구간추정이다.

$$\hat{\mu} \in (159, 165)$$

이제 점추정과 점추정량이 갖추어야 할 몇 가지 특성을 살펴 본 후 가장 많이 이용되는 최우추정법을 소개하기로 한다. 또한 구간추정에 대해서는 모수의 종류 및 자료의 특성을 감안하여 이에 합당한 신뢰구간을 도출하는 문제를 중심으로 다루기로 한다.

(1) 점추정량

점추정이란 관찰된 표본으로부터 모집단에 대한 모수를 하나의 값으로 추정하는 것이다. 평균과 분산에 대하여 흔히 사용되는 **점추정량**(point estimator)은 n개의 표본 X_1, X_2, ..., X_n으로부터 다음의 형태를 갖는다.

$$\hat{\mu} = \overline{X}\ , \quad \hat{\sigma}^2 = s^2 = \sum_{i=1}^{n} \frac{(X_i - \overline{X})^2}{n-1}$$

일반적으로 점추정량이 갖추었으면 바람직하다고 생각되는 특성인 불편성, 일치성, 최소 분산, 최소 평균제곱오차에 대하여 알아보기로 한다. 여기서 θ는 추정하고자 하는 모집단의 모수인 μ, σ^2, p 등에 대한 대표적으로 나타내며, $\hat{\theta}$은 θ의 점추정량으로 위에서의 $\overline{X}$ 및 s^2와 같이 표본값의 함수형태로 구해진다.

▶ 불편성

일반적으로 점추정량에 대하여 가장 먼저 생각할 수 있는 바람직한 특성으로 **불편성**(unbiasedness)을 들 수 있다. 추정량의 불편성이란 추정량의 기대값이 모수와 일치함을 의미한다. 표본을 추출할 때마다 통계량의 값은 랜덤하므로 추정량은 달라진다. 예를 들어 여대생의 평균키를 추정하기 위하여 100명의 표본을 추출한다면, 표본추출을 할 때마다 그 통계량의 값은 다를 것이다.

불편추정량

만약 $E(\hat{\theta}) = \theta$이면, $\hat{\theta}$은 θ에 대한 불편추정량이다.

불편추정량(unbiased estimator) $\hat{\theta}$의 의미는 여러 개의 다른 표본으로부터 $\hat{\theta}$을 무수히 여러 번 구하면 그 평균 즉 기대값이 θ와 같아진다는 뜻이다.

한편 불편성을 만족하지 못하는 추정량을 **편의추정량**(biased estimator)이라고 하며, 모수와 추정량의 기대값과의 차이를 **편의**(bias)라고 한다.

편의

편의 $= \theta - E(\hat{\theta})$

〔예제 2-6〕 모수 μ와 σ^2에 대한 점추정량으로서 표본평균 $\overline{X}$와 표본분산 s^2에 대한 불편성 여부를 판단하시오.

☞ ① 표본평균 $\overline{X}$의 기대값을 구하면 모수 μ와 일치한다.

$$E(\overline{X}) = E\left(\frac{X_1 + \cdots + X_n}{n}\right) = \frac{1}{n}(\mu + \cdots + \mu) = \mu$$

따라서 표본평균 $\overline{X}$는 모평균 μ에 대한 불편추정량이 된다.

② 표본분산 s^2에 대한 기대값은 χ^2분포를 이용하여 다음과 같이 구한다.

$$E(S^2) = \sigma^2$$

따라서 표본분산 s^2는 σ^2에 대한 불편추정량이다. ■

▶ 일치성

비록 불편추정량은 아니지만 다음과 같이 표본의 크기가 무한히 증가할 때 불편성을 띠게 되는 추정량을 **일치추정량**(consistent estimator) 또는 **점근적 불편추정량**(asymptotically unbiased estimator)이라 한다.

일치추정량

만약 $\lim_{n \to \infty} E(\hat{\theta}) = \theta$ 이면, $\hat{\theta}$은 θ에 대한 일치추정량이다.

일반적으로 불편추정량을 구할 수 없을 때 차선책으로 일치추정량을 추구하게 된다. 또한 어떤 경우에는 추정량의 불편성을 조금 양보하더라도 추정량의 분산을 대폭 줄일 수 있다면 일치추정량을 선호하기도 한다. 또한 불편추정량도 일치추정량의 일종이다. 즉 앞의 예에서 $\overline{X}$는 μ에 대한 불편추정량인데, 이는 표본수 n에 관계없이 항상 $E(\hat{\theta}) = \theta$이므로 위의 일치성에 대한 조건을 만족한다.

〔예제 2-7〕 모평균 μ에 대한 추정량으로 아래의 $\hat{\mu}$을 고려할 때, 이에 대한 불편성 및 일치성 여부를 판단하시오.

$$\hat{\mu} = \frac{1}{n-1}\sum_{i=1}^{n} X_i$$

☞ 추정량 $\hat{\mu}$의 기대값은 다음과 같이 계산된다.

$$E(\hat{\mu}) = E\left(\frac{X_1 + \cdots + X_n}{n-1}\right) = \frac{n}{n-1}\mu \neq \mu$$

여기서 $E(\hat{\mu})$이 모수 μ와 같지 않으므로 $\hat{\mu}$은 불편추정량이 아니다. 그러나 이 때, 표본수 n이 무한히 커지면 $n/(n-1)=1$이 되므로 $\hat{\mu}$의 기대값이 모수 μ로 수렴한다.

$$\lim_{n\to\infty} E(\hat{\mu}) = \lim_{n\to\infty}\left(\frac{n}{n-1}\mu\right) = \mu$$

따라서 추정량 $\hat{\mu}$은 μ에 대한 일치추정량이다. ■

▶ 최소 분산

추정량의 분산이 작다는 것은 표본을 여러 번 추출하여 추정량들을 각각 구해 보았을 때 그 변동폭이 작다는 뜻이다. 일반적으로 점추정량은 그 분산이 작을수록 정확하다.

추정량이 같은 형태의 표본함수라면, 표본수 n이 클 때 분산은 작아진다. 예를 들어 모평균을 추정할 때 10개의 평균보다는 100개의 평균이 더 믿을 만하다고 상식적으로 느끼게 된다. 이는 통계학적인 표현으로 자료 10개의 평균에 대한 분산 $\sigma^2/10$ 보다 자료 100개의 평균에 대한 분산 $\sigma^2/100$가 더 작기 때문이다. 한편 동일한 표본에서 도출된 불편추정량 중에서 분산이 최소가 되는 추정량을 **최소분산불편추정량**(minimum variance unbiased estimator)이라 한다. 일반적으로 점추정에서 가장 이상적으로 추구하는 추정량이 바로 최소분산불편추정량이다.

〔예제 2-8〕 우리나라 여대생의 평균키 μ를 추정하기 위하여 10명의 표본을 추출하여 키를 조사한 결과가 $x_1, x_2, \cdots, x_{10}$이라 하자. 여기서 평균키에 대한 두 추정량을 다음과 같이 $\hat{\theta}_1$과 $\hat{\theta}_2$으로 정의할 때, 두 추정량을 비교하시오.

$$\hat{\theta}_1 = \frac{1}{5}\sum_{i=1}^{5} X_i \ , \quad \hat{\theta}_2 = \frac{1}{10}\sum_{i=1}^{10} X_i$$

☞ 모평균이 μ이고 모분산이 σ^2일 때, 두 추정량 $\hat{\theta}_1$과 $\hat{\theta}_2$의 평균과 분산은 다음과 같다.

$$E(\hat{\theta}_1) = \mu \ , \quad Var(\hat{\theta}_1) = \frac{1}{5}\sigma^2$$

$$E(\hat{\theta}_2) = \mu \ , \quad Var(\hat{\theta}_2) = \frac{1}{10}\sigma^2$$

위에서 보는 바와 같이 두 추정량 모두 불편추정량이나, $\hat{\theta}_2$의 분산이 더 작으므로 μ에 대한 추정량으로 $\hat{\theta}_2$을 선호하게 된다. 즉 10개에 대한 표본평균이 5개에 대한 표본평균보다 확률적으로 더 정확하다. ■

▶ 최소평균제곱오차

모수에 대한 추정량을 구할 때 추정량의 불편성을 너무 강조한 나머지 추정량의 분산이 커지는 경우가 있다. 한 예로 <그림 2-6>에서는 불편추정량인 $\hat{\theta}$과 편의 추정량이지만 $\hat{\theta}$보다는 매우 작은 분산값을 갖는 추정량 $\hat{\theta}_B$을 보여 주고 있는데,

$\hat{\theta}$은 불편추정량이라는 측면에서 그리고 $\hat{\theta}_B$은 편의는 있지만 $\hat{\theta}$보다 분산이 작다는 측면에서 각각 장점을 지니고 있다. 따라서 모수 θ에 대한 추정량으로 $\hat{\theta}$과 $\hat{\theta}_B$ 중에서 어느 것이 더 바람직할 것인가의 문제가 대두된다.

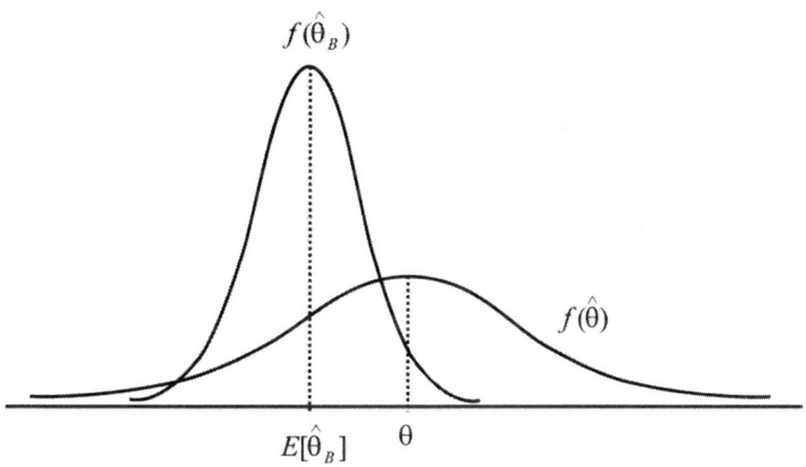

〈그림 2-6〉 불편추정량과 최소평균제곱오차추정량

이러한 경우에는 편의의 제곱과 분산의 합으로 표현되는 다음의 **평균제곱오차**(mean squared error : *MSE*)라는 통계량을 고려하게 된다.

$$
\begin{aligned}
MSE(\hat{\theta}_B) &= E(\hat{\theta}_B - \theta)^2 \\
&= E\left\{\hat{\theta}_B - E(\hat{\theta}_B) + E(\hat{\theta}_B) - \theta\right\}^2 \\
&= VAR(\hat{\theta}_B) + \left\{Bias(\hat{\theta}_B)\right\}^2
\end{aligned}
$$

이처럼 평균제곱오차를 최소로 하는 추정량을 **최소평균제곱오차추정량**(minimum

mean squared error estimator)이라 하는데, 최소분산불편추정량이 존재하지 않는 경우에는 불편성을 포기하더라도 분산이 작은 최소평균제곱오차 추정량을 선택하는 것이 더 바람직할 수도 있다.

(2) 최우추정법

추정량을 구하는 일반적인 점추정법의 예로 **적률추정법**(moments estimation), **최우추정법**(maximum likelihood estimation) 그리고 **최소제곱추정법**(least square estimation) 등을 들 수 있는데, 여기서는 가장 일반적인 방법이라고 할 수 있는 최우추정법에 대하여 살펴본다.

이를 위하여 먼저 우도함수에 대하여 설명한다. n개의 관찰값에 대한 **우도함수**(likelihood function)는 n개 확률변수의 결합확률밀도함수로서 다음과 같이 정의된다.

$$L(\theta) = L(\theta \mid X_1, \cdots, X_n) = f(X_1, \cdots, X_n \mid \theta)$$

다만 결합확률밀도함수는 모수 θ가 주어진 상태에서 관찰 표본 X_i들에 대한 식이고, 우도함수는 관찰값 X_i들이 주어진 상태에서 θ에 대한 식으로 간주하는 차이가 있다. 확률밀도함수 $f(X;\theta)$를 따르는 모집단에서 n개의 독립적인 표본을 추출한 경우의 결합확률밀도함수는 각각의 확률밀도함수의 곱이 되므로 우도함수는 다음과 같이 구해진다.

$$L(\theta) = f(X_1) f(X_2) \cdots f(X_n)$$

여기서 우도함수 $L(\theta)$를 최대로 만드는 θ의 값을 표본 $X_1, \ldots, X_n$의 함수형태로 구한 것을 **최우추정량**(maximum likelihood estimator)이라 한다.

우도함수 $L(\theta)$를 최대로 하는 θ값은 일반적으로 우도함수를 모수 θ에 대하여 미분한 후 0으로 놓은 방정식의 해로 구해진다.

$$\frac{dL(\theta)}{d\theta} = 0$$

또한 확률밀도함수에 따라서는 대수우도함수를 이용하는 것이 우도함수를 이용하는 것에 비하여 계산과정을 간편하게 하는 장점이 있는데, 우도함수에 대수를 취한 **대수우도함수**(logarithmic likelihood function) $\ln L(\theta)$의 최대값도 우도함수 $L(\theta)$를 최대로 하는 θ 값에서 얻어 진다.

$$\frac{d\ln L(\theta)}{d\theta} = 0$$

▶ 최우추정량의 특성

이제까지 언급한 최우추정량은 여러 가지 측면에서 추정량으로서 매우 바람직한 특성을 갖는데, 이를 정리하면 다음과 같다.

최우추정량의 특성

① 최우추정량은 일치추정량이다.

② 만약 추정하려는 모수에 대한 최소분산불편추정량이 존재한다면, 최우추정량을 구하면 그것이 곧 최소분산불편추정량과 같다.

③ 최우추정량은 불변성을 갖는다.

① 최우추정량은 항상 일치추정량인데, 일치추정량에 대해서는 앞에서 다루었으므로 추가적인 설명은 생략한다.

② 모집단의 확률밀도함수나, 추정하려는 모수의 특성에 따라 최소분산추정량이 존재하지 않는 경우가 많다. 최우추정량은 최소분산불편추정량이 존재하는 경우에는 그것과 같아지고, 존재하지 않는 경우에는 차선책으로 일치추정량의 특성이라도 만족시킨다. 바꾸어 말하면 최우추정량은 실질적으로 가능한 최선의 추정량을 도출한다는 뜻이다.

③ 한편 최우추정량이 **불변성** (invariance)을 갖는다는 것은 $\hat{\theta}$이 모수 θ에 대한 최우추정량이라면, θ의 함수인 $g(\theta)$에 대한 최우추정량은 바로 $g(\hat{\theta})$이 됨을 의미한다.

〔예제 2-9〕 어떤 제품의 수명은 모수가 θ인 지수분포를 따른다고 한다. 제품 n개의 수명을 측정한 결과가 $X_1, \cdots, X_n$이라고 가정할 때, 모수 θ에 대한 최우추정량을 구하시오. 또 제품이 T시간 이후까지 고장 나지 않을 생잔확률인 $\exp(-T/\theta)$의 최우추정량을 구하시오. 여기서 T는 주어진 상수이다.

$$f(x) = \frac{1}{\theta}\exp\left(-\frac{X}{\theta}\right), \quad X > 0$$

☞ 확률밀도함수를 이용하여 우도함수를 구하면 다음과 같다.

$$\begin{aligned} L(\theta) &= f(X_1)\, f(X_2) \cdots f(X_n) \\ &= \left(\frac{1}{\theta}\right)^n \exp\left(-\frac{\sum X_i}{\theta}\right) \end{aligned}$$

우도함수에 대수를 취하여 대수우도함수를 구한다.

$$\ln L(\theta) = -n\ln\theta - \frac{\Sigma X_i}{\theta}$$

대수우도함수를 θ에 대하여 미분하여 0으로 놓는다.

$$\frac{d\ln L(\theta)}{d\theta} = -\frac{n}{\theta} + \frac{\Sigma X_i}{\theta^2} = 0$$

이 식을 정리하여 최우추정량 $\dot{\theta}$을 구한 결과는 다음과 같다.

$$\hat{\theta} = \frac{\Sigma X_i}{n} = \overline{X}$$

또 불변성의 특성에 의하여 생잔함수의 추정량은 다음과 같다.

$$\widehat{\exp}(-T/\theta) = \exp(-T/\hat{\theta}) = \exp(-T/\overline{X})$$ ■

(3) 모평균에 대한 구간추정

구간추정(interval estimation)이란 모수를 하나의 값으로 추정하는 것이 아니라 어떠한 구간으로 나타내는 것이다. 예를 들어 모평균 μ에 대한 구간추정은 다음과 같은 형태이다.

$$\hat{\mu} = \overline{X} \pm d$$

이 경우의 구간 $(\overline{X}-d, \overline{X}+d)$를 **신뢰구간**(confidence interval)이라 하는데, 신뢰수준과 구간의 크기가 중요한 문제로 대두된다. 여기서 **신뢰수준**(confidence level)이란 '신뢰구간이 추정하고자 하는 모수를 포함할 확률'을 의미한다. 따라서 신뢰구간은 신뢰수준이 높을수록 그리고 구간의 크기는 작을수록 좋다.

신뢰구간 및 신뢰수준의 의미

▶ 모평균 μ에 대한 95% 신뢰구간을 $(\overline{X}-d, \overline{X}+d)$ 라고 하자.
만일 똑같은 방법으로 표본을 100회 추출하여 위와 같이 신뢰구간을 구하였을 때, 그 100개의 신뢰구간 중 95개가 모수 μ를 포함하게 됨을 의미한다.

▶ 여기서 신뢰구간이 모수를 포함할 확률, 즉 95%를 구간추정의 신뢰수준이라 한다.

즉 모수는 변하는 값이 아니고, 비록 우리가 모르긴 하지만 불변의 값이다. 이를 추정하기 위하여 표본을 추출한다면, 매번 추출할 때마다 그 표본에 의한 통계량의 값은 달라질 것이다.

한편 **구간의 크기**(interval size)는 신뢰구간의 폭을 의미하는데, 위의 경우에서는 $2d$가 바로 구간의 크기이다. 이 때, 정밀한 구간추정이 되기 위해서는 구간크기가 작아야 함은 물론이다. 여기서 신뢰구간 폭의 절반인 d를 **오차한계**(error bound)라고 한다.

이상에서 언급하였듯이 신뢰수준은 높을수록 그리고 구간의 크기는 작을수록 바람직하다. 그러나 신뢰구간을 구성하는 두 가지 요소인 신뢰수준과 구간의 크기는 서로 상충되는 것이 문제이다. 다시 말하면 신뢰수준을 높이고자 하면 구간이 커지게 되며, 반대로 정교한 구간추정을 위하여 구간의 크기를 작게 하면 신뢰수준이 떨어지는 문제가 발생한다. 따라서 구간추정에서는 이렇게 서로 상충되는 두 가지 요소인 신뢰수준과 구간의 크기에 대하여 어떠한 형태의 절충이 요구된다. 일반적으로 문제의 특성에 따라 신뢰수준을 먼저 고정시켜 놓고, 그 신뢰수준을 만족하면서 구간의 크기를 가장 작게 하는 신뢰구간을 도출한다. 같은 신뢰수준에서 신뢰구간의 크기는 점추정량의 분산과 관련되고 이 분산은 표본수에 의하여 좌우된다. 따라서 신뢰구간을 작게 하기 위해서는 표본수를 늘려야 한다. 하지만 표본수를 무한정 늘릴 수는 없으므로 적절한 조정이 필요하다.

이제 모분산 σ^2가 알려진 경우와 알려지지 않은 경우로 나누어 모평균 μ에 대한 구간추정을 설명한다.

▶ σ^2를 알거나 표본수가 큰 경우

σ^2가 주어진 경우 모평균 μ에 대한 신뢰구간을 어떻게 구할까? 먼저 모수가 μ와 σ^2인 정규분포를 따르는 모집단으로부터 n개의 확률표본 $X_1, ..., X_n$을 추출하였다고 하자. 그러면 표본평균 $\overline{X}$에 대한 확률분포는 다음과 같이 평균이 μ이고 분산이 σ^2/n인 정규분포를 따른다.

$$X \sim N(\mu, \sigma^2) \quad \rightarrow \quad \overline{X} \sim N(\mu, \sigma^2/n)$$

한편 모집단이 정규분포를 따르지 않더라도 표본수 n이 충분히 크다면, **중심극한정리**(central limit theorem)에 의하여 표본평균 $\overline{X}$는 역시 위의 정규분포를 따르게 됨을 알 수 있다.

여기서 μ에 대한 100(1-α)% 신뢰구간을 구하기 위하여 다음과 같은 확률식을 고려한다.

$$P[a \le \overline{X} \le b] = 1-\alpha$$

$\overline{X}$의 표준편차가 $\sigma/\sqrt{n}$ 임을 이용하여 위 식을 표준화하면 다음과 같다.

$$P\left[\frac{a-\mu}{\sigma/\sqrt{n}} \le \frac{\overline{X}-\mu}{\sigma/\sqrt{n}} \le \frac{b-\mu}{\sigma/\sqrt{n}}\right] = 1-\alpha$$

위 좌변의 부등식에서 구간을 최소로 하는 값을 취하면 아래와 같다.

$$P\left[-z_{\alpha/2} \le \frac{\overline{X}-\mu}{\sigma/\sqrt{n}} \le z_{\alpha/2}\right] = 1-\alpha$$

여기서 $z_{\alpha/2}$ 및 $-z_{\alpha/2}$를 **신뢰계수**(confidence coefficient)라 하는데, 여러 가지 α 수준에 따른 $z_{\alpha/2}$의 값은 <부표 1> 의 표준정규분포표에 제시되어 있다.

앞의 식에서 좌변의 부등식을 μ에 대하여 정리하면 다음과 같은 100(1-α)% 신뢰구간이 도출된다.

σ^2를 알거나 표본수가 클 때 모평균 μ에 대한 신뢰구간

$$\overline{X} - z_{\alpha/2}\frac{\sigma}{\sqrt{n}} \le \mu \le \overline{X} + z_{\alpha/2}\frac{\sigma}{\sqrt{n}}$$

예를 들어 $\alpha = 0.05$ 라면 $z_{.025} = 1.96$이므로 모평균 μ에 대한 95% 신뢰구간은 다음과 같다.

$$\left(\overline{X} - 1.96\frac{\sigma}{\sqrt{n}},\ \overline{X} + 1.96\frac{\sigma}{\sqrt{n}}\right)$$

여기서 σ^2를 모르더라도 표본수 n이 클 때는 표본분산 s^2를 σ^2 대신에 사용한다. 따라서 μ에 대한 100(1-α)% 신뢰구간은 다음과 같다.

$$\overline{X} - Z_{\alpha/2}\frac{s}{\sqrt{n}} \leq \mu \leq \overline{X} + Z_{\alpha/2}\frac{s}{\sqrt{n}}$$

〔예제 2-10〕 다음은 신생아의 평균 체중을 알아보고자 신생아 9명을 조사한 자료이다.

3.4	3.3	4.2	4.4	3.7	4.5	4.6	3.8	4.1

과거의 경험에서 신생아 체중은 정규분포를 따르고 표준편차 σ는 0.4kg이라고 알려져 있다고 한다. 이 자료를 통하여 신생아 평균 체중에 대한 95% 및 90% 신뢰구간을 구하시오.

☞ 자료로부터 표본평균 $\overline{X}$를 구하면 4.0kg이 된다. 위에서 도출한 신뢰구간 공식을 이용하여 평균체중에 대한 신뢰구간을 구한 결과는 다음과 같다.

(a) 95% 신뢰구간

$$\mu = \overline{X} \pm z_{.025}\frac{\sigma}{\sqrt{n}} = 4.0 \pm 1.96\,\frac{0.4}{\sqrt{9}} = 4.0 \pm 0.26$$

신생아 평균체중에 대한 95% 신뢰구간은 (3.74, 4.26)이다.

(b) 90% 신뢰구간

$$\mu = \overline{X} \pm z_{.05} \frac{\sigma}{\sqrt{n}} = 4.0 \pm 1.645 \frac{0.4}{\sqrt{9}} = 4.0 \pm 0.22$$

신생아 평균체중에 대한 90% 신뢰구간은 (3.78, 4.22)이다. ■

▶ 모분산 σ^2를 모르며 표본수도 작은 경우

모집단이 정규분포를 따르지만 분산 σ^2를 모르는 경우, 표본수 n이 작다면 μ에 대한 신뢰구간을 어떻게 구할 수 있을까? 표본분산 s^2를 σ^2로 대체하기엔 표본수가 충분하지 못하므로 다음과 같이 t분포를 이용한다.

$$\frac{\overline{X} - \mu}{s/\sqrt{n}} \sim t(n-1)$$

따라서 μ에 대한 100(1-α)% 신뢰구간을 위한 확률식은 다음과 같다.

$$P\left[-t_{\alpha/2,\, n-1} \le \frac{\overline{X} - \mu}{s/\sqrt{n}} \le t_{\alpha/2, n-1}\right] = 1 - \alpha$$

앞에서 확률기호 속의 부등식을 μ에 대하여 정리하면, 추정하고자 하는 모수 μ에 대한 100(1-α)% 신뢰구간이 다음과 같이 도출된다.

σ^2를 모르고 표본수가 작을 때 μ에 대한 신뢰구간

$$\overline{X} - t_{\alpha/2,\, n-1} \frac{s}{\sqrt{n}} < \mu < \overline{X} + t_{\alpha/2,\, n-1} \frac{s}{\sqrt{n}}$$

예를 들어 표본크기 n이 10일 때, μ에 대한 95% 신뢰구간은 <부표 2>로부터 $t_{.025,9}=2.26$을 이용하여 다음과 같이 구해진다.

$$\left(\overline{X} - 2.26\frac{s}{\sqrt{n}} < \mu < \overline{X} + 2.26\frac{s}{\sqrt{n}} \right)$$

앞에서 설명하였듯이 σ를 알 때 μ에 대한 신뢰구간에서는 σ와 정규분포를 사용하였는데, σ를 모를 때는 σ 대신에 s 그리고 정규분포 대신에 자유도가 $(n-1)$인 t분포를 사용한 것이 다르다.

〔예제 2-11〕 앞의 [예제 2-10]에서는 신생아 모집단에 대한 체중의 표준편차를 아는 것으로 가정하였다. 여기서는 모집단의 표준편차를 모르는 경우의 신뢰구간을 구하시오.

☞ 먼저 표본의 표준편차 s를 구한다.

X	$(X-\overline{X})$	$(X-\overline{X})^2$
3.4	-0.6	0.36
3.3	-0.7	0.49
4.2	0.2	0.04
4.4	0.4	0.16
3.7	-0.3	0.09
4.5	0.5	0.25
4.6	0.6	0.36
3.8	-0.2	0.04
4.1	0.1	0.01
36.0	0.0	1.80
$\overline{X}$ = 4.0		s^2 = 0.225

t 분포를 이용하여 신생아 평균 체중에 대한 신뢰구간을 구하면 다음과 같다.

(a) 95% 신뢰구간

$$\mu = \overline{X} \pm t_{.025,8} \frac{s}{\sqrt{n}} = 4.0 \pm 2.31 \frac{0.4743}{\sqrt{9}} = 4.0 \pm 0.37$$

(b) 90% 신뢰구간

$$\mu = \overline{X} \pm t_{.05,8} \frac{s}{\sqrt{n}} = 4.0 \pm 1.86 \frac{0.4743}{\sqrt{9}} = 4.0 \pm 0.29$$

■

제7절 가설의 검정

통계적 추론에는 **추정**(estimatiom)과 **가설의 검정**(hypothesis testing)이라는 두 가지 종류의 방법이 존재한다. 이 두 방법은 모집단의 미지의 모수에 대한 의사결정이라는 측면에서는 동일하나, 다만 그 의사결정의 형태가 다르다는 특징이 있다. 앞에서 다루었듯이 모수의 값을 몰라서 표본으로부터 그 값이 얼마인가를 짐작하는 것은 추정이다. 그러나 여기서 설명하려는 가설의 검정이란 모집단의 어떤 현상에 대한 예상이나 주장이 옳은지 또는 틀린지를 표본자료를 이용하여 판단하는 것이다. 예를 들어 대학 졸업 후 처음 취직하는 사람들의 평균 월급이 어느 정도인가를 파악하기 위하여 표본자료를 이용한다면 추정이 된다. 이와는 달리 아들자랑을 하고 싶은 어머니가 '우리 아들은 너무도 훌륭해서 월급을 Q원이나 받는다'라고 주장할 때, 그 Q원이 같은 또래의 월급보다 많은지를 표본을 추출을 통하여 판가름한다면 가설검정이 된다.

그러면 가설을 검정하는데 필요한 단계를 정리해보면 다음과 같다.

가설검정의 단계

- ▶ 모집단의 특성에 대한 주장, 즉 가설을 설정한다.
- ▶ 표본을 추출하여 검정통계량을 계산한다.
- ▶ 선택한 유의수준 α에 대한 검정통계량의 기각역을 결정한다.
- ▶ 검정통계량이 기각역에 속하는 지를 검토하여 결론을 내린다.

(1) 가설검정의 여러 요소

먼저 여기서는 가설, 검정통계량 및 검정오차 등 가설검정을 구성하는 여러 요소들을 살펴보기로 한다.

▶ 가설

통계적 가설(statistical hypothesis)이란 모집단의 특성 또는 모수에 대한 대립되는 두 가지 주장에 대하여 통계적으로 다루기에 편리하도록 정리해 놓은 것이다. 예를 들어 어떤 소아과 의사가 신생아의 체중에 대하여 다음과 같은 주장을 하였다고 하자.

신생아의 평균 체중은 3.8kg이다.

이러한 주장을 **귀무가설**(null hypothesis)이라 한다. 귀무가설은 모집단의 모수를 하나의 값으로 표시한다. 한편 귀무가설과 대립하여 설정되는 또 다른 가설을 **대립가설**(alternative hypothesis)이라고 한다. 대립가설은 귀무가설에서 제시하는 모

수의 값을 제외한 나머지 영역에서 모수의 값을 정의한다. 위에서 예로 든 소아과 의사의 주장에 대한 대립가설은 다음과 같다.

> 신생아의 평균 체중은 3.8kg이 아니다.

이 때, 귀무가설과 대립가설은 각각 H_0과 H_1으로 표기하는데, 앞의 가설을 통계적인 기호를 이용하여 나타내면 다음과 같다.

$$\begin{cases} H_0: \mu = 3.8 \\ H_1: \mu \neq 3.8 \end{cases}$$

표본자료를 분석하기 전에 반드시 해당가설을 설정하여야 하는데, 일반적으로 통계적 가설을 설정하는 요령을 정리하면 다음과 같다.

가설설정 규칙

① 귀무가설은 모수를 특정한 값으로 표현한다. → $H_0: \mu = \mu_0$

② 대립가설은 귀무가설에서 지적한 모수의 값이 아닌 어떤 영역으로 나타내는데, 양쪽을 다 고려하는 양측검정과 한쪽만 고려하는 단측검정이 있다.

$H_1: \mu \neq \mu_0$ → 양측검정

또는 $H_1: \mu > \mu_0$ → 단측검정

또는 $H_1: \mu < \mu_0$ → 단측검정

이 때, 대립가설에서 '≠'의 형태로 모수의 영역을 표시하면 귀무가설의 μ_0보다 작거나 큰 양쪽영역을 다 포함하므로 **양측검정**(two side test)이라 하고, '>' 또는 '<'와 같이 부등호로 표시하면 한쪽영역만 고려하므로 **단측검정**(one side test)이라 한다. 실제 문제에서 양측검정과 단측검정 중 어느 것을 사용하는 것이 옳을 지에 대한 결정을 분석자가 해야 하는 경우가 많다. 이 때는 문제의 내용을 어느 검정이 더 잘 반영하는 지를 검토해야 한다.

▶ 검정통계량과 기각역

① 검정통계량

검정에 편리한 형태로 표본자료를 바꾸어 놓은 것을 **검정통계량**(test statistic)이라 하는데, 일반적으로 검정하려는 모수의 점추정량이 된다. 검정모수와 이에 따른 검정통계량의 예를 보면 <표 2-3>과 같다.

〈표 2-3〉 검정모수와 검정통계량

검정하려는 모수	검정통계량
μ	$\overline{X}$
$\mu_1 - \mu_2$	$\overline{X} - \overline{Y}$
σ^2	s^2
$\sigma_1^2 - \sigma_2^2$	s_1^2/s_2^2 또는 s_2^2/s_1^2
p	$\hat{p}$
$p_1 - p_2$	$\hat{p}_1 - \hat{p}_2$

예를 들어 신생아의 평균 체중에 대한 문제에서 검정모수 μ에 대한 검정통계량은

신생아 표본의 평균값 $\overline{X}$가 된다.

② 기각역

귀무가설이 옳다고 판단할 수 없는 검정통계량의 영역을 기각역이라 한다. 신생아 체중의 예에서 표본의 평균 $\overline{X}$가 귀무가설의 3.8보다 훨씬 작거나 크다면 H_0이 맞다고 할 수 없을 것이다. 그러면 검정통계량 $\overline{X}$가 얼마나 크거나 작을 때에 귀무가설 H_0을 기각해야 할 것인가? 여기서 H_0을 기각하게 되는 검정통계량의 영역을 **기각역**(rejection region)이라 하고, 이와는 반대로 귀무가설을 채택하게 되는 영역을 **채택역**(acceptance region)이라 한다. 이 때, 귀무가설의 채택역은 기각역의 여집합이다. 여기서 대립가설의 유형에 따라 기각역의 형태를 나타내면 <표 2-4>와 같다.

〈표 2-4〉 대립가설의 형태에 따른 검정의 기각역

대립가설의 형태			기각역
$H_1: \mu \neq \mu_0$	(양측검정)	→	$\overline{X} < a$ 또는 $\overline{X} > b$
$H_1: \mu > \mu_0$	(단측검정)	→	$\overline{X} > b'$
$H_1: \mu < \mu_0$	(단측검정)	→	$\overline{X} < a'$

▶ 검정오차

가설의 검정은 완벽할 수 없다. 즉 표본조사의 결과가 귀무가설이 맞을 가능성이 큰 경우에는 귀무가설을 채택하고, 반대로 틀릴 가능성이 큰 경우에는 귀무가설을 기각할 따름이다. 그러므로 가설의 채택이나 기각은 '확률적으로 맞을 가능성이 얼마이다'라고 표현하는 것이 정확할 것이다. 여기서 그 반대급부로 틀릴 가능성도 존재하게 되는데, 이것을 **검정오차** (test error)라 한다. 검정오차는 제1종 오차와 제2종 오차로 구분된다.

① 제1종 오차 : α

제1종 오차(type I error)란 검정의 **유의수준**(significance level)이라고도 하는데, 귀무가설이 맞는데도 잘못하여 이를 기각하고 대립가설을 채택할 확률로서 α로 표기한다

$$\alpha = P[H_0 \text{의 기각} \mid H_0 \rightarrow \text{사실}]$$

한 예로 신생아의 평균 체중에 대한 검정에서 기각역을 ($\overline{X} > 4.0$)로 정했다고 하자. 여기서 만약 표본의 평균이 4.1이었다면, H_0은 기각된다. 하지만 실제로 전체 신생아의 체중 평균은 3.8인데, 우연히 체중이 무거운 신생아들이 많이 표본에 포함되어 그 평균이 4.1이 되었을 수도 있다. 이와 같이 사실은 귀무가설이 옳은데 표본에 의한 검정통계량의 값이 기각역에 속하여 귀무가설을 잘못 기각하게 될 확률을 제1종 오차 또는 유의수준 α라고 하는데, 이 예에서 α는 다음과 같이 표현된다.

$$\alpha = P(\overline{X} > 4.0 \mid \mu = 3.8)$$

② 제2종 오차 : β

제2종 오차(type II error)는 제1종 오차와는 반대로 대립가설이 사실임에도 불구하고 귀무가설을 채택하게 되는 확률 β를 의미한다.

$$\beta = P[H_0\text{의 채택} \mid H_1 \rightarrow \text{사실}]$$

그러나 앞에서 살펴 본 바와 같이 대립가설은 모수의 특정값이 아니라 모수의 영역으로 표현되므로, 대립가설 H_1이 사실일 때 실제 모수의 값이 얼마인지는 모른다. 따라서 제2종 오차 β를 계산할 때에는 편의상 대립가설 H_1의 영역에서 대표적인 한 점을 정하여 모수의 값으로 한다.

③ 신뢰수준과 검정력

이제 가설검정의 결과가 올바른 결정이 될 확률을 다룬다. 먼저 귀무가설이 사실일 때, 이를 채택하게 되는 확률 $(1-\alpha)$를 **신뢰수준**(confidence level)이라 한다. 그리고 대립가설이 사실일 때, 귀무가설을 기각하고 대립가설을 채택하게 될 확률 $(1-\beta)$를 **검정력**(power of the test)이라 한다. 지금까지 언급한 귀무가설의 진위와 이의 기각여부에 따른 사항을 정리하면 <표 2-5>와 같다.

〈표 2-5〉 귀무가설의 진위와 의사결정

귀무가설 진위	의사결정	
	H_0의 채택	H_0의 기각
$H_0 \rightarrow$ 사실	올바른 결정 확률 = $1-\alpha$ 신뢰수준	제1종 오차 확률 = α 유의수준
$H_0 \rightarrow$ 거짓	제2종 오차 확률 = β	올바른 결정 확률 = $1-\beta$ 검정력

〔예제 2-12〕 앞의 [예제 2-10]의 신생아 체중자료를 이용하여 다음 가설의 기각역을 구하시오.

$$\begin{cases} H_0 : \mu = 3.8 \\ H_1 : \mu > 3.8 \end{cases}$$

☞ 가설을 검정하기 위하여 먼저 다음과 같이 α에 대한 확률식을 고려한다.

$$\alpha = P[H_0\text{의 기각} \mid H_0 \rightarrow \text{사실}]$$

여기서 H_0이 사실이라는 것은 $\mu = 3.8$을 의미하며, 또한 H_0의 기각은 검정통계량 $\overline{X}$의 값이 3.8보다 훨씬 클 때 발생한다. 따라서 $\alpha = 0.05$일 때, 기각역은 아래의 식을 만족하는 $\overline{X}$의 영역이 된다.

$$0.05 = P[\overline{X} > b \mid \mu = 3.8]$$

위의 식을 표준화시키면 다음과 같다.

$$0.05 = P\left[\frac{\overline{X} - 3.8}{\sigma/\sqrt{n}} > \frac{b - 3.8}{\sigma/\sqrt{n}}\right]$$

따라서 b는 다음과 같이 계산된다.

$$\frac{b - 3.8}{\sigma/\sqrt{n}} = z_{.05} = 1.645 \quad \rightarrow \quad b = \frac{1.645(0.4)}{3} + 3.8 = 4.02$$

따라서 이 검정에서의 기각역은 다음과 같이 구해진다.

$$(\overline{X} > 4.02)$$

■

(2) 모평균에 대한 가설검정

가장 기본적인 검정으로 모평균 μ에 대한 가설을 검정한다. 추정의 경우와 마찬가지로 표본수가 크거나 모집단의 표준편차 σ를 아는 경우에는 정규분포를 이용하고, 표본수가 작으며 σ를 모르는 경우에는 t분포를 이용한다. 모수 μ에 대한 점추정량은 표본평균 $\overline{X}$이므로, 이를 검정통계량으로 사용한다.

▶ σ를 알거나 표본수가 큰 경우

모집단이 정규분포를 따르고 σ가 알려졌다고 할 때, 양측검정의 가설은 다음과 같다.

$$\begin{cases} H_0 : \mu = \mu_0 \\ H_1 : \mu \neq \mu_0 \end{cases}$$

그러면 양측검정에서의 기각역은 신뢰구간의 여집합이 되는데, 모평균 μ에 대한 100(1-α)% 신뢰구간은 다음과 같다.

$$\left(\overline{X} - z_{\alpha/2}\frac{\sigma}{\sqrt{n}} < \mu < \overline{X} + z_{\alpha/2}\frac{\sigma}{\sqrt{n}}\right)$$

여기서 H_0이 사실일 때는 $\mu = \mu_0$이므로 만약 위의 신뢰구간이 μ_0를 포함하면 귀무가설을 채택하고, 그렇지 않으면 기각한다. 또한 $\overline{X}$에 대한 기각역을 구하려면 다음과 같이 신뢰구간의 여집합을 $\overline{X}$에 대하여 정리한 후에 $\mu = \mu_0$를 대입하면 된다.

$$\overline{X} < \mu_0 - z_{\alpha/2}\frac{\sigma}{\sqrt{n}} \quad \text{및} \quad \overline{X} > \mu_0 + z_{\alpha/2}\frac{\sigma}{\sqrt{n}}$$

한편 단측검정에서는 한쪽 꼬리만을 고려하므로, 꼬리면적이 α가 되도록 한다. 이상의 결과를 정리하면 다음과 같다.

σ를 알거나 표본수가 큰 경우의 기각역

▶ 양측검정

- 가설 : $H_0 : \mu = \mu_0$, $H_1 : \mu \neq \mu_0$
- 기각역 : $\overline{X} < \mu_0 - z_{\alpha/2}\frac{\sigma}{\sqrt{n}}$, $\overline{X} > \mu_0 + z_{\alpha/2}\frac{\sigma}{\sqrt{n}}$

▶ 단측검정

- 가설 : $H_0 : \mu = \mu_0$, $H_1 : \mu > \mu_0$ (또는 $\mu < \mu_0$)
- 기각역 : $\overline{X} > \mu_0 + z_{\alpha}\frac{\sigma}{\sqrt{n}}$ (또는 $\overline{X} < \mu_0 - z_{\alpha}\frac{\sigma}{\sqrt{n}}$)

※ 이 때, σ를 모르지만 표본수가 큰 경우에는 σ를 s로 대체할 수 있음

〔예제 2-13〕 앞의 [예제 2-10]에 나오는 신생아 체중 자료에 대한 예에서 다음의 가설을 5%의 유의수준하에 검정하시오

$$H_0 : \mu = 3.8$$
$$H_1 : \mu \neq 3.8$$

☞ 검정통계량 $\overline{X}$에 대한 양측검정의 기각역은 다음과 같이 계산된다.

$$\overline{X} < \mu_0 - z_{\alpha/2}\frac{\sigma}{\sqrt{n}} = 3.8 - 1.96\frac{0.4}{\sqrt{9}} = 3.54$$

$$\text{또는} \quad \overline{X} > \mu_0 + z_{\alpha/2}\frac{\sigma}{\sqrt{n}} = 3.8 + 1.96\frac{0.4}{\sqrt{9}} = 4.06$$

그러나 여기서의 표본평균은 4.0이므로 기각역에 속하지 않는다. 따라서 5% 의 유의수준하에 신생아 체중의 모평균이 3.8이라는 위의 귀무가설을 채택한다. ■

▶ σ를 모르고 표본수가 작은 경우

표본수가 작고 정규분포를 따를 때는 앞에서와 마찬가지로 t분포를 사용하게 된다. 따라서 양측검정에 대한 이 경우의 기각역은 신뢰구간의 여집합으로부터 다음과 같이 구해진다.

$$\overline{X} < \mu_0 - t_{\alpha/2,\,n-1}\frac{s}{\sqrt{n}}, \quad \overline{X} > \mu_0 + t_{\alpha/2,\,n-1}\frac{s}{\sqrt{n}}$$

마찬가지 방법으로 단측검정에 대한 기각역을 도출할 수 있는데, 이와 같은 방법으로 σ를 모르며 표본수가 작은 경우의 검정결과를 정리하면 다음과 같다.

σ를 모르고 표본수가 작은 경우의 기각역

▶ 양측검정

- 가설 : $H_0 : \mu - \mu_0$

  $H_1 : \mu \neq \mu_0$

- 기각역 : $\overline{X} < \mu_0 - t_{\alpha/2,\, n-1}\dfrac{s}{\sqrt{n}}$, $\overline{X} > \mu_0 + t_{\alpha/2,\, n-1}\dfrac{s}{\sqrt{n}}$

▶ 단측검정

- 가실 : $H_0 . \mu - \mu_0$

  $H_1 : \mu > \mu_0$ (또는 $\mu < \mu_0$)

- 기각역 : $\overline{X} > \mu_0 + t_{\alpha,\, n-1}\dfrac{s}{\sqrt{n}}$ (또는 $\overline{X} < \mu_0 - t_{\alpha,\, n-1}\dfrac{s}{\sqrt{n}}$)

〔예제 2-14〕 앞의 [예제 2-13] 에서 신생아 체중의 모분산을 모른다고 가정하고 검정하시오.

☞ 앞의 [예제 2-11]에서 $s = 0.4743$으로 계산되었다. 따라서 양측검정의 기각역을 구하면 다음과 같다.

$$\overline{X} < \mu_0 - t_{\alpha/2,\, n-1}\frac{s}{\sqrt{n}} = 3.8 - 2.31\frac{0.4743}{\sqrt{9}} = 3.43$$

또는 $$\overline{X} > \mu_0 + t_{\alpha/2,\, n-1}\frac{s}{\sqrt{n}} = 3.8 + 2.31\frac{0.4743}{\sqrt{9}} = 4.17$$

이 자료의 표본평균은 4.0으로 위의 기각역에 속하지 않으므로, 5% 의 유의수준 하에서 귀무가설을 채택한다. ■

(3) p값을 이용한 가설검정

앞에서는 유의수준 α에 대한 기각역을 구하여, 표본으로부터 계산된 검정통계량의 값이 그 기각역에 속하는 지에 따라 귀무가설의 채택여부를 결정하였다. 여기서는 검정통계량의 값이 귀무가설로부터 얼마나 어긋나 있는 지를 파악하여 검정의 기준으로 삼는 방법을 설명한다. 여기서 사용되는 **p값**(p-value)은 다음과 같이 정의된다.

p값

귀무가설이 사실일 때의 확률분포에서 검정통계량의 값보다 더 어긋나게 될 확률을 의미한다.

먼저 다음과 같은 단측검정에 대한 p값을 구해 보자.

$$\begin{cases} H_0 : \mu = \mu_0 \\ H_1 : \mu > \mu_0 \quad (\text{또는 } \mu < \mu_0) \end{cases}$$

여기서는 표본평균이 μ_0보다 매우 크면 귀무가설을 기각하게 된다. 따라서 검정통계량의 값이 $\overline{X}_0$일 때, p값은 다음과 같이 정의된다.

$$p\text{값} = P[\overline{X} > \overline{X}_0 \mid \mu = \mu_0], \quad \overline{X}_0 > \mu_0$$

$$\text{또는} \quad p\text{값} = P[\overline{X} < \overline{X}_0 \mid \mu = \mu_0], \quad \overline{X}_0 < \mu_0$$

한편 p값과 유의수준 α와의 관계를 정리하면 다음과 같다.

p값과 α의 관계

▶ p값이 α보다 작으면 귀무가설을 기각한다.

▶ p값이 α보다 크면 귀무가설을 채택한다.

즉 p값이 α보다 작다는 것은 귀무가설을 사실이라고 하기에는 검정통계량의 값이 너무도 극단적으로 나온 것을 의미한다.

이제 양측검정의 대립가설에 대하여 p값을 생각해 보기로 한다.

$$\begin{cases} H_0 : \mu = \mu_0 \\ H_1 : \mu \neq \mu_0 \end{cases}$$

여기서는 검정통계량의 값이 μ_0보다 너무 크거나 또는 너무 작은 경우에 귀무가설을 기각하게 되므로, 이 경우의 p값은 다음과 같이 계산된다.

$$p\text{값} = 2 \times P[\overline{X} > \overline{X}_0 \mid \mu = \mu_0], \quad \overline{X}_0 > \mu_0$$

$$\text{또는} \quad p\text{값} = 2 \times P[\overline{X} < \overline{X}_0 \mid \mu = \mu_0], \quad \overline{X}_0 < \mu_0$$

이상에서 언급한 p값을 이용한 가설의 검정절차는 다음과 같이 정리된다.

p값을 이용한 가설의 검정절차

- ▶ 검정통계량에 대한 p값을 구한다.
- ▶ 만일 p값이 유의수준 α보다 크면 귀무가설을 채택하고, p값이 α보다 작으면 귀무가설을 기각한다.

p값을 사용하여 가설을 검정하는 경우에는 여러 가지 α값에 대한 귀무가설의 채택여부를 검토할 수 있고, 또한 귀무가설을 기각하였을 때 그 기각에 대한 확실성의 정도를 알 수 있는 장점이 있다. 예를 들어 p값이 0.02로 도출된 경우를 살펴보자. 그러면 α가 0.05라면 귀무가설을 기각하게 되고, 만약 α가 0.01일 때는 귀무가설을 채택하게 된다. 또 다른 예로 α를 5%로 하여 검정하는 경우 p값이 0.01일 때나 0.001일 때 모두 기각되기는 마찬가지이나 후자의 경우가 더 큰 확실성을 갖게 된다. 왜냐하면 귀무가설이 사실일 때, 후자와 같은 경우가 발생할 확률이 전자에 비하여 더 작기 때문이다. 기각역을 사용할 때는 기각여부만을 알 수 있을 뿐이다.

대부분의 통계패키지에서는 각종 가설검정을 포함한 자료분석에 p값을 결과물로 제시한다. 따라서 확률분포의 확률값, 즉 t값이나 Z값 등을 찾지 않고도 이러한 p값을 이용하여 가설검정의 결론을 내릴 수 있다.

〔예제 2-15〕 앞의 [예제 2-10]의 자료로부터 p값을 이용하여 5%의 유의수준하에 다음의 가설을 검정하시오.

$$\begin{cases} H_0 : \mu = 3.8 \\ H_1 : \mu > 3.8 \end{cases}$$

☞ 이 경우에는 신생아 체중의 표준편차 σ가 0.4kg으로 알려져 있으므로 검정통계량으로는 다음과 같이 표준정규분포 Z를 이용한다.

$$z_0 = \frac{\overline{X} - \mu_0}{\sigma / \sqrt{n}} = \frac{4.0 - 3.8}{0.4 / \sqrt{9}} = 1.50$$

검정통계량의 값 1.50에서 p값을 구하면 다음과 같다.

$$p\text{값} = P(Z > 1.50) = 0.067$$

따라서 p값이 0.067이므로 유의수준 5%에서 귀무가설을 채택한다. ■

제8절 요약

1. 모집단과 표본

- ▶ 모집단 : 관심의 대상이 되는 모든 원소들의 집합
- ▶ 모　수 : 모집단에 대한 특성을 수치적으로 요약한 값
- ▶ 표　본 : 모수를 추정하기 위하여 모집단으로부터 일부분을 추출한 것
- ▶ 통계량 : 모수를 추정하기에 편리하도록 표본을 요약한 것

2. 확률변수

▶ 확률변수 : 원래의 표본공간을 숫자로 나타내어 다루기에 간편한 새로운 표본공간으로 대응시키는 함수

▶ 확률변수의 종류

① 이산확률변수 : 유한하거나 셀 수 있는 값을 취하는 확률변수

② 연속확률변수 : 연속적인 실수상에 정의되는 확률변수

3. 확률분포

▶ 확률분포 : 확률변수가 취할 수 있는 모든 가능한 값, 즉 표본공간의 모든 결과들이 각각 발생할 확률의 분포

▶ 이산확률분포 : 이산확률변수의 분포

$$0 \le P(X_i) \le 1, \quad i = 1, \cdots, n$$

$$\sum_{i=1}^{n} P(X_i) = 1$$

▶ 연속확률분포 : 연속확률변수의 분포

$$f(X) \ge 0$$

$$\int_{-\infty}^{\infty} f(X)\,dX = 1$$

▶ 누적분포함수 : $F(x) = P(x \le x)$

4. 확률변수의 기대값

▶ 평균과 분산

$$\mu = E(X)$$

$$\sigma^2 = E(X-\mu)^2 = E(X^2) - \mu^2$$

▶ 기대값의 특성

$$E(aX) = aE(X)$$

$$E(X \pm Y) = E(X) \perp E(Y)$$

$E(XY) = E(X)E(Y)$: 단 X와 Y가 독립일 때

$$E(a_1X_1 \pm \cdots \pm a_nX_n) = a_1E(X_1) \pm \cdots \pm a_nE(X_n)$$

5. 정규분포와 관련 분포

▶ 표준정규분포 : 평균이 0 그리고 분산이 1인 정규분포

▶ 표준정규분포로의 전환 : $X \sim N(\mu, \sigma^2) \rightarrow Z = \dfrac{X-\mu}{\sigma} \sim N(0,1)$

▶ χ^2 분포 : $\chi^2 = \sum_{i=1}^{n} Z_i^2 \sim \chi^2(n)$, $E(\chi^2) = n$

▶ t 분포 : $T = \dfrac{Z}{\sqrt{\chi_n^2/n}} \sim t(n)$, $E(T) = 0$

▶ F분포 : $F = \dfrac{\chi^2(n_1)/n_1}{\chi^2(n_2)/n_2} \sim F(n_1, n_2)$, $E(F) = \dfrac{n_2}{n_2 - 2}$

6. 추정

(1) 점추정량

▶ 불편추정량 : $E[\hat{\theta}] = \theta$

▶ 일치추정량 : $\lim_{n \to \infty} E[\hat{\theta}] = \theta$

▶ 최소분산불편추정량

$Var[\hat{\theta}] \le Var[\hat{\theta}']$, 모든 불편추정량 $\hat{\theta}'$ 에 대하여

▶ 최소평균제곱오차추정량

$MSE[\hat{\theta}] \le MSE[\hat{\theta}']$, 모든 추정량 $\hat{\theta}'$ 에 대하여

(2) 최우추정법

▶ 최우추정량 : 우도함수를 최대화시키는 추정량

▶ 최우추정량의 특성

- 일치추정량이다.
- 최소분산불편추정량이 존재한다면 최우추정량과 같다.
- 불변성을 갖는다.

(3) 모평균에 대한 구간추정

▶ 신뢰수준 : 신뢰구간이 모수를 포함할 확률

▶ 모평균 μ 에 대한 100(1-α)% 신뢰구간

- $\mu = \overline{X} \pm z_{\alpha/2} \frac{\sigma}{\sqrt{n}}$: 모분산을 아는 경우
- $\mu = \overline{X} \pm t_{\alpha/2,\ n-1} \frac{s}{\sqrt{n}}$: 모분산을 모르는 경우
- $\mu = \overline{X} \pm z_{\alpha/2} \frac{s}{\sqrt{n}}$: 모분산을 모르지만 표본크기가 큰 경우

7. 가설의 검정

▶ 귀무가설 H_0 : 모수를 하나의 값으로 표현함

▶ 대립가설 H_1 : 모수의 값을 일정한 영역으로 표현함

▶ 가설의 검정 : 귀무가설의 채택 또는 기각여부의 결정

▶ 검정통계량 : 가설검정에 사용하는 통계량

▶ 기각역 : 귀무가설을 기각하게 되는 검정통계량의 영역

▶ 검정오차

- 제1종 오차 : 귀무가설이 사실일 때 이를 기각할 확률
- 제2종 오차 : 대립가설이 사실일 때 이를 기각할 확률

■ 연습문제

[2.1] 다음 문장을 읽고 옳으면 '○'표, 또한 틀리면 '×' 표를 한 후 틀린 곳을 바르게 고치시오.

a) 연속확률분포에서 확률변수의 값이 x가 될 확률은 $f(x)$이다.

b) 연속확률밀도함수 $f(x)$는 0보다 작을 수 있다.

c) 정규분포의 왼쪽과 오른쪽 꼬리는 수평축과 만나지 않고 무한히 뻗는다.

d) 정규분포에서 확률변수가 어떤 구간에 들어갈 확률을 구하기 위해서는 표준정규분포의 확률표를 이용할 수 있다.

e) 표본추출시 모집단의 전체 영역에서 골고루 표본이 뽑히는 경우, 이를 랜덤표본이라 한다.

f) 통계량은 일종의 모집단에 대한 특성이다.

g) 만약 어떤 모집단의 평균이 20이라면, 그 모집단으로부터 추출한 표본들은 대

부분 그 평균이 20일 가능성이 크다.

h) χ^2분포의 모수는 자유도인데, 자유도가 클수록 분산은 커진다.

i) t분포의 분산은 항상 정규분포보다 크다.

j) F분포의 평균은 첫 번째 자유도 n_1과는 상관이 없다.

k) 불편추정량은 항상 일치성을 만족한다.

l) 추정량의 편의가 작은 범위에서는 불편성보다 추정량의 분산이 더 중요할 수 있다.

m) 모수가 신뢰구간 안에 들어갈 확률을 신뢰수준이라 한다.

n) t분포에서 자유도가 커지면 표준정규분포를 이용할 수 있다.

o) 구간추정에서 모분산을 모를 때는 항상 정규분포보다 t분포를 이용하는 것이 좋다.

p) 신뢰수준이 높을수록 신뢰구간이 커지므로, 신뢰수준이 높은 것만이 좋다고 할 수는 없다.

q) 가설검정에서 표본을 추출하기 전에 모수가 어떤 특정한 값이라고 가정하는데, 이 가정을 대립가설이라 한다.

r) 만약 제1종 오차를 범했다면, 이는 귀무가설이 사실인데도 귀무가설을 기각하는 경우이다.

s) 원래 관찰된 값의 단위로 검정을 하거나 관찰값을 표준화하여 검정하거나 똑같은 결과가 나온다.

t) 일반적으로 제2종 오차 β가 제1종 오차인 α보다 쉽게 구해진다.

u) 만약 양측검정에서 귀무가설이 채택되었다면, 이를 단측검정으로 하더라도 항상 귀무가설이 채택된다.

v) p값이 작을수록 귀무가설이 옳을 가능성이 크다.

w) 만약 p값을 이용한다면, 표본을 관찰하기 전에 반드시 α값을 미리 정해야 할 필요는 없다.

[2.2] 일반 전구의 수명시간은 평균이 200일 그리고 분산이 400일인 정규분포를 따른다고 할 때, 다음 물음에 답하시오.

a) 전구의 수명이 180일 이상일 확률을 구하시오.

b) 전구의 수명이 220일 이상 240일 이하일 확률을 구하시오.

[2.3] 학생들의 통계학 성적은 평균이 72점이고, 표준편차가 10점인 정규분포를 따른다고 한다. 다음 물음에 답하시오.

a) 67점 내지 84점 사이의 성적을 받은 학생의 비율은?

b) 12.3%의 학생에게 F학점을 준다면, 이에 해당하는 학생들의 점수는?

[2.4] 어느 터널을 통과하는 자동차의 비율은 승용차가 60% 그리고 승합차가 40%라고 한다. 한편 이 터널을 지나가기 위해서 승용차는 100원 그리고 승합차는 300원의 통행료를 지불해야 한다고 가정한다. 여기서 차량 25대가 이 터널을 통행하는 날에 있어서의 전체 통행료 수입의 평균과 분산을 구하시오.

[2.5] 어떤 회사의 직급별 연봉이 아래와 같이 정리되었다.

직 급	부장	차장	과장	대리	평사원
인 원	10	16	32	64	300
연봉평균	6000	5000	4000	3000	2000

a) 연봉의 모평균과 모분산을 구하시오.

b) 평균 연봉을 추정하기 위하여 20명의 직원을 단순 랜덤추출한 결과, 부장 2명,

차장 2명, 과장 4명, 대리 5명, 평사원 7명이 포함되었다고 할 때 표본평균을 구하시오.

c) 위의 표본계획을 평가하시오.

[2.6] 모평균 μ를 추정하기 위하여 세 개의 표본 X_1, X_2, X_3를 추출하였다. 아래의 추정량 중 어느 것이 가장 좋은지를 고르고 그 이유를 설명하시오.

$$\frac{2X_1+X_2+X_3}{4}, \quad \frac{X_1+X_2+X_3}{2}, \quad \frac{X_1+X_2}{2}, \quad \frac{X_1+X_2+X_3}{3}$$

[2.7] $N(\mu, \sigma^2)$을 따르는 모집단에서 X_1, X_2, $\cdots$, X_n의 확률표본을 추출하였다.

a) μ와 σ^2에 대한 최우추정량을 구하시오.

b) 위 a)의 최우추정량이 일치추정량임을 증명하시오.

c) 위 추정량의 MSE를 구하시오.

[2.8] 프로야구팀 LG 트윈스가 1점 뒤지고 있는 9회말 마지막 공격에서 1사 만루의 좋은 반격기회를 맞이하고 있다. 여기서 강공과 번트의 두 가지 공격방법이 가능하며, 각 공격방법에 따른 가능한 결과와 확률은 다음과 같다고 한다. 이 때, 여러분이 감독이라면 강공과 번트 중에서 어떤 방법을 선택할 것인지를 설명하시오.

강공		번트	
가능한 결과	확률	가능한 결과	확률
안타(2득점)	.25	성공(타자는 아웃)	.60
타자만 아웃	.60	실패(타자만 아웃)	.40
병살타	.15		

[2.9] 다음은 어떤 베어링 공장에서 생산되는 베어링의 평균무게를 추정하고자 네 개의 표본을 관찰한 자료이다.

3.1	3.2	3.6	3.7

위의 자료를 이용하여 이 공장에서 생산되는 베어링의 평균 무게에 대한 90% 및 95% 신뢰구간을 구하시오.

[2.10] 만일 위 [2.9]의 문제에서 베어링 무게의 표준편차 σ가 0.2로 알려져 있다고 가정한다면, 신뢰구간의 추정결과는 어떻게 달라지겠는가?

[2.11] 자동차를 제조하는 한 공장에서 새로운 공정에 의하여 생산되는 자동차의 평균 무게를 추정하고자 한다. 여기서 추정의 신뢰수준이 0.95이고 추정오차의 한계를 4kg이하로 하려면, 표본의 수를 얼마로 할 것인지를 구하시오. 단, 이제까지의 생산경험에 의하여 자동차 무게의 표준편차는 11kg임이 알려져 있다고 가정한다.

[2.12] 어느 해의 대입 학력고사 성적은 평균이 210점, 그리고 표준편차가 25점이라고 한다. 이 때, 서울의 한 아파트단지의 입시생 평균 성적이 전체 평균보다 높은지 또는 낮은지를 알아보고자 한다. 이를 위하여 아파트단지에서 100명의 표본을 추출하여 조사한 결과, 215점의 평균 점수를 얻었다고 한다. 성적차이가 존재하는지에 대한 가설을 설정하고, 5%의 유의수준하에 p값을 이용하여 검정하시오.

[2.13] 어느 담배회사와 소비자보호원 사이에 담배에 포함된 니코틴 함유량 문제로 의견이 대립되고 있다. 그 이유는 개피당 니코틴 함유량이 14mg이라는 회사측의 설명

에 대하여 소비자보호원에서는 그 이상이라고 주장하기 때문이다. 이러한 대립을 해결하기 위하여 표본으로 20개피의 담배를 분석한 결과, 니코틴 함유량의 평균이 14.8mg 그리고 표준편차가 2.4mg로 계산되었다고 한다. 적절한 가설을 설정하고 5%의 유의수준하에 검정을 위한 기각역을 도출한 후 검정하시오.

3

단순회귀모형의 설정과 추론

제1절 단순회귀모형의 설정 및 가정사항

제2절 회귀모형의 추정

제3절 회귀모형에 대한 유의성 검정

제4절 반응값의 추정

제5절 결정계수

제6절 미니탭의 이용

제7절 요약

제3장 단순회귀모형의 설정과 추론

제1장에서 변수들 사이의 관계식을 파악하는 통계적 기법이 회귀분석임을 설명하였다. 예를 들어 어느 기업의 매출액을 종속변수 또한 광고비를 독립변수로 하여 두 변수 사이의 관계식을 파악한 후 향후 이 기업의 매출액을 예측하는 등의 내용이 회귀분석의 주된 목적임을 알 수 있었다. 이와 같이 하나의 종속변수에 대하여 하나의 독립변수를 고려하는 회귀분석을 단순회귀분석이라 하고, 여러 개의 독립변수를 고려한다면 다중회귀분석이 되는 것이다.

한편 회귀분석과 마찬가지로 변수들 사이의 관계를 분석하는 또 하나의 통계기법으로 **상관분석**(correlation analysis)을 들 수 있다. 상관분석이란 한마디로 변수들 간의 상관계수를 기초로 하여 변수들이 서로 얼마나 밀접하게 관련되어 있는지를 분석하는 통계기법이다. 이처럼 변수들 사이의 관계를 분석한다는 측면에서는 회귀분석과 상관분석이 유사할 수 있으나, 두 방법에 분명한 차이점도 존재한다. 상관분석은 두 변수 사이의 관련정도에 관심이 있는데 비하여, 회귀분석에서는 두 변수 사이의 관련성을 이용하여 독립변수가 종속변수에 미치는 영향에도 관심을 둔다는 것이다. 즉 회귀분석에서는 독립변수에서 종속변수로 향하는 분명한 방향성이 존재하는 차이점이 있게 된다. 그러나 회귀모형에 이용되는 종속변수와 독립변수 사이에는 밀접한 관계가 있어야 한다는 점을 감안하면, 넓은 의미에서의 회귀분석은 상관분석의 내용도 포함하고 있다고 하겠다.

먼저 이 장에서는 독립변수의 수가 하나인 단순회귀모형을 대상으로 하여 회귀분석과정을 알아보기로 한다. 그리고 두 개 이상의 독립변수를 대상으로 하는 다중회귀분석과 관련해서는 제5장에서 다루기로 한다.

제1절 단순회귀모형의 설정 및 가정사항

이 장에서 다루는 단순회귀모형이란 앞에서 언급한 바와 같이 하나의 독립변수를 대상으로 하는 가장 단순한 구조의 회귀모형을 의미하는데 다음과 같이 설정된다.

$$y = \beta_0 + \beta_1 x + \epsilon$$

여기서 β_0와 β_1은 회귀계수 또는 모수를 의미하며, ϵ은 모형의 오차를 나타낸다. n개의 x값들에 대하여 y의 값을 실험이나 관찰에 의하여 구한다면, 자료는 (x_1, y_1), (x_2, y_2), $\cdots$, (x_n, y_n)과 같이 n개의 쌍으로 구성된다. 따라서 각 실험에 대한 모형은 다음과 같이 표현된다.

$$y_i = \beta_0 + \beta_1 x_i + \epsilon_i, \quad i = 1, \ldots, n$$

이 때, β_1은 모형의 기울기로서 x가 한 단위 증가할 때 발생되는 y 변화의 평균을 말한다. 만약 자료에서 x의 범위에 0이 포함된다면, 절편 β_0는 x가 0일 때 y 값의 평균이다. 그러나 x의 범위에 0이 포함되지 않는다면, β_0의 실질적인 의미를 설명하기는 힘들다. 이상의 단순회귀모형은 다음과 같이 요약된다.

단순회귀모형

$y = \beta_0 + \beta_1 x + \epsilon$

단, β_0 : 절편으로서 모형이 y축을 통과하는 점

β_1 : 모형의 기울기로 x가 한 단위 증가함에 따른 y의 변화폭

ϵ : 확률적 오차항

▶ 회귀모형의 가정사항

회귀계수 β_0와 β_1을 자료로부터 추정하고, 필요한 가설들을 검정하기 위하여 회귀모형에 대한 몇 가지 가정사항이 필요하다. 회귀분석에서는 일반적으로 독립변수 x는 확률변수가 아니고 분석자에 의하여 조정될 수 있는 결정변수로서 상수취급을 하며, 측정오차가 없다고 가정한다. 또한 특별한 언급이 없는 경우 회귀분석에서는 종속변수와 독립변수 사이의 선형관계를 가정한다.

한편 오차항에 대하여 다음과 같은 가정사항이 요구되는데, 이는 회귀분석에서 필요한 가정사항의 핵심 내용이 된다.

[가정 1] 오차항 ϵ_i는 확률변수로서 모든 i에 대하여 평균이 0이다.

$$E(\epsilon_i) = 0, \quad i = 1,\ 2,\ \cdots,\ n$$

따라서 x의 값이 x_0일 때, y의 기대값은 다음과 같다.

$$E(y \mid x_0) = \beta_0 + \beta_1 x_0$$

[가정 2] 오차항의 분산은 모든 i에 대하여 똑같은 상수 σ^2이다.

$$Var(\epsilon_i) = \sigma^2, \quad i = 1,\ 2,\ \cdots,\ n$$

즉 오차항 ϵ_i의 분산은 x의 값에 상관없이 항상 일정한 상수이다. 여기서 모수 β_0와 β_1, 그리고 독립변수 x는 확률변수가 아니므로 y_i의 분산도 ϵ_i의 분산과 같이 σ^2이다.

[가정 3] 오차항은 서로 독립적이다.

$$COV(\epsilon_i, \epsilon_j) = 0, \quad i \neq j, \quad i, j = 1, 2, \cdots, n$$

즉 어떤 y값을 관찰하는데 발생하는 오차는 또 다른 y값을 관찰할 때의 오차와 아무런 상관관계가 없다.

[가정 4] 오차항의 확률분포는 정규분포이다. 즉 가정 [가정 1]과 [가정 2]를 종합하면 ϵ_i는 평균이 0이고 분산이 σ^2인 정규분포를 따른다.

$$\epsilon_i \sim N(0, \sigma^2), \quad i = 1, 2, \cdots, n$$

이제까지 언급한 가정사항을 요약하면 다음과 같다.

오차항의 가정사항

모든 관찰값들에 대하여 확률오차 ϵ_i는 서로 독립적이며 똑같이 정규분포 $N(0, \sigma^2)$를 따른다.

제2절 회귀모형의 추정

여기서는 최소제곱추정법을 적용하여 회귀모형의 각 계수들을 추정하는 과정을 다룬다. 한 예로 다음의 <표 3-1>에 제시된 자료는 어느 기업의 매출액과 광고비를 나타내고 있다.

〈표 3-1〉 광고비와 매출액 자료

구 분	1	2	3	4	5	6	7
광고비 (x)	10	20	30	40	50	60	70
매출액 (y)	140	150	150	170	165	165	180

종속변수인 매출액과 독립변수인 광고비 사이의 관계를 구체적으로 규명하기에 앞서 자료에 대한 산점도를 작성한 것이 다음의 <그림 3-1>이다.

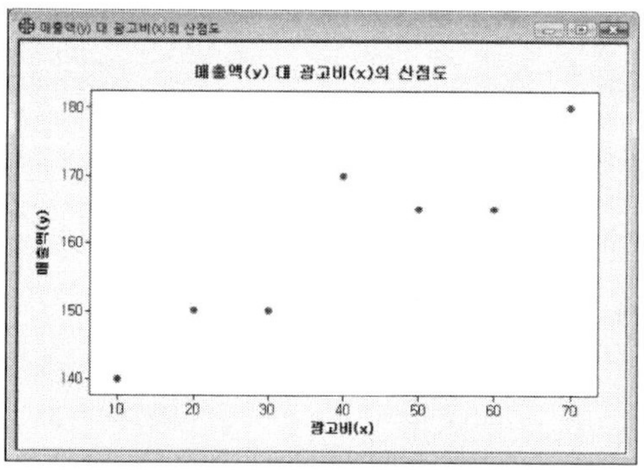

(a)

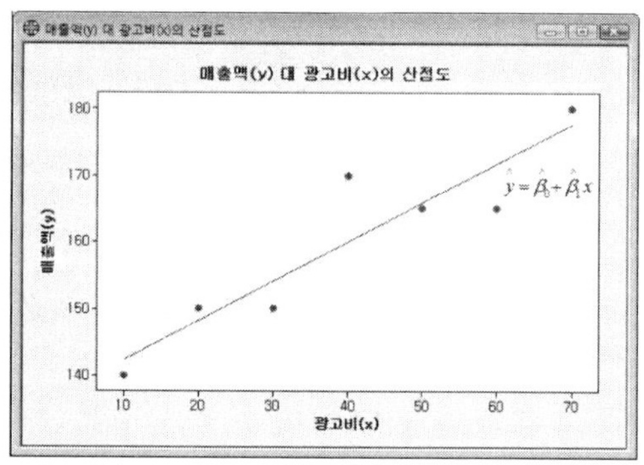

(b)

〈그림 3-1〉 광고비와 매출액 자료의 산점도

앞의 산점도 (a)를 보면 종속변수인 매출액을 y축에 그리고 독립변수인 광고비를 x축에 표시하였는데, '●' 기호로 표현된 자료값 (x_i, y_i)들이 양의 기울기를 갖는 가상의 직선 주위에 분포되어 있다. 즉 광고비와 매출액 자료가 완벽한 직선관계를 나타내지는 않지만 근사적인 직선관계를 이루고 있다.

그러면 독립변수와 종속변수간에 존재한다고 판단된 선형관계를 구체적인 관계식으로 만들기 위해서는 어떻게 해야 할 것인가? 이에 대한 해답은 <그림 3-1>의 (b)에서와 같이 자료값들을 '가장 잘 반영하는' 직선의 방정식, 즉 회귀방정식을 찾는 것이다. 위 그림 (b)에서의 추정된 회귀방정식을 $\hat{y} = \hat{\beta}_0 + \hat{\beta}_1 x$ 또는 $\hat{y} = b_0 + b_1 x$라고 가정하면, 특정 독립변수의 값 x_i에서의 실제 관찰값은 y_i인데 비하여 회귀방정식에 의하여 추정되는 값은 $\hat{y_i} = b_0 + b_1 x_i$가 된다. 따라서 실제 값과 추정값 사이에는 다음의 e_i와 같은 차이가 발생한다.

$$e_i = y_i - \hat{y_i}$$

여기서 e_i를 **잔차**(residual)라 하는데, 이는 모형에 의하여 설명되지 못하는 부분을 반영하며 오차항 ϵ_i에 대한 추정값이 된다.

회귀계수를 추정하기 위하여 **최소제곱추정법**(least square estimation)을 사용하는데, 최소제곱추정법에 의한 직선의 적합이란 다음과 같은 잔차의 제곱합을 최소로 하는 회귀계수의 추정량을 구하는 과정이다.

$$E = \sum_{i=1}^{n} e_i^2 = \sum_{i=1}^{n} (y_i - b_0 - b_1 x_i)^2$$

그러면 잔차의 제곱합을 최소로 하는 회귀계수를 구하기 위하여 위의 식을 b_0와 b_1에 대하여 각각 편미분하여 얻는 **정규방정식**(normal equation)은 다음과 같다.

$$b_0 n + b_1 \sum_{i=1}^{n} x_i = \sum_{i=1}^{n} y_i$$

$$b_0 \sum_{i=1}^{n} x_i + b_1 \sum_{i=1}^{n} x_i^2 = \sum_{i=1}^{n} x_i y_i$$

위의 정규방정식을 보면 구하고자 하는 미지의 추정량이 두 개이고 또한 방정식의 수가 두 개이므로, 추정량의 도출이 항상 가능하다. 위의 정규방정식을 정리하여 β_0와 β_1의 추정량을 구한 결과는 다음과 같다.

모수 β_0와 β_1의 최소제곱추정량

$$b_1 = \frac{\sum_{i=1}^{n}(x_i - \overline{x})(y_i - \overline{y})}{\sum_{i=1}^{n}(x_i - \overline{x})^2}, \quad b_0 = \overline{y} - b_1\overline{x}$$

여기서 모수 β_0와 β_1에 대한 **최소제곱추정량**(least square estimator)인 b_0와 b_1이 바로 앞에서 설명한 최소분산불편추정량이 된다.

〔예제 3-1〕 앞의 <표 3-1>에서 주어진 광고비와 매출액 자료로부터 최소제곱추정법을 적용하여 회귀방정식을 추정하시오.

☞ 광고비와 매출액 자료에 최소제곱추정법을 적용하여 회귀계수를 추정하기 위한 계산과정을 수행한 결과는 다음과 같다.

x	y	$(x-\overline{x})$	$(y-\overline{y})$	$(x-\overline{x})(x-\overline{y})$	$(x-\overline{x})^2$
10	140	-30	-20	600	900
20	150	-20	-10	200	400
30	150	-10	-10	100	100
40	170	0	10	0	0
50	165	10	5	50	100
60	165	20	5	100	400
70	180	30	20	600	900
280	1120	0	0	1650	2800
$\overline{x}$=40	$\overline{y}$=160				

이를 앞에서 도출된 공식에 대입하여 추정량 b_0와 b_1을 구한다.

$$b_1 = \frac{1650}{2800} = 0.589 \ , \quad b_0 = 160 - 0.589(40) = 136.44$$

따라서 주어진 자료를 가장 잘 반영하는 회귀직선은 다음과 같이 도출된다.

$$\hat{y} = 136.44 + 0.589x$$ ■

제3절 회귀모형에 대한 유의성 검정

앞에서 회귀모형을 독립변수 x의 함수형태로 추정하였다. 이제 그 모형이 얼마나 y를 추정하는데 도움을 주는지에 대하여 논의한다. 독립변수 항이 하나밖에 없으므로 모형에 관한 추론은 결국 모수 β_1에 대한 추론이나 마찬가지이다. 왜냐하면 만약 $\beta_1 = 0$이면 x항이 없어지고, x와 y 사이의 모형은 무의미한 것이기 때문이다. 따라서 모형의 필요성에 대한 가설은 다음과 같이 설정되는데, 이러한 검정을 모형에 대한 **유의성 검정**(significance test)이라 한다.

회귀모형의 유의성 검정을 위한 가설

H_0 : $\beta_1 = 0$ (회귀모형이 의미 없음)

H_1 : $\beta_1 \neq 0$ (회귀모형이 의미 있음)

▶ 분산분석

반응량 y_i들의 변동량을 나타내는 **총제곱합**(total sum of squares) $SSTO$는 아래와 같이 **회귀제곱합**(regression sum of squares) SSR과 **잔차제곱합**(residual sum of squares) SSE로 나누어진다.

$$\underbrace{\sum_{i=1}^{n}(y_i - \bar{y})^2}_{SSTO} = \underbrace{\sum_{i=1}^{n}(\hat{y}_i - \bar{y})^2}_{SSR} + \underbrace{\sum_{i=1}^{n}(y_i - \hat{y}_i)^2}_{SSE}$$

여기서 SSR은 회귀모형에 의하여 설명되는 변동량이며, 또한 SSE는 추정된 모형이 실제 관찰값에 어느 정도 접근하는지를 나타내는 잔차 e_i의 제곱합이다. 회귀모형이 실제 관찰값에 접근하는 정도만큼 SSR은 커지며 SSE는 작아진다.

회귀모형의 유의성을 검정하기 위한 분산분석표는 위의 제곱합을 이용하여 다음과 같이 구해진다.

〈표 3-2〉 단순회귀모형의 분산분석표

변동요인	자유도	제곱합	평균제곱합	검정통계량
회귀	1	SSR	$MSR = SSR/1$	$F = MSR/MSE$
잔차	$n-2$	SSE	$MSE = SSE/(n-2)$	
총합	$n-1$	$SSTO$		

여기서의 검정을 위한 검정통계량 F는 다음과 같이 자유도가 1과 $(n-2)$인 F분포를 따르게 된다.

$$F = \frac{MSR}{MSE} \sim F(1, n-2)$$

위에서 검정통계량 F값이 크면 그만큼 SSR이 SSE에 비하여 크다는 뜻이다. 이는 회귀모형에 의한 추정값 $\hat{y}_i$이 y_i의 변동량을 상당 부분 설명해 주는 경우로서, 모형의 필요성이 있다는 뜻이다. 따라서 앞의 귀무가설에 대한 기각역은 다음과 같다.

$$F > F_{\alpha,\,1,\,n-2}$$

즉 검정통계량의 값 F가 기준값 $F_{\alpha,\,1,\,n-2}$보다 크면 귀무가설을 기각한다.

〔예제 3-2〕 앞의 [예제 3-1]의 자료로부터 회귀모형에 대한 유의성을 5% 유의수준하에 검정하시오.

☞

x	y	$\hat{y} = 136.44 + 0.589x$	$y - \hat{y}$	$(y - \hat{y})^2$
10	140	142.33	-2.33	5.4289
20	150	148.22	1.78	3.1684
30	150	154.11	-4.11	16.8921
40	170	160.00	10.00	100.0000
50	165	165.89	-0.89	0.7921
60	165	171.78	-6.78	45.9684
70	180	177.67	2.33	5.4289
	$\bar{y} = 160$		0.00	177.6788

따라서 제곱합은 다음과 같이 계산된다.

$$SSTO = 1150$$

$$SSE = 177.68$$

$$SSR = 1150 - 177.68 = 972.32$$

그러므로 분산분석표는 다음과 같이 정리된다.

변동요인	자유도	제곱합	평균제곱합	검정통계량
회귀	1	972.32	972.32	27.36
잔차	5	177.68	35.54	
총합	6	1150		

이 때, 검정통계량 $F = 27.36$은 기준값 $F_{.05,\,1,\,5} = 6.61$보다 크므로 귀무가설을 기각한다. 즉 회귀모형은 의미가 있다. ■

▶ 분산 σ^2의 추정

앞에서 회귀모형을 가정함에 있어 오차항이 정규분포 $N(0, \sigma^2)$를 따른다고 하였다. 그러나 여기서 오차항의 분산 σ^2는 모수이므로, 다음과 같이 잔차제곱합을 자유도를 나눈 평균잔차제곱합 MSE로 추정한다.

σ^2의 추정량

$$\hat{\sigma}^2 = \frac{SSE}{n-2} = MSE$$

▶ 회귀계수에 대한 신뢰구간

회귀계수에 대한 신뢰구간을 구하는 이유는 두 가지이다. 첫째는 회귀계수에 대한 구간추정이 필요할 때이고, 둘째는 $H_0 : \beta_j = 0$의 가설에 대한 채택역을 구할 때이다. 제2장의 가설검정에서 언급하였듯이 β_j의 신뢰구간이 0을 포함하지 않으면 H_0을 기각하기 때문이다.

먼저 β_1에 대한 확률분포는 다음과 같다.

$$b_1 \sim N(\beta_1, \sigma_{b_1}^2) \;, \quad \text{여기서} \quad \sigma_{b_1}^2 = \frac{\sigma^2}{\sum_{i=1}^{n}(x_i - \bar{x})^2}$$

즉 b_1은 평균이 β_1이고 분산이 $\sigma_{b_1}^2$인 정규분포를 따른다. β_1에 대한 신뢰구간을 구하기에 앞서 제2장에서 다룬 모평균에 대한 신뢰구간을 고려해본다.

$$\mu = \overline{X} \pm t_{\alpha/2,\, n-1} \frac{s}{\sqrt{n}}$$

여기서 $\overline{X}$ 대신에 b_1, $s/\sqrt{n}$ 대신에 $\hat{\sigma}_{b_1}$ 그리고 신뢰계수의 자유도 $(n-1)$을 오차 자유도 $(n-2)$로 대체하면 회귀계수 β_1에 대한 신뢰구간을 도출할 수 있다. 그러면 회귀계수 b_1의 분산에 대한 추정량은 다음과 같다.

$$\widehat{\sigma_{b_1}^2} = \frac{MSE}{\sum_{i=1}^{n}(x_i - \bar{x})^2}$$

따라서 β_1에 대한 100(1-α)% 신뢰구간을 구하면 다음과 같다.

β_1에 대한 100(1-α)% 신뢰구간

$$\beta_1 = b_1 \pm t_{\alpha/2,\, n-2} \sqrt{\frac{MSE}{\sum(x_i - \bar{x})^2}}$$

이제 β_0에 대한 확률분포를 고려하면 다음과 같다.

$$b_0 \sim N(\beta_0, \sigma_{b_0}^2) \;, \quad \text{여기서 } \sigma_{b_0}^2 = \sigma^2\left(\frac{1}{n} + \frac{\bar{x}^2}{\sum_{i=1}^{n}(x_i - \bar{x})^2}\right)$$

마찬가지 방법으로 β_0에 대한 100(1-α)% 신뢰구간을 구하면 다음과 같다.

β_0에 대한 100(1-α)% 신뢰구간

$$\beta_0 = b_0 \pm t_{\alpha/2, n-2} \sqrt{MSE} \sqrt{\frac{1}{n} + \frac{\bar{x}^2}{\sum_{i=1}^{n}(x_i - \bar{x})^2}}$$

〔예제 3-3〕 앞의 [예제 3-1] 자료에서 β_1에 대한 95% 신뢰구간을 구한 후, [예제 3-2]의 가설을 검정하시오.

☞ [예제 3-1]과 [예제 3-2]의 풀이과정에서 다음의 결과를 인용한다.

$$b_1 = 0.589, \quad \sum(x_i - \bar{x})^2 = 2800, \quad MSE = 35.54$$

한편 $t_{.025,\,5} = 2.57$이므로, 신뢰구간은 다음과 같다.

$$\begin{aligned} \beta_1 &= 0.589 \pm 2.57\sqrt{\frac{35.54}{2800}} = 0.589 \pm 0.2895 \\ &= (0.2995,\ 0.8785) \end{aligned}$$

그런데 위 구간은 0을 포함하지 않으므로 H_0을 기각한다. 이 결과는 분산분석을 통한 모형의 유의성 검정결과와 항상 동일하다. ■

▶ 검정결과의 의미

회귀계수에 대한 가설이 기각되거나 채택되었을 때, 단순히 그 결과를 받아들여서는 곤란하다. 그 이유는 회귀모형의 설정과정에서 독립변수와 종속변수 사이에 선형성 등의 가정사항이 만족되는 경우와 그렇지 않은 경우가 있기 때문이다. 다음의 몇 가지 경우를 살펴보자.

① 귀무가설 $H_0: \beta_1 = 0$이 기각된 경우

다음의 <그림 3-2>의 (a)와 같이 선형모형이 적합한 경우도 있고, (b)와 같이 x가 y에 영향을 주지만 선형모형이 적합하지 않은 경우도 있다. 따라서 기각의 내용이 무엇인지를 반드시 자료의 산점도로부터 확인해야 한다.

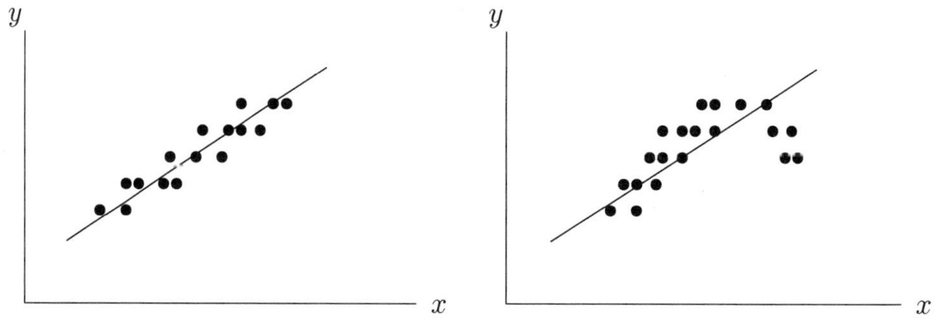

(a) (b)

〈그림 3-2〉 $H_0: \beta_1 = 0$이 기각된 경우의 x와 y의 관계

② **귀무가설 $H_0: \beta_1 = 0$이 채택된 경우**

이 경우에도 x와 y 사이에 어떤 관계도 없다고 단정하기엔 이르다. 예를 들어 <그림 3-3>의 (a)는 x가 y에 영향을 주지 않는 경우이지만, (b)는 x가 y의 변화에 영향을 주고 있기 때문이다.

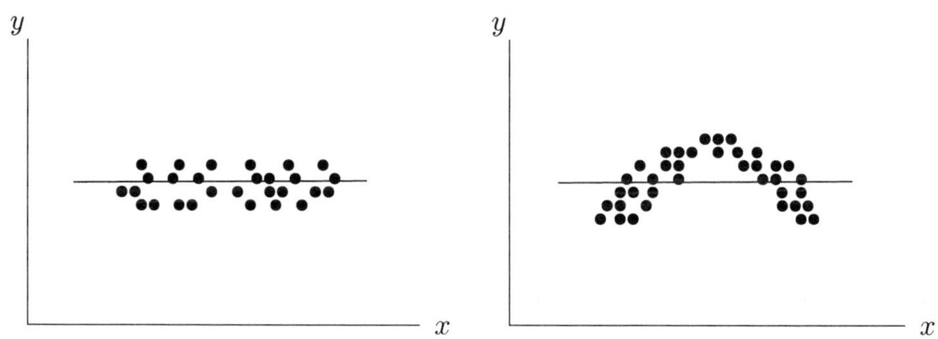

(a) (b)

〈그림 3-3〉 $H_0: \beta_1 = 0$이 채택된 경우의 x와 y의 관계

③ **귀무가설 $H_0 : \beta_0 = 0$에 대한 검정**

회귀계수 β_0에 대한 검정은 일반적으로 큰 의미가 없다. 독립변수 x의 범위가 0을 포함하거나 회귀직선이 원점을 지나는지에 대한 관심을 배제한다면 β_1에 대한 검정에 비하여 그 의미는 매우 작다.

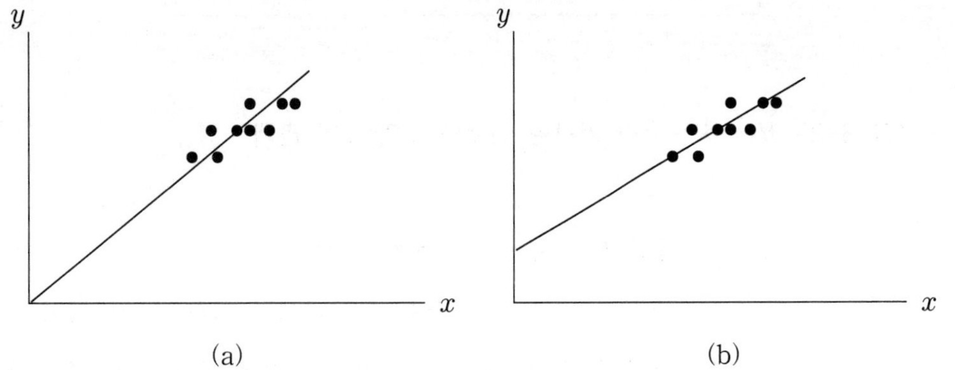

〈그림 3-4〉 원점을 지나는 경우와 그렇지 않은 경우의 비교

예를 들어 <그림 3-4>와 같이 자료의 범위가 원점으로부터 멀리 떨어져 있을 때 β_0가 매우 작다고 하더라도 원점을 지나는 경우와 그렇지 않은 경우 β_1에 대한 추정은 차이가 나며, 그 결과로 큰 x값에 대한 종속변수 y의 추정에 큰 차이를 초래할 수 있다.

제4절 반응값의 추정

독립변수가 어떤 특정값 x_0로 주어졌을 때, 종속변수 y에 대한 구간추정 문제를 다룬다. 독립변수가 x_0의 값을 가질 때, 종속변수는 다음과 같이 회귀선상의 값으로 추정된다.

$$\hat{y_0} = b_0 + b_1 x_0$$

▶ 평균반응값에 대한 신뢰구간

독립변수 x가 어떤 특정한 값 x_0를 가질 때의 평균반응값 $E(y \mid x_0)$에 대한 **신뢰구간**(confidence interval)을 구하면 다음과 같다.

$E(y \mid x_0)$에 대한 $100(1-\alpha)\%$ 신뢰구간

$$E(y \mid x_0) = (b_0 + b_1 x_0) \pm t_{\alpha/2, n-2} \sqrt{MSE} \sqrt{\frac{1}{n} + \frac{(x_0 - \bar{x})^2}{\sum_{i=1}^{n}(x_i - \bar{x})^2}}$$

▶ 개별반응값에 대한 예측구간

앞에서 설명한 신뢰구간은 $x = x_0$인 모든 대상의 y값에 대한 평균인 $E(y \mid x_0)$에 대한 것이다. 예를 들어 x가 키고, y가 몸무게인 경우를 생각하자. $x = 180$일 때의 $E(y \mid 180)$은 세상에서 키가 180인 사람 모두에 대한 몸무게 평균이다. 한편 '내가 내일 소개받을 상대 남자의 키가 180이라는데 몸무게는 얼마나 될까?'하는 경우라면, 관심의 대상이 되는 어느 한 사람의 몸무게를 추측해 보는 것이다. 이와 같이 개별반응값에 대한 **예측구간**(prediction interval)이란 개별반응값에 대한 신뢰구간을 의미한다.

그러면 이상에서 설명한 $x = x_0$일 때의 개별반응값에 대한 예측구간을 구하면 다음과 같다.

$x = x_0$일 때 y에 대한 100(1-α)% 예측구간

$$y_0 = (b_0 + b_1 x_0) \pm t_{\alpha/2, n-2} \sqrt{MSE} \sqrt{\frac{1}{n} + \frac{(x_0 - \bar{x})^2}{\sum_{i=1}^{n}(x_i - \bar{x})^2} + 1}$$

이 예측구간에 대한 도출과정은 생략한다. 신뢰구간과 비교하여 볼 때 제곱근 속에 '1'이 더해진 것이 차이이다. 이 차이는 예측값에 대한 분산이 더 크다는 것을 반영한다. 일반적으로 하나의 대상에 대한 분산이 σ^2라면, n개 대상의 평균에 대한 분산은 σ^2/n으로 더 작아지는 것은 앞에서 설명하였다.

〔예제 3-4〕 앞의 광고비와 매출액 자료로부터 계산된 다음 결과를 참고하여 물음에 답하시오.

$$n = 7,\ \bar{x} = 40,\ \hat{y} = 136.44 + 0.589x,\ MSE = 35.54,\ \Sigma(\bar{x} - x)^2 = 2800$$

a) 광고비가 55일 때의 평균매출액에 대한 95% 신뢰구간을 구하시오.

b) 어느 특정 회사의 광고비가 55인 경우, 이 회사의 매출액을 추정하시오.

☞ a) $E(y \mid 55) = \{136.44 + 0.589(55)\} \pm 2.57\sqrt{35.54}\sqrt{\frac{1}{7} + \frac{(55-40)^2}{2800}}$

$$= 168.84 \pm 7.24$$

b) $y_0 = \{136.44 + 0.589(55)\} \pm 2.57\sqrt{35.54}\sqrt{\frac{1}{7} + \frac{(55-40)^2}{2800} + 1}$

$$= 168.84 \pm 16.95$$

■

제5절 결정계수

이 절에서는 추정된 회귀모형이 얼마나 정확하게 y를 추측할 수 있는지를 점검한다. 좀 더 통계학적으로 표현하자면 종속변수 y의 변동량을 독립변수 x의 변화에 의하여 몇 %나 반영할 수 있느냐를 따지는 것이다. 예를 들어 앞에서 몸무게는 키에 따라 달라진다고 했다. 그러면 키 x가 달라짐에 따라 몸무게 y의 변화폭을 어느 정도 설명할 수 있을까? 만약 x의 변화가 y의 변화폭에 영향을 주는 비율이 크면 클수록 추정된 회귀모형의 설명력은 높아진다. 이와 같이 추정된 모형과 종속변수 y가 어느 정도 밀접한 관계인지를 나타내는 척도로서 **결정계수**(coefficient of determination)를 사용한다.

결정계수 R^2는 회귀직선에 의하여 종속변수 y의 변동을 설명할 수 있는 비율로서 다음과 같다.

결정계수

$$R^2 = \frac{SSR}{SSTO} = 1 - \frac{SSE}{SSTO}$$

위의 제곱합 SSR, $SSTO$ 등에 대해서는 앞에서 설명하였다. 결국 결정계수는 종속변수 y의 총변동량 $SSTO$ 중에서 회귀모형으로 설명할 수 있는 회귀제곱합 SSR의 비율인 셈이다.

한편 단순회귀모형에서 결정계수는 다음과 같이 x와 y 사이의 상관계수인 ρ의 제곱과 같아진다.

$$R^2 = \rho^2$$

다음의 <그림 3-5>에서는 산점도의 유형에 따른 결정계수를 보여주고 있다.

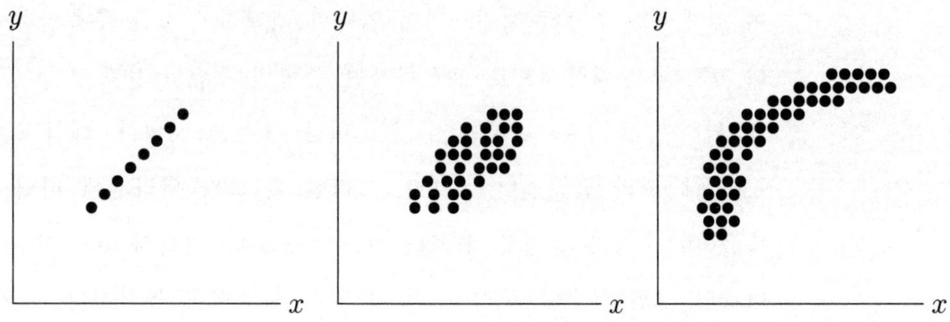

(a) $R^2 = 1$　　(b) $R^2 = 0.7$　　(c) $R^2 = 0.7$

〈그림 3-5〉 결정계수와 산점도

그림 (a)에서는 x와 y가 완전한 직선관계를 이루는 있으므로 결정계수가 1이 된다. 그림 (b)는 x와 y의 관계가 어느 정도 직선으로부터 벗어나서 R^2가 0.7 정도 되는 경우이다. 한편 그림 (c)는 R^2가 (b)의 경우와 비슷할 수 있으나 직선으로 표현하기엔 무리인 경우이다. 이와 같은 경우에는 $x' = 1/x$로 변수를 바꾸어 $y = \beta_0 + \beta_1 x' + \epsilon$의 모형을 이용하면 더욱 적합한 모형이 되며 결정계수도 증가하게 된다. 이러한 변수변환에 대해서는 다음의 제4장 3절에서 다룬다.

〔예제 3-5〕 앞의 [예제 3-2]의 분산분석표로부터 결정계수 R^2를 구하시오.

☞ 분산분석표에서 $SSTO = 1150$, $SSR = 972.32$이므로 R^2는 다음과 같이 계산된다.

$$R^2 = \frac{SSR}{SSTO} = \frac{972.32}{1150} = 0.845$$ ■

제6절 미니탭의 이용

이제 회귀분석과 관련한 제반 작업과정에 미니탭을 적용하기 위한 방법에 대하여 알아보기로 한다. 이를 위하여 앞의 <표 3-1>에서 다룬 바 있는 매출액과 광고비에 관한 자료의 입력과 이에 따른 결과물의 도출 및 해석방법을 다루기로 한다.

(1) 자료의 입력

미니탭 작업지에 독립변수 C1(광고비)과 종속변수 C2(매출액)를 설정하여 앞의 자료를 다음과 같이 저장한다.

워크시트 1 ***

↓	C1	C2	C3	C4	C5	C6
	광고비(x)	매출액(y)				
1	10	140				
2	20	150				
3	30	150				
4	40	170				
5	50	165				
6	60	165				
7	70	180				
8						

(2) 산점도의 출력

자료입력이 완료되면 과연 종속변수와 독립변수 사이에 어떠한 선형적인 관계가 존재하는지를 살펴보아야 할 것이다. 이를 위하여 두 변수간의 산점도를 관찰한 결과는 다음의 <그림 3-6>과 같다.

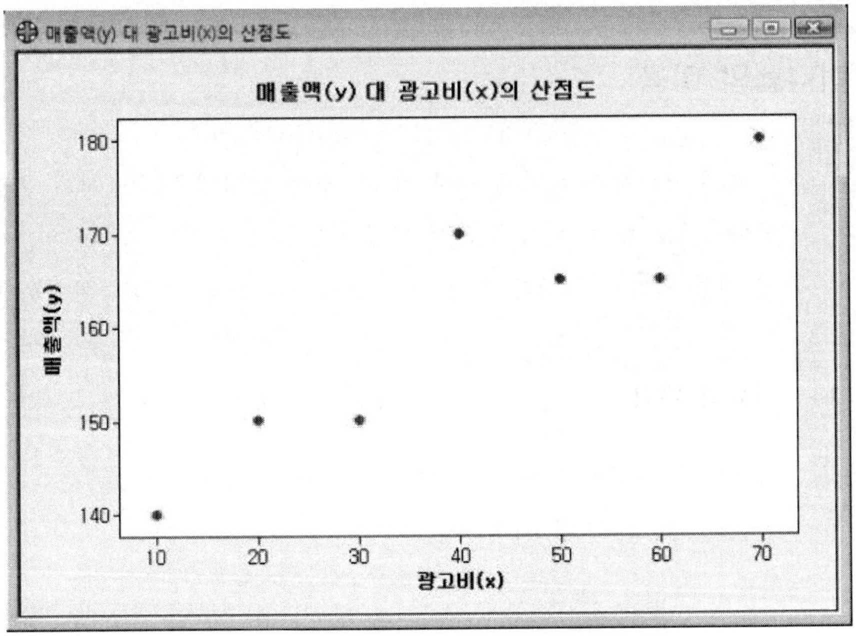

〈그림 3-6〉 자료의 산점도

위 산점도를 볼 때 매출액과 광고비에는 어느 정도의 선형관계가 존재함을 알 수 있다. 물론 여기서의 예제 자료는 표본수가 많지 않으므로 뚜렷한 증거를 찾기에는 매우 제한적임을 밝혀둔다.

(3) 회귀모형의 추정 및 회귀계수의 유의성 검정

회귀모형을 추정하고 회귀계수의 유의성을 검정하기 위해서는 미니탭에서 **통계분석(S) > 회귀분석(R) > 회귀분석(R)** 순서로 메뉴를 선택하여 나타나는 다음 그림과 같은 회귀분석 대화상자를 이용한다. 먼저 변수목록상자에 입력되어 있는 자료 중에서 종속변수를 '반응(E)' 상자에 그리고 독립변수를 '예측변수(I)' 상자로 옮긴 후 '확인(O)' 버튼을 클릭한다.

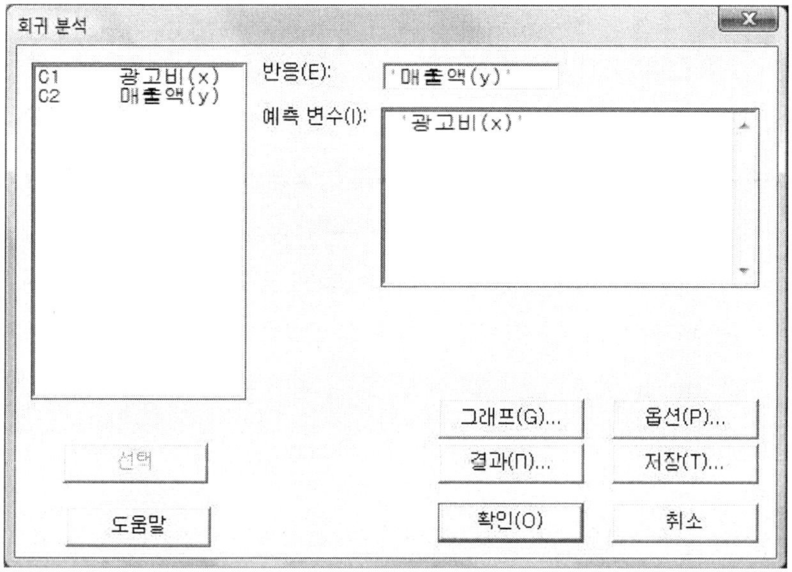

〈그림 3-7〉 **회귀분석 대화상자**

앞의 자료에서 매출액과 광고비 사이의 회귀모형을 추정한 결과는 다음과 같다.

세션

회귀 분석: 매출액(y) 대 광고비(x)

① 회귀 방정식은
매출액(y) = 136 + 0.589 광고비(x)

②

예측 변수	계수	SE 계수	T	P
상수	136.429	5.038	27.08	0.000
광고비(x)	0.5893	0.1127	5.23	0.003

③ S = 5.96118 R-제곱 = 84.5% R-제곱(수정) = 81.5%

④ 분산 분석

출처	DF	SS	MS	F	P
회귀	1	972.32	972.32	27.36	0.003
잔차 오차	5	177.68	35.54		
전체	6	1150.00			

① 이는 추정된 회귀모형이 $\hat{y} = 136 + 0.589x$ 임을 의미한다.

② 추정된 회귀계수에 대한 여러 가지 통계량으로 '계수' 열은 회귀계수의 추정값, 'SE 계수' 열은 각 회귀계수의 표준편차, 'T' 열은 각 회귀계수의 t통계량, 그리고 'P' 열은 각 t통계량에 대한 p값을 나타낸다. 이 결과물에서 추정된 회귀계수는 $b_0 = 136$ 이고, $b_1 = 0.589$ 임을 알 수 있다. 또한 두 회귀계수의 t 통계량의 값을 보면 모두 기준값 2.57보다 크므로 유의적이라고 판단된다. 한편 p값을 이용하는 경우에도 모두 검정의 유의수준인 0.05보다 작으므로 역시 두 회귀계수가 모두 유의적이라는 것을 알 수 있다.

③ σ의 추정값인 'S'가 5.96118이고, 결정계수가 84.5%로 구해졌음을 알 수 있다. 또한 'R-제곱(수정)'은 수정된 결정계수를 의미하는데, 다음의 제5장 5절에서 설명한다.

④ 여기서는 분산분석을 통한 회귀모형에 전체에 대한 유의성 검정을 보여준다. 먼저 'DF' 열에서는 각 항의 자유도를 보여주고, 다음의 'SS' 열에서는 각항의 제곱합을 의미한다. 'MS' 열은 평균제곱합, 그리고 'F' 열은 검정통계량의 값 27.36을 나타낸다. 끝으로 'P' 열에서는 이 검정의 p값을 보여준다.

(4) 반응값의 추정

이제 앞의 제4절에서 소개한 독립변수가 특정값을 가질 때의 종속변수값에 대한 추정문제를 다루기로 한다. 이 경우에는 앞의 <그림 3-7>의 회귀분석 대화상자에서 '**옵션(P)**' 버튼을 클릭하여 나타나는 다음의 <그림 3-8> 옵션 대화상자를 이용한다.

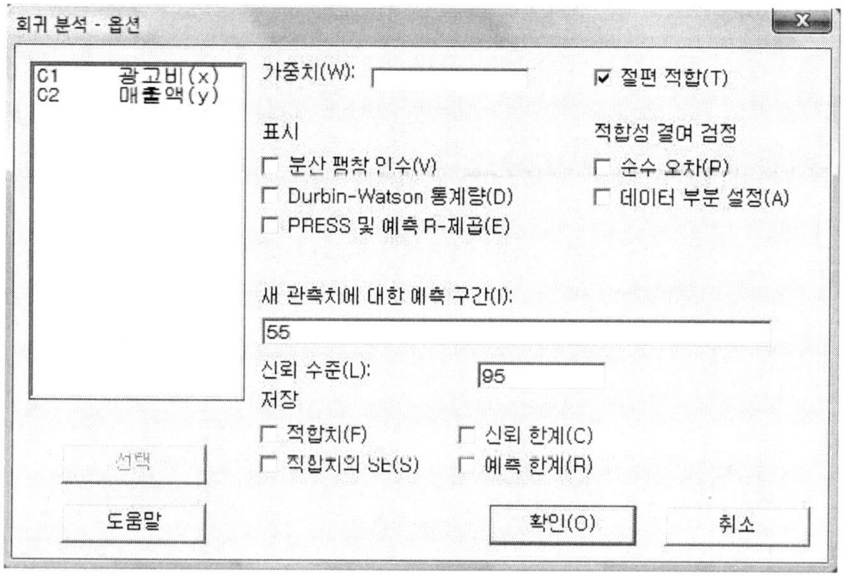

〈그림 3-8〉 옵션 대화상자

여기서 '새 관측치에 대한 예측구간(I)'과 '신뢰수준(L)'에 각각 원하는 값을 입력한다. 그러면 본문에서와 마찬가지로 광고비가 55인 경우에 있어 매출액의 95% 반응값을 추정하면 다음과 같은 미니탭 결과물을 얻게 된다.

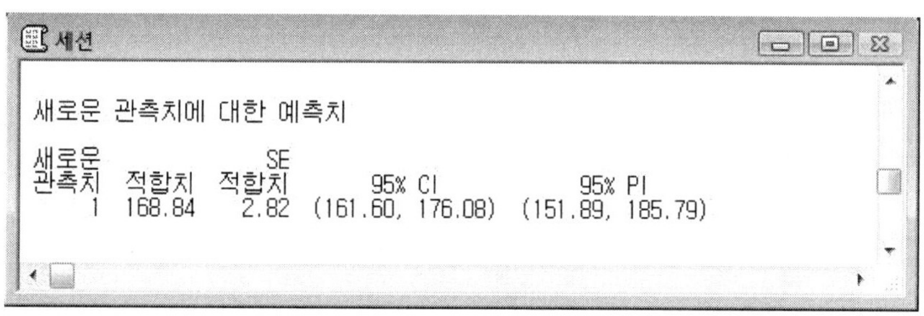

위의 결과물에서는 광고비 55에 따른 매출액의 추정값이 168.84라는 점추정값과 더불어 두 가지의 구간추정값을 제시하고 있다. 첫 번째 구간 '95% CI'는 평균반

응값에 대한 95% 신뢰구간 그리고 두 번째 구간 '95% PI'에서는 개별반응값에 대한 95% 신뢰구간을 나타낸다.

(5) 잔차산점도

미니탭을 이용하여 잔차산점도를 구하기 위해서는 회귀분석 대화상자에서 '**그래프(G)**' 버튼을 클릭한 후 나타나는 '잔차 대 적합치' 메뉴를 선택하면 된다. 그러면 매출액 자료에서의 잔차산점도를 구한 결과는 <그림 3-9>와 같다.

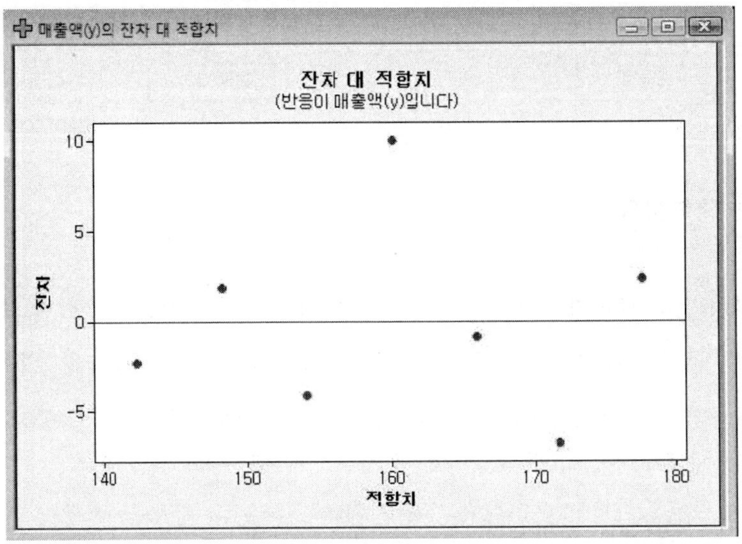

〈그림 3-9〉 잔차산점도

위 그림에서 보는 바와 같이 잔차산점도는 적합치를 가로축 그리고 잔차를 수직축에 나타낸 그림인데, 독립성과 등분산성의 가정사항을 체크하는데 매우 유용하게 쓰인다. 이에 관한 자세한 설명은 제4장에서 다루기로 한다.

(6) 정규확률도

회귀분석 대화상자에서 '**그래프(G)**' 버튼을 클릭한 후 보여지는 '정규확률도' 메뉴를 선택하면 다음 <그림 3-10>에서와 같은 정규확률도를 얻게 된다. 정규확률도는 오차항의 정규성 여부를 체크하는 그림으로, 잔차산점도와 더불어 회귀분석에서 매우 중요하게 이용되고 있다. 그러면 앞의 매출액 자료의 정규확률도를 출력한 결과는 다음과 같다.

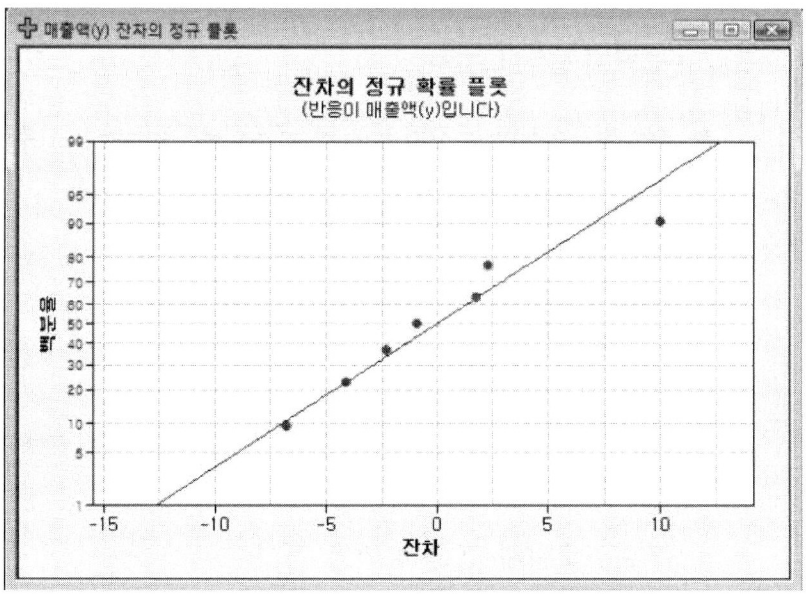

〈그림 3-10〉 잔차의 정규확률도

정규확률도는 자료가 얼마나 직선에 가까운 형태를 띠고 있는가에 따라 오차항의 정규성 만족 여부를 판단하게 된다.

제7절 요약

1. 단순회귀모형의 설정 및 가정사항

$y = \beta_0 + \beta_1 x + \epsilon$, 단 $\epsilon_i \sim N(0, \sigma^2)$, 서로 독립

2. 회귀모형의 추정

▶ 최소제곱추정량 : 잔차의 제곱합 SSE를 최소화하는 추정량

$$SSE = \sum_{i=1}^{n} e_i^2 = \sum_{i=1}^{n} (y_i - b_0 - b_1 x_i)^2$$

$$b_1 = \frac{\sum_{i=1}^{n} (x_i - \overline{x})(y_i - \overline{y})}{\sum_{i=1}^{n} (x_i - \overline{x})^2}, \qquad b_0 = \overline{y} - b_1 \overline{x}$$

3. 회귀모형에 대한 유의성 검정

▶ 회귀모형에 대한 유의성 검정 = 회귀계수에 대한 유의성 검정

- 가설 : $H_0 : \beta_1 = 0$
  $H_1 : \beta_1 \neq 0$

- β_1에 대한 100(1-α)% 신뢰구간 :

$$\beta_1 = b_1 \pm t_{\alpha/2,\, n-2} \sqrt{\frac{MSE}{\sum (x_i - \overline{x})^2}}$$

4. 반응값의 추정

▶ 평균반응값에 대한 100(1-α)% 신뢰구간

$$E(y \mid x_0) = (b_0 + b_1 x_0) \pm t_{\alpha/2,\, n-2} \sqrt{MSE} \sqrt{\frac{1}{n} + \frac{(x_0 - \bar{x})^2}{\sum_{i=1}^{n}(x_i - \bar{x})^2}}$$

▶ 개별반응값에 대한 100(1-α)% 예측구간

$$y_0 = (b_0 + b_1 x_0) \pm t_{\alpha/2,\, n-2} \sqrt{MSE} \sqrt{\frac{1}{n} + \frac{(x_0 - \bar{x})^2}{\sum_{i=1}^{n}(x_i - \bar{x})^2} + 1}$$

5. 결정계수

▶ 결정계수 R^2 : 회귀모형에 의하여 설명되는 비율

$$R^2 = \frac{SSR}{SSTO} = 1 - \frac{SSE}{SSTO}$$

■ 연습문제

[3.1] 다음 문장을 읽고 옳으면 '○'표, 또한 틀리면 '×'표를 한 후 틀린 곳을 바르게 고치시오.

a) 회귀모형은 모집단 전체로부터가 아니라 표본으로부터 유도된다.

b) 회귀분석의 목적은 종속변수 y에 영향을 미치는 독립변수들을 찾는 것도 해당된다.

c) 단순회귀모형에서 $H_0 : \beta_1 = 0$의 가설이 기각되면, 회귀모형이 적합하다는 뜻이다.

d) 단순회귀모형에서 $H_0 : \beta_1 = 0$의 가설이 채택되면, x와 y는 아무런 관계도 없다는 뜻이다.

e) 독립변수의 임의 값 x_0에서의 y에 대한 예측구간은 신뢰구간보다 항상 크다.

f) 결정계수는 종속변수의 변화량을 회귀직선에 의하여 얼마나 설명할 수 있는지를 말한다.

g) 결정계수 R^2가 0에 가깝다는 것은 x와 y의 상관관계가 매우 높다는 것을 의미한다.

[3.2] 다음은 10개 도시의 차량수(x)에 따른 교통사고건수(y)를 나타내고 있다.

차 량 수	4	11	16	12	9	16	6	7	9	10
교통사고건수	1	4	5	4	3	4	2	1	4	2

a) 교통사고건수와 차량수 사이의 회귀방정식을 구하시오.

b) 추정된 회귀모형 및 각각의 회귀계수에 대한 유의성을 5%의 유의수준하에 검정하시오.

c) 결정계수 R^2를 구하시오.

[3.3] 다음은 어떤 화장품회사의 광고비(x)와 매출액(y)을 8개월 동안 조사한 자료이다.

광 고 비	12	8	10	13	7	10	9	11
매 출 액	101	92	108	120	90	93	91	105

a) 광고비와 매출액의 산점도를 작성하시오.

b) 광고비와 매출액 사이의 회귀방정식을 도출하고, 5%의 유의수준으로 추정된 회귀모형 및 회귀계수에 대한 유의성을 검정하시오.

c) 광고비로 10을 투자한다고 할 때, 이 회사의 매출액에 대한 95% 신뢰구간을 구하시오.

d) 결정계수 R^2를 구하시오.

[3.4] 다음은 미니탭을 이용한 회귀모형의 추정결과이다. 아래의 물음에 답하시오.

```
세션

회귀 방정식은
C1 = 0.131 + 0.241 C2

예측 변수      계수   SE 계수      T      P
상수         0.1309   0.1260   1.04  0.310
광고비(x)   0.24115  0.01905  12.66  0.000


S = 0.2361   R-제곱 = 87.4%   R-제곱(수정) = 86.9%


분산 분석

출처        DF       SS      MS       F      P
회귀         1   8.9296  8.9296  160.26  0.000
잔차 오차   23   1.2816  0.0557
전체        24  10.2112
```

a) 위의 결과물에서 회귀방정식을 구하시오.

b) 5%의 유의수준하에 추정된 회귀모형 및 각각의 회귀계수에 대한 유의성을 검정하시오.

[3.5] 다음 자료는 음식점의 직원수(x)와 매출액(y)을 나타내고 있다.

직 원 수 :	3	3	4	5	6	6	7	8	9	9
매 출 액 :	9	5	12	9	14	16	22	18	23	22

a) 종업원 수와 매출액간의 회귀방정식을 구하시오.

b) 앞 a)에서 구한 회귀방정식이 의미가 있는지를 검정하시오.

c) 종업원이 6명인 음식점의 평균매출액을 구하시오.

[3.6] 다음은 어느 선적회사의 선적량(x)에 따른 선적시간(y)을 나타내는 자료이다. 아래의 물음에 답하시오.

선 적 량 :	20	30	30	40	50	60	60	60	70	80
선적시간 :	50	69	73	87	108	128	132	135	148	170

a) 적절한 회귀모형을 가정하고 회귀방정식을 추정하시오.

b) 5%의 유의수준하에 추정된 회귀방정식의 유의성을 검정하시오.

c) 선적량이 55일 때, 이 회사의 선적시간에 대한 95% 예측구간을 구하시오.

4

단순회귀모형의 타당성 검토

제4장 단순회귀모형의 타당성 검토

앞에서 거론하였듯이 선형회귀분석을 적용하기 위해서는 아래의 몇 가지 가정사항이 충족되어야 한다.

회귀모형의 가정사항

① 종속변수와 독립변수는 선형관계이다.

② 오차항 ϵ은 분산이 항상 σ^2로 똑같다.

③ 오차는 서로 독립적이다.

④ 오차는 정규분포를 따른다.

만약 이러한 가정사항이 만족되지 않으면 분석결과가 정확하지 않을 수도 있고, 경우에 따라서는 전혀 다른 방향의 결론이 도출되기도 한다. 가정사항을 점검하기 위한 분석으로는 일반적으로 **잔차산점도**(residual plot)를 통한 **잔차분석**(residual analysis)을 이용한다. 여기서는 회귀모형의 가정사항이 만족되는지를 점검하는 방법과 또한 가정사항이 만족되지 못할 때의 처리방법에 대하여 알아보기로 한다.

제1절 잔차분석

잔차분석이란 회귀모형에서의 가정사항을 체크하기 위한 것으로 주로 잔차산점도와 정규확률도를 점검하는 것이다.

▶ $\hat{y}_i$에 대한 잔차산점도

앞의 가정사항 ①, ② 및 ③에 대한 점검은 잔차 e_i의 산점도를 통하여 수행된다. 여기서 추정값 $\hat{y}_i$에 대한 잔차산점도란 다음의 <그림 4-1>에서와 같이 수평축을 $\hat{y}_i$ 그리고 수직축을 잔차 e_i로 하여 나타낸 산점도를 의미한다.

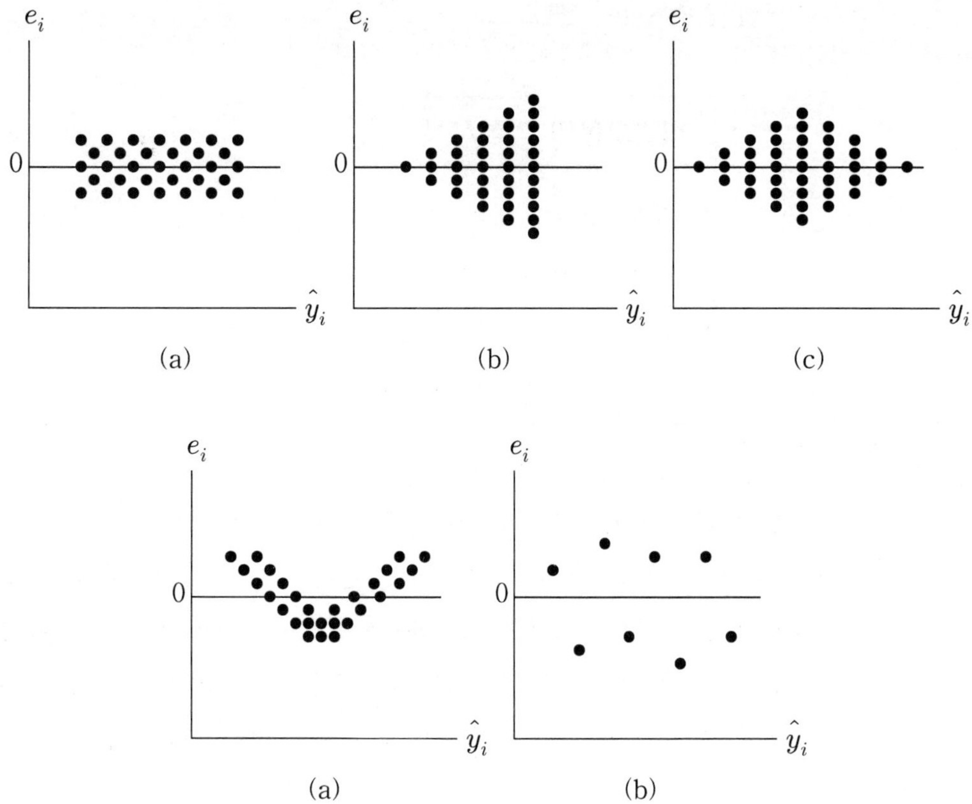

〈그림 4-1〉 잔차산점도의 여러 가지 유형

위의 <그림 4-1>에서 (a)는 잔차가 추정값의 변화에 관계없이 0을 중심으로 고르게 퍼져 있으므로 가정에 잘 부합됨을 알 수 있다. 한편 (b)와 (c)는 잔차의 분산이 일정하지 않은 경우인데, (b)는 추정값이 커짐에 따라 잔차의 산포가 증가하고

(c)는 잔차의 분산이 증가했다가 감소하는 경우로 역시 분산이 일정하다는 가정에 위배된다. (d)는 잔차의 값이 + 에서 - 로 감소한 후 다시 + 로 증가하는 경우로서, 독립성의 가정 ③에 위배된다. 그리고 (e)는 얼핏 보기에는 잔차가 고르게 산포된 듯 하지만, 잔치의 값이 추정값에 따라 + 와 - 를 규칙적으로 오르내리는 경향을 보이므로 역시 독립성 가정 ③에 어긋난다.

다음의 <그림 4-2>는 제3장의 <표 3-1>에서의 광고비와 매출액 자료에 대한 잔차산점도이다. 자료의 수가 작아 가정사항 ①, ② 및 ③ 에 대한 판단이 잘 서지는 않지만, 대략 큰 문제는 없는 것으로 판단된다.

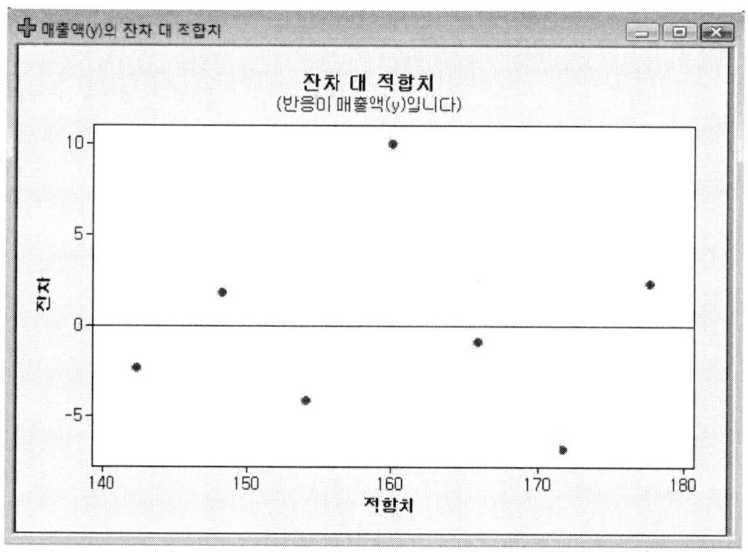

〈그림 4-2〉 광고비와 매출액 자료에 대한 잔차산점도

▶ 기타 산점도

잔차산점도는 $\hat{y}_i$에 대하여 뿐만 아니라 독립변수 x_i 및 실험시간 t 등에 대해서도 작성될 수 있다. 즉 잔차산점도의 수평축은 편의상 x_i 또는 t 등이 될 수도 있는데, 앞에서 설명한 $\hat{y}_i$에 대한 산점도와 동일한 역할을 한다.

▶ 정규확률도

정규확률도(normal probability plot)는 앞의 가정 ④, 즉 오차항이 정규분포를 따르는지를 검정하기 위하여 사용되는 방법이다. 미니탭에서는 수직축은 잔차 그리고 수평축은 잔차에 대한 누적확률을 표준정규확률변수의 값으로 환산하여 나타낸다. 이 때, 정규확률도의 각 점들이 직선에 가까운 형태를 보이면 오차가 정규분포를 따르는 것으로 판단한다. 앞의 광고비와 매출액 자료에 대한 정규확률도의 미니탭의 출력 예를 다음의 <그림 4-3>에서 보여준다.

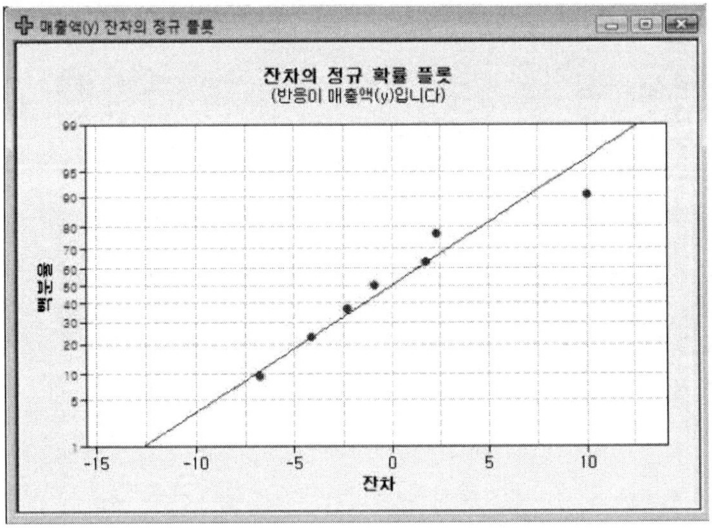

〈그림 4-3〉 광고비와 매출액 자료에 대한 정규확률도

이 정규확률도의 점들은 거의 직선을 형성하므로 정규성의 가정 ④를 만족한다고 판단된다.

▶ 가정사항에 위배될 때

종속변수와 독립변수가 선형관계가 아니라면, 자료를 직선에 적합시키는 것은 무리일 것이다. 이러한 경우에는 회귀모형에 독립변수의 2차항이나 3차항을 추가하여 제7장 1절에 나오는 **다항회귀**(polynomial regression)모형을 이용하거나, 또는 변수의 변환을 통하여 비선형관계를 선형관계로 전환시켜 선형모형을 추정할 수도 있다.

한편 **등분산**의 기정이 위배되었을 경우에는 각 변수에서 발생하는 오차 문산의 역수를 비중으로 삼아 해당 변수에 곱하여 이루어지는 **가중회귀**(weighted regression)모형을 이용한다. 오차의 **정규성**은 가설검정이나 구간추정에서 t 검정을 하는데 필요하다. 오차들이 정규성을 가지지 않더라도 표본수가 충분히 많다면 큰 문제가 되지 않는다. 따라서 정규성은 비교적 덜 심각한 문제라고 할 수 있다. 그러나 오차의 **독립성**에 관한 가정이 위배될 때는 가장 까다로운 경우로서 **시계열분석**(time series analysis)등의 다른 분석방법을 강구해야 한다.

제2절 적합결여검정

회귀모형의 설정과정에서 다음과 같이 종속변수와 독립변수 사이에 선형관계를 가정한 경우를 고려한다.

$$y = \beta_0 + \beta_1 x + \epsilon$$

여기서 다음과 같은 선형관계의 가정이 적합한 것인지에 대한 가설을 검정하기 위한 방법으로 **적합결여검정**(lack of fit test)을 들 수 있다.

$$\begin{cases} H_0 : E(y) = \beta_0 + \beta_1 x \\ H_1 : E(y) \neq \beta_0 + \beta_1 x \end{cases}$$

적합결여검정을 적용하기 위해서는 회귀모형의 설정과정에서 오차항에 대하여 가정한 바 있는 즉 오차항의 등분산성, 독립성 및 정규성이 만족되어야 한다. 또한 독립변수가 취하게 되는 여러 수준의 값 중에서 적어도 어느 하나 이상의 수준에서는 반복된 관찰값이 얻어져야만 적합결여검정의 적용이 가능하다.

〈표 4-1〉 적합결여검정을 위한 자료의 형태

독립변수의 수준	반복된 관찰값	관찰값의 평균
x_1	$y_{11}, y_{12}, ..., y_{1n_1}$	$\overline{y}_1$
$\vdots$	$\vdots$	$\vdots$
x_i	$y_{i1}, y_{i2}, ..., y_{in_i}$	$\overline{y}_i$
$\vdots$	$\vdots$	$\vdots$
x_k	$y_{k1}, y_{k2}, ..., y_{kn_k}$	$\overline{y}_k$

이상의 자료로부터 다음과 같은 회귀직선이 얻어졌다고 가정하자.

$$\hat{y_i} = b_0 + b_1 x_i, \quad i = 1, ..., k$$

그러면 이 경우의 잔차제곱합은 다음과 같이 나타내진다.

$$SSE = \sum_{i=1}^{k} \sum_{j=1}^{n_i} (y_{ij} - \hat{y}_i)^2$$

여기서 잔차제곱합은 다시 다음과 같이 분해될 수 있다.

$$\begin{aligned} SSE &= \sum_{i=1}^{k} \sum_{j=1}^{n_i} (y_{ij} - \overline{y}_i + \overline{y}_i - \hat{y}_i)^2 \\ &= \sum_{i=1}^{k} \sum_{j=1}^{n_i} (y_{ij} - \overline{y}_i)^2 + \sum_{i=1}^{k} n_i (\overline{y}_i - \hat{y}_i)^2 \end{aligned}$$

앞의 분해된 잔차제곱합의 두 항 중에서 첫 번째 항을 **순수오차제곱합**(pure error sum of squares) 그리고 두 번째 항을 **적합결여제곱합**(lack of fit sum of squares)이라고 하며, 각각의 자유도는 다음과 같다.

$$SSPE = \sum_{i=1}^{k}\sum_{j=1}^{n_i}(y_{ij} - \bar{y}_i)^2, \quad df = n-k$$

$$SSLF = \sum_{i=1}^{k} n_i(\bar{y}_i - \hat{y}_i)^2, \quad df = k-2$$

그러면 여기서의 가설을 검정하기 위한 검정통계량은 평균적합결여제곱합을 평균순수오차제곱합으로 나눈 식으로 구해지는데, 여기서의 검정통계량과 의사결정기준을 정리하면 다음과 같다.

검정통계량과 의사결정기준

▶ 검정통계량 : $F_0 = \dfrac{SSLF/(k-2)}{SSPE/(n-k)} = \dfrac{MSLF}{MSPE}$

▶ 의사결정기준 : $F_0 > F_{\alpha,\,k-2,\,n-k}$이면, H_0을 기각함

〔예제 4-1〕 다음은 동일한 면적의 밭에 투여된 비료량과 농작물의 수확량을 조사한 자료이다.

수확량 :	28	42	104	112	124	124	136	150	152	156	160
비료량 :	75	75	200	100	175	200	100	125	150	175	125

이 자료로부터 수확량과 비료량 사이에 선형관계가 성립하는지를 5%의 유의수준 하에 검정하시오.

☞ 먼저 수확량과 비료량의 산점도를 작성하면 다음과 같다.

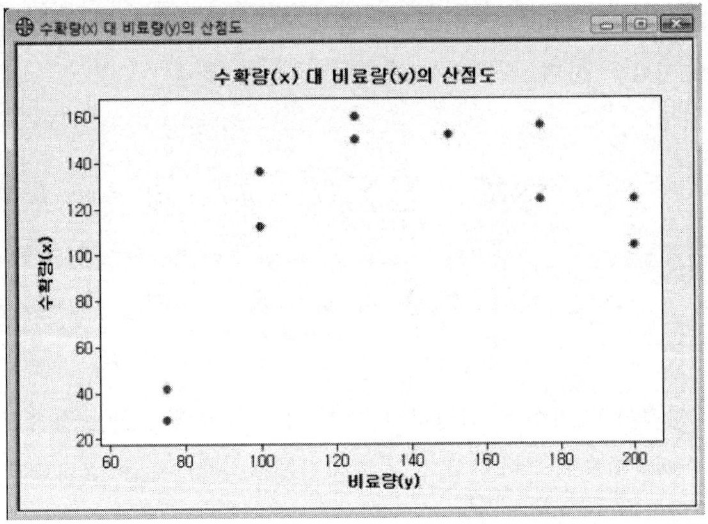

〈그림 4-4〉 수확량과 비료량의 산점도

주어진 자료로부터 선형회귀모형을 추정하고 잔차제곱합을 구하면 다음과 같다.

$$\hat{y}_i = 50.723 + 0.4867x_i, \quad SSE = 14741.6$$

또한 각 비료량 수준에서의 $\overline{y}_i$와 $\hat{y}_i$을 구한 결과는 다음과 같다.

비료량	수확량		$\overline{y}_i$	$\hat{y}_i$
75	28	42	35	87.226
100	112	136	124	99.393
125	150	160	155	111.561
150	152		152	123.728
175	124	156	140	135.896
200	104	124	114	148.063

여기서 적합결여제곱합은 다음과 같이 구해진다.

$$SSLF = \sum_{i=1}^{k} n_i(\bar{y}_i - \hat{y}_i)^2 = 13593.6$$

또한 순수오차제곱합을 구하면 다음과 같다.

$$SSPE = SSE - SSLF = 14741.6 - 13593.6 = 1148.0$$

여기서 검정통계량을 구한 후 기준값과 비교하면 다음의 결과를 얻는다.

$$F_0 = \frac{SSLF/(k-2)}{SSPE/(n-k)} = \frac{13593.6/4}{1148.0/5} = 14.80 > 5.19 = F_{.05,4,5}$$

따라서 귀무가설을 기각한다. 즉 수확량과 비료량 사이에 선형관계를 가정하는 것은 적합하지 않다는 결론을 얻는다. ■

제3절 선형모형으로의 변환

일반적으로 x와 y의 **선형관계**(linear relation)를 전제로 회귀분석을 시작한다. 그러나 산점도 등을 통하여 x와 y 사이의 **비선형관계**(nonlinear relation)를 발견하기도 한다. 이 때에는 다항식 등과 같이 비선형함수가 적용될 수도 있고, x와 y를 다른 함수로 변환하여 선형관계로 만들기도 한다. 이 절에서는 x와 y의 관계를 비선형에서 선형으로 전환하는 방법, 즉 **변수변환**(transformation of variable)에 대하여 설명한다. 다음의 <그림 4-5>에서는 일반적으로 변수의 변환이 가능한 경우의 x와 y의 산점도 개형을 보여준다.

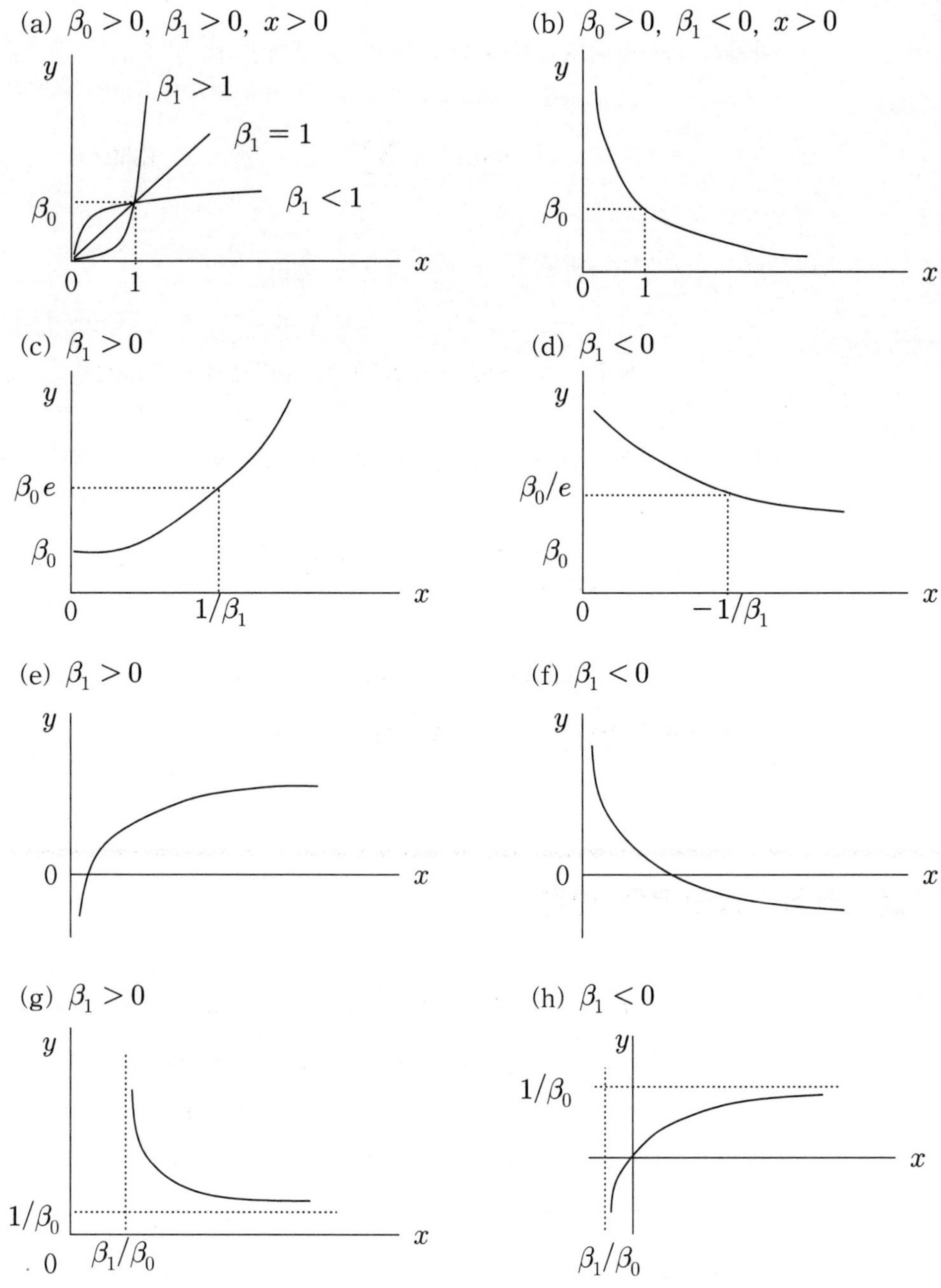

〈그림 4-5〉 적절한 변수변환이 가능한 일반적인 x와 y의 산점도 개형

한편 <표 4-2>에서는 <그림 4-5>에서의 산점도 형태에 대한 적절한 변환과 그 결과를 나타내고 있다.

〈표 4-2〉 산점도 형태에 따른 변수변환

구 분	선형가능함수	변수의 변환	변환된 선형 형태
(a), (b)	$y = \beta_0 x^{\beta_1}$	$y' = \log y$, $x' = \log x$	$y' = \log \beta_0 + \beta_1 x'$
(c), (d)	$y = \beta_0 e^{\beta_1 x}$	$y' = \ln y$	$y' = \ln \beta_0 + \beta_1 x$
(e), (f)	$y = \beta_0 + \beta_1 \log x$	$x' = \log x$	$y = \beta_0 + \beta_1 x'$
(g), (h)	$y = \dfrac{x}{\beta_0 x - \beta_1}$	$y' = \dfrac{1}{y}$, $x' = \dfrac{1}{x}$	$y' = \beta_0 - \beta_1 x'$

예를 들어 <그림 4-5>와 <표 4-2>의 (g)와 (h)를 보자. x와 y의 관계가 그림 (g) 또는 (h)와 같을 때의 함수는 <표 4-2>로부터 다음과 같다.

$$y = \frac{x}{\beta_0 x - \beta_1}$$

만약 y와 x를 각각 $y' = \dfrac{1}{y}$ 및 $x' = \dfrac{1}{x}$로 바꾸면, 다음과 같은 선형관계가 성립한다.

$$y' = \beta_0 - \beta_1 x'$$

그러면 이러한 변수변환을 통하여 회귀모형이 향상되었는지를 검토할 필요가 있는데, 이 경우 결정계수 R^2를 이용한다. 만일 변수변환 후에 R^2가 증가하였으면 변수변환의 효과가 있는 것으로 판단한다. 따라서 몇 가지 형태의 변수변환을 시도한 후, R^2가 최대가 되는 회귀모형을 선택하는 것이 현실적인 방법이 된다.

〔예제 4-2〕 바람속도 x가 전기생산량 y에 어떤 영향을 주는지를 알아보기 위하여 자료를 수집한 결과가 다음과 같다. 이 자료에 대한 적절한 회귀모형을 추정하시오.

표본	y	x	표본	y	x	표본	y	x
1	0.123	2.45	10	1.582	5.00	19	2.166	8.15
2	0.500	2.70	11	1.501	5.45	20	2.112	8.80
3	0.653	2.90	12	1.737	5.80	21	2.303	9.10
4	0.558	3.05	13	1.822	6.00	22	2.294	9.55
5	1.057	3.40	14	1.866	6.20	23	2.386	9.70
6	1.137	3.60	15	1.930	6.35	24	2.236	10.00
7	1.144	3.95	16	1.800	7.00	25	2.310	10.20
8	1.194	4.10	17	2.088	7.40			
9	1.562	4.60	18	2.179	7.85			

☞ 이 자료의 회귀모형은 다음과 같이 추정된다.

$$\hat{y}_i = 0.131 + 0.241\,x_i, \quad R^2 = 0.874, \quad MSE = 0.058$$

다음의 <그림 4-6>은 자료의 산점도를 보여주고 있다.

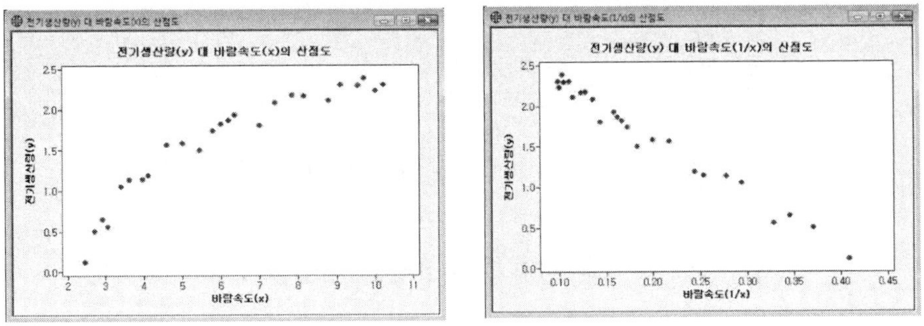

(a) (b)

〈그림 4-6〉 전기생산량과 바람속도의 산점도

앞의 <그림 4-6>의 (a)에 나타난 산점도는 직선에 가까우나 x가 커짐에 따라 y의 증가가 둔화되는 현상을 보인다. 따라서 $x' = 1/x$로 변환하여 분석한 결과 (b)와 같이 산점도가 구해졌으며, 회귀모형은 다음과 같이 추정된다.

$$\hat{y}_i = 2.979 - 6.935\,x_i', \quad R^2 = 0.980, \quad MSE = 0.009$$

이상의 결과로 보면 변환된 모형의 R^2가 0.980으로 변환 전의 0.874보다 크게 향상되었음을 알 수 있다. 이제 잔차분석을 통하여 가정사항의 만족 정도를 살펴보기로 한다. 먼저 원래 모형의 잔차산점도를 나타내는 다음의 <그림 4-7>을 보면 잔차가 증가했다가 다시 감소하는 추세를 보이고 있으므로 잔차의 독립성 가정에 위배된다고 하겠다.

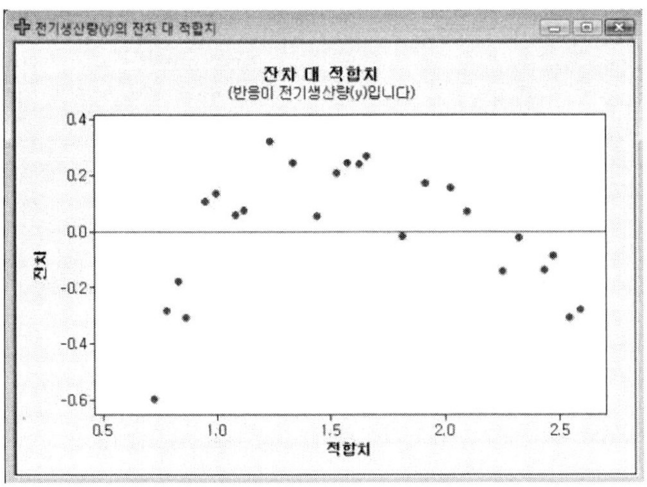

〈그림 4-7〉 원래 모형에서 x_i에 대한 잔차산점도

그러나 변환된 모형의 잔차산점도인 다음의 <그림 4-8>에서는 잔차가 어떠한 추세도 보이지 않으며 산발적으로 흩어져 있어서 가정사항을 잘 만족시키고 있다.

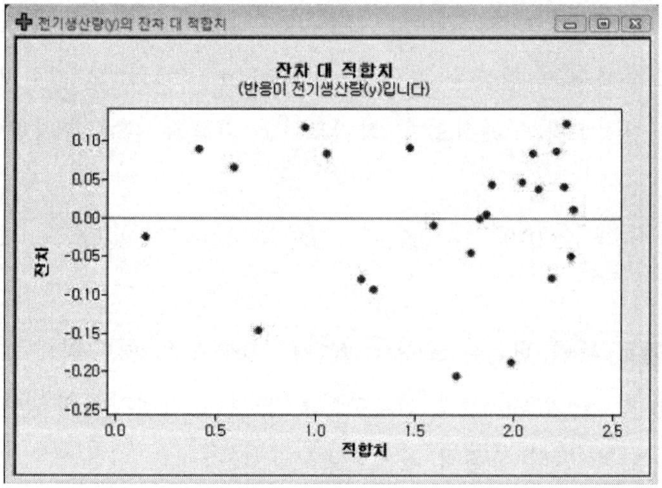

〈그림 4-8〉 변환된 모형에서의 잔차산점도

한편 <그림 4-9>에서는 변환된 모형의 정규확률도를 보여주고 있다.

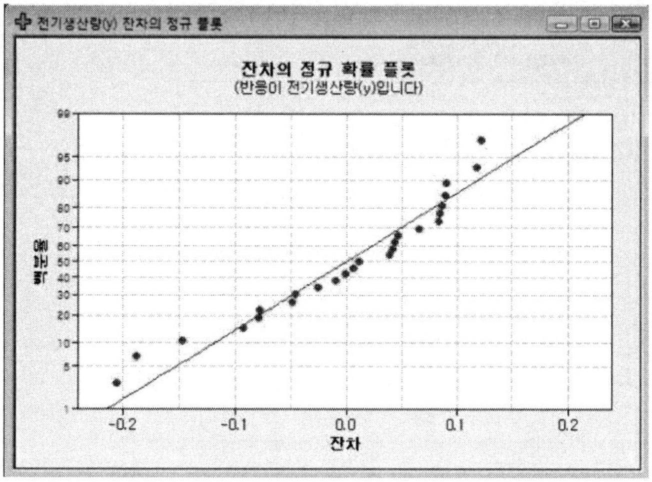

〈그림 4-9〉 변환된 모형에서의 정규확률도

위 정규확률도를 보면 자료가 직선에 가까운 형태를 보이므로 정규성 가정에 무리가 없다고 판단된다. ■

제4절 더빈-왓슨 검정

시계열자료를 이용하여 회귀모형을 구축하기 위해서는 먼저 시계열자료에 **자기상관**(autocorrelation)이 존재하는지를 먼저 따져 보아야 한다. 일반적으로 자료에 자기상관이 존재하는지, 즉 자료의 독립성 여부는 **더빈-왓슨 검정**(Durbin-Watson test)방법 등을 이용하여 판단하게 된다.

더빈-왓슨 검정에서는 다음과 같이 자기상관이 존재하지 않는다는 귀무가설과 일반적으로 양의 자기상관이 존재한다는 대립가설을 다룬다.

$$\begin{cases} H_0 : \rho = 0 \\ H_1 : \rho > 0 \end{cases}$$

이 가설에 대한 더빈-왓슨의 검정통계량 d는 다음과 같다.

$$d = \frac{\sum_{t=1}^{n-1} (e_t - e_{t-1})^2}{\sum_{t=0}^{n-1} e_t^2}$$

다음은 더빈-왓슨 검정에서의 의사결정기준을 나타내는데, 여기서의 임계값 d_U와 d_L은 <부표 5> **더빈-왓슨 검정의 상한과 하한**을 이용하여 구한다.

더빈-왓슨 검정의 의사결정기준

① 만약 $d < d_L$ 이면, 귀무가설을 기각한다.

② 만약 $d > d_U$ 이면, 귀무가설을 채택한다.

③ 만약 $d_L < d < d_U$ 이면, 의사결정을 유보한다.

〔예제 4-3〕 다음은 어느 벤처기업의 최근 3년간 분기별 평균주가를 관찰한 자료이다. 여기서 각 분기, 즉 시점을 독립변수로 하는 회귀모형을 추정한 후 양의 자기상관이 존재하는지를 5%의 유의수준하에 검정하시오.

구분	2008	2009	2010
I	19650	24100	26900
II	23680	28860	31390
III	24930	28980	31840
VI	30420	33870	36660

☞ 먼저 각 분기를 독립변수로 하고 평균주가를 종속변수로 하여 산점도와 회귀모형을 추정하면 다음과 같다.

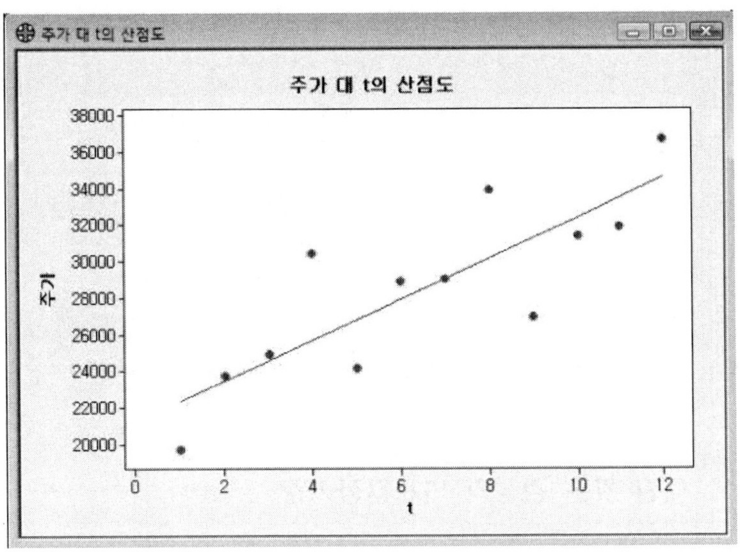

〈그림 4-10〉 어느 벤처기업의 분기별 평균주가자료

$$\hat{y}_t = 21222 + 1110\,t$$

더빈-왓슨 검정을 적용하기 위한 여기서의 가설은 다음과 같이 설정된다.

$$\begin{cases} H_0 : \rho = 0 \\ H_1 : \rho > 0 \end{cases}$$

그러면 더빈-왓슨 검정을 적용하기 위하여 자료로부터 평균주가에 대한 추정량과 잔차 등을 계산한 결과는 다음과 같다.

연도	분기	시점	평균주가	추정값	e_t	$e_t - e_{t-1}$
2008	Ⅰ	1	19650	22332	-2682	*
	Ⅱ	2	23680	23442	238	2920
	Ⅲ	3	24930	24552	378	140
	Ⅳ	4	30420	25662	4758	4380
2009	Ⅰ	5	24100	26772	-2672	-7430
	Ⅱ	6	28860	27882	978	3650
	Ⅲ	7	28980	28992	-12	-990
	Ⅳ	8	33870	30102	3768	3780
2010	Ⅰ	9	26900	31212	-4312	-8080
	Ⅱ	10	31390	32322	-932	3380
	Ⅲ	11	31840	33432	-1592	-660
	Ⅳ	12	36660	34542	2118	3710

이상의 결과로부터 더빈-왓슨의 검정통계량 d를 구하면 다음과 같다.

$$d = \frac{\sum_{t=1}^{n-1}(e_t - e_{t-1})^2}{\sum_{t=0}^{n-1} e_t^2} = \frac{202436795}{78807612} = 2.569$$

그러면 <부표 5>의 더빈-왓슨 검정의 상한과 하한으로부터 이 때의 귀무가설은 채택됨을 알 수 있다.

$$d = 2.569 > 1.36 = d_U(\alpha = .05, n = 15) > d_U(\alpha = .05, n = 12)$$

즉 자기상관이 존재하지 않는다는 결론을 얻게 된다. ■

이제까지 더빈-왓슨 검정의 대립가설로 양의 자기상관 경우를 다루었다. 사실 대부분의 경제현상 및 경영활동에 있어 시계열자료가 양의 자기상관을 갖는 것이 일반적이지만, 다음과 같이 음의 자기상관을 대립가설로 고려할 수도 있다.

$$\begin{cases} H_0 : \rho = 0 \\ H_1 : \rho < 0 \end{cases}$$

이 때, 검정통계량 d^*는 앞의 검정통계량 d를 이용하여 다음과 같이 정의된다.

$$d^* = 4 - d$$

그러면 음의 자기상관 존재여부에 대한 의사결정기준은 다음과 같다.

음의 자기상관에 대한 더빈-왓슨 검정

① $d^* < d_L$ 이면, 귀무가설을 기각한다.

② $d^* > d_U$ 이면, 귀무가설을 채택한다.

③ $d_L < d^* < d_U$ 이면, 의사결정을 유보한다.

제5절 가중회귀

끝으로 오차항의 등분산성이 만족되지 않는 경우를 다루기로 한다. 다음의 회귀모형에서 오차항의 분산이 모두 동일한 값을 갖지는 못한다고 가정해보자.

$$y_i = \beta_0 + \beta_1 x_i + \epsilon_i, \quad var(\epsilon_i) = \sigma_i^2$$

이러한 경우에는 앞의 제3장 2절에서 적용한 바 있는 일반적인 최소제곱법을 적용하여 회귀계수추정량을 구하면 그 추정량은 비록 불편추정량이기는 하지만 최소분산을 만족시키지는 못한다. 즉 이 경우의 회귀계수추정량은 최소분산불편추정량이 아닌 것이다.

이와 같이 오차항의 등분산성이 만족되지 못할 때, 회귀모형에 적절한 가중값을 부여하여 등분산이 성립될 수 있도록 변환하여 최소제곱추정법을 적용하는 방법을 **가중최소제곱추정법**(weighted least squares estimation)이라고 한다. 다음과 같이 회귀모형에 오차항 분산의 역수에 제곱근을 취한 가중값을 적용해 보기로 한다.

$$\sqrt{\omega_i}\, y_i = \sqrt{\omega_i}\,(\beta_0 + \beta_1 x_i) + \sqrt{\omega_i}\,\epsilon_i, \quad \omega_i = \frac{1}{\sigma_i^2}$$

그러면 위의 오차항은 다음과 같이 분산값으로 모두 동일한 값 1을 갖게 되어, 오차항의 등분산성을 만족하게 된다.

$$var(\sqrt{\omega_i}\,\epsilon_i) = \omega_i\, var(\epsilon_i) = 1$$

여기서 최소제곱추정법을 적용하기 위하여 가중값이 부여된 위의 회귀모형으로부터 오차제곱합을 구하면 다음과 같다.

$$Q = \sum_{i=1}^{n} (\sqrt{\omega_i}\,\epsilon_i)^2 = \sum_{i=1}^{n} \omega_i (y_i - \beta_0 - \beta_1 x_i)^2$$

앞의 제3장 2절에서 다룬 바와 같이 오차제곱합을 최소화하는 추정량을 구하면 다음의 회귀계수추정량이 도출된다.

$$b_1 = \frac{\sum_{i=1}^{n} \omega_i (x_i - \overline{x})(y_i - \overline{y})}{\sum_{i=1}^{n} \omega_i (x_i - \overline{x})^2}, \quad b_0 = \overline{y} - b_1 \overline{x}$$

이상에서 오차항의 등분산성이 만족되지 않는 경우에 가중값을 부여하여 등분산성을 만족시킨 후 회귀계수를 추정하는 가중회귀에 대하여 알아보았다.

이제 오차항이 등분산성을 만족하지 못하는 이러한 경우의 문제를 다중회귀모형의 경우로 확장해 보기로 한다. 일반적으로 오차항이 등분산성은 만족하지 못하나 독립이라는 가정하에 가중최소제곱법을 적용하여 회귀모형을 추정하는 방법을 **일반화최소제곱추정법**(generalized least squares estimation)이라 한다. 행렬의 형태로 표현된 다음의 다중회귀모형을 고려한다.

$$\boldsymbol{y} = \boldsymbol{X\beta} + \boldsymbol{\epsilon}, \quad \boldsymbol{\epsilon} \sim N(\boldsymbol{0}, \boldsymbol{V}\sigma^2)$$

여기서 오차항의 분산행렬은 다음과 같다.

$$\boldsymbol{V}\sigma^2 = \begin{bmatrix} var(\epsilon_1) & cov(\epsilon_1,\epsilon_2) & \cdots & cov(\epsilon_1,\epsilon_n) \\ & var(\epsilon_2) & \cdots & cov(\epsilon_2,\epsilon_n) \\ & & \ddots & \vdots \\ & & & var(\epsilon_n) \end{bmatrix}$$

앞의 회귀모형에 등분산성을 만족시키기 위하여 가중값 $V^{-1/2}$을 곱한 결과는 다음과 같다.

$$V^{-1/2}y = V^{-1/2}X\beta + V^{-1/2}\epsilon$$

그러면 이 경우의 회귀모형은 가중값 행렬을 이용하여 다음과 같이 추정된다.

$$b^* = (X'V^{-1}X)^{-1}X'V^{-1}y$$

또한 추정된 회귀계수의 분산은 다음과 같다.

$$var(b^*) = (X'V^{-1}X)^{-1}\sigma^2$$

제6절 요약

1. 잔차분석

- ▶ 종속변수와 독립변수는 선형관계이다. → 잔차산점도, 적합결여검정
- ▶ 오차항 ϵ은 분산이 항상 σ^2이다. → 잔차산점도
- ▶ 오차는 서로 독립적이다. → 잔차산점도, 더빈-왓슨 검정
- ▶ 오차는 정규분포를 따른다. → 정규확률도

2. 적합결여검정

▶ 가설 : $H_0: E(y) = \beta_0 + \beta_1 x$

$H_1: E(y) \neq \beta_0 + \beta_1 x$

▶ 검정통계량 : $F_0 = \dfrac{SSLF/(k-2)}{SSPE/(n-k)} = \dfrac{MSLF}{MSPE}$

▶ 의사결정기준 : $F_0 > F_{\alpha, k-2, n-k}$ 이면, H_0 을 기각함

3. 선형모형으로의 변환

▶ 변수의 변환 : 모형의 적합도를 향상시키고자 원래의 변수를 다음과 같이 변환하여 사용함

▶ 적용 : 먼저 몇 가지 형태의 변수변환에 따른 회귀모형을 추정한 후 이 중에서 결정계수 값이 가장 큰 회귀모형을 선택함

4. 더빈-왓슨 검정

▶ 가설 : $H_0: \rho = 0$

$H_1: \rho > 0$

▶ 검정통계량 : $d = \dfrac{\sum_{t=1}^{n-1}(e_t - e_{t-1})^2}{\sum_{t=0}^{n-1} e_t^2}$

▶ 의사결정기준 : ① 만약 $d^* < d_L$ 이면, 귀무가설을 기각함

② 만약 $d^* > d_U$ 이면, 귀무가설을 채택함

5. 가중회귀

▶ 일반화최소세곱추정법

- 회귀모형 : $y \;=\; X\beta + \epsilon, \quad \epsilon \sim N(0, V\sigma^2)$
- 회귀계수추정량 : $b^* \;=\; (X' V^{-1} X)^{-1} X' V^{-1} y$
- 추정량의 분산 : $var(b^*) \;=\; (X' V^{-1} X)^{-1} \sigma^2$

■ 연습문제

[4.1] 다음 문장을 읽고 옳으면 '○'표, 또한 틀리면 '×'표를 한 후 틀린 곳을 바르게 고치시오.

a) 최소제곱추정법으로 회귀모형을 추정하는 경우 잔차의 합은 항상 0이다.

b) 회귀모형에서 y_i는 서로 독립적이어야 한다.

c) 정규확률도는 오차항의 독립성을 판단하는데 이용된다.

d) 오차항의 정규성 여부를 판단하기 위해서는 더빈-왓슨 검정을 이용한다.

e) 오차항의 등분산성 가정이 만족되지 않는 경우의 회귀모형 추정은 가중회귀를 이용하여 해결할 수 있다.

f) R^2가 작을 때 독립변수 x를 적절히 변환하면 R^2를 증가시킬 수도 있다.

g) 적합결여검정에서 귀무가설이 기각되었다면, 오차항에 대한 등분산성의 가정이 만족되지 않았다는 증거이다.

[4.2] 다음은 앞의 연습문제 [3.2]에 대하여 가정사항을 검토하기 위한 정규확률도와 잔차산점도이다. 가정사항이 충족되고 있는가에 대하여 언급하시오.

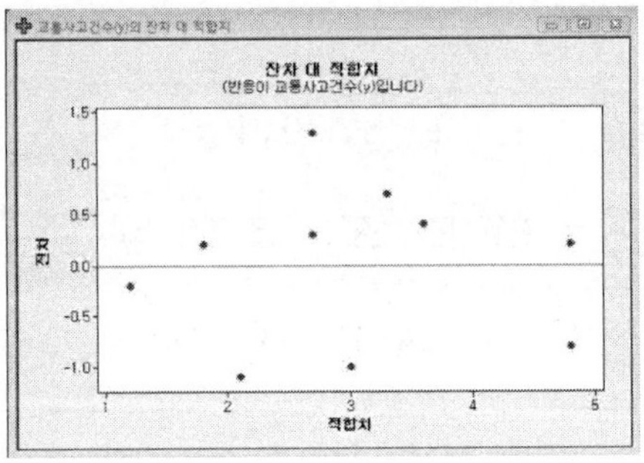

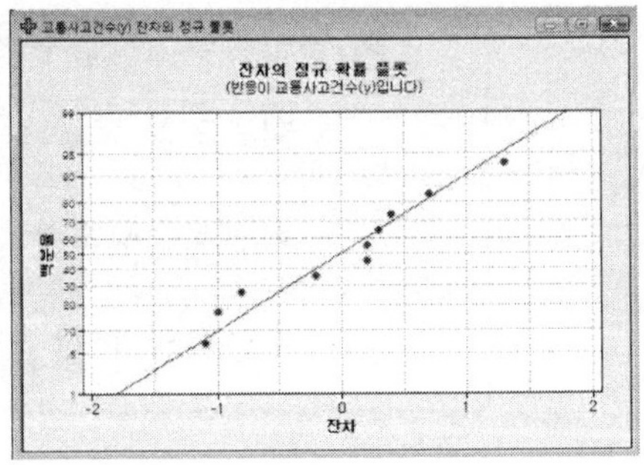

[4.3] 앞의 연습문제 [3.6]의 자료로부터 잔차산점도와 정규확률도를 구한 후 오차항에 대한 가정사항이 만족되는지를 검토하시오.

[4.4] 다음의 자료를 통하여 $\hat{y} = 50.9 + 0.5x$ 라는 회귀방정식이 추정되었다고 한다. 적합결여검정을 이용하여 적합성 여부를 95%의 신뢰수준하에 검정하시오.

y :	160	112	124	28	143	156	42	124	150	104	136	161
x :	125	100	200	75	150	175	75	175	125	200	100	150

[4.5] 다음은 사무직 근로자들의 정규 교육기간(x)과 입사 첫 해의 연봉(y)을 조사한 자료이다. 교육기간과 연봉 사이에 선형관계가 성립하는지를 5%의 유의수준하에 검정하시오.

연 봉 :	28	14	16	26	20	19	12	25	13	28
교육기간 :	16	12	12	16	14	16	9	16	9	18

[4.6] 제3장의 연습문제 [3.3]에서 독립변수를 x를 $1/x$로 변환하여 회귀모형을 구하고, 연습문제 [3.3]의 결과와 비교하시오.

[4.7] 다음 자료로부터 회귀방정식이 $\hat{y} = 90 + 34x$로 추정되었다고 할 때, 오차항에 대한 양(+)의 자기상관이 존재하는지에 대한 가설을 설정한 후 5%의 유의수준하에 검정하시오.

x	0	1	2	3	4	5	6	7	8	9	10	11	12	13	14
y	110	135	162	181	215	234	277	313	374	412	444	477	502	526	560

5

다중회귀분석

제5장 다중회귀분석

다중회귀분석이란 단순회귀분석의 확장으로 독립변수가 두 개 이상인 회귀모형을 다루는 것이다. 앞의 예에서 사람의 몸무게를 추정하기 위한 신체조건으로 키를 고려하였는데, 이 경우 키 뿐만 아니라 가슴둘레 등 다른 변수들도 함께 고려할 수 있을 것이다. 즉 키가 똑같은 사람이라도 얼마나 뚱뚱한 지에 따라 몸무게가 달라질 수 있으므로 가슴둘레 등을 함께 고려한다면 좀 더 정확한 추정이 가능할 것이다.

또 다른 예로 광고비에 따른 기업의 매출액을 검토한 바 있는데, 이 때에도 기업의 매출액에 영향을 주는 요인으로 광고비 하나만을 고려하였다. 그러나 실제 기업의 매출액에 영향을 주는 변수로는 광고비 외에도 기업의 직원수 및 품질수준 등 여러 가지를 들 수 있을 것이다.

이 장에서는 단순회귀분석의 확장으로 다중회귀분석을 다루는데, 먼저 제1절에서는 다중회귀모형의 개요를 알아본다. 제2절에서는 다중회귀모형에 대한 추정과 검정을 살펴본다. 다중회귀모형의 경우에는 독립변수가 여러 개인 관계로 직접 추정량을 계산하는 것은 현실적으로 불가능하다고 하겠다. 따라서 통계패키지를 이용하여 다중회귀모형을 추정하고 필요한 검정을 할 수 있는 방법을 알아보고, 이러한 과정을 통하여 얻게 되는 결과물의 해석을 중심으로 다루기로 한다. 제3절에서는 다중회귀모형을 구성하고 있는 여러 회귀계수 중에서 일부분의 회귀계수에 대한 유의성 검정이라 할 수 있는 부분회귀계수에 대한 검정을 다룬다. 제4절에서는 종속변수에 미치는 독립변수 각각의 영향력을 파악하기 위한 회귀계수의 표준화 문제를 다루기로 한다.

제1절 다중회귀모형

종속변수에 영향을 주는 독립변수가 x_1부터 x_k까지 k개가 존재할 때의 **다중회귀모형**(multiple regression model)은 일반적으로 다음의 형태로 설정된다.

다중회귀모형

$$y_i = \beta_0 + \beta_1 x_{1i} + \beta_2 x_{2i} + \cdots + \beta_k x_{ki} + \epsilon_i, \quad i = 1, ..., n$$

여기서 $\epsilon_i \sim N(0, \sigma^2)$, ϵ_i는 독립

위의 다중회귀모형에서 β_j는 j번째 독립변수 x_j의 회귀계수를 의미하는데, x_j를 제외한 다른 모든 독립변수의 값이 고정된 상태에서 x_j의 값이 한 단위 증가할 때의 y의 변화량을 나타낸다. 이 때, β_0는 상수항이다. 또한 ϵ_i는 i번째 관찰값 y_j의 오차항을 의미하는데, 단순회귀모형에서와 마찬가지로 서로 독립적이며 평균이 0이고 분산이 σ^2인 정규분포를 따르는 것으로 가정한다.

다중회귀분석과정은 단순회귀분석의 경우와 유사하나, 독립변수항이 하나에서 여러 개로 늘어나게 되어 계산과정은 훨씬 더 복잡해지는 특징이 있다. 특히 독립변수의 수가 3개 이상이 되면 이를 직접 계산하여 추정량을 얻기란 현실적으로 불가능하다고 하겠다.

▶ 자료의 형태

다중회귀모형에서 k개의 독립변수 $x_1, x_2, \cdots, x_k$와 종속변수 y에 대한 n개의 표본은 <표 5-1>과 같이 정리될 수 있다.

〈표 5-1〉 다중회귀분석을 위한 자료 형태

표본	독립변수				종속변수
	x_1	x_2	$\cdots$	x_k	y
1	x_{11}	x_{21}	$\cdots$	x_{k1}	y_1
2	x_{12}	x_{22}	$\cdots$	x_{k2}	y_2
$\vdots$	$\vdots$	$\vdots$		$\vdots$	$\vdots$
n	x_{1n}	x_{2n}	$\cdots$	x_{kn}	y_n

▶ **행렬로 정리한 자료**

컴퓨터 패키지에 자료를 입력하거나, 좀 더 전문적인 회귀분석을 다루기 위하여 위의 자료를 행렬 형태로 바꾸어 표현해 보자. 회귀모형에서 β_0에 상응하는 독립변수에 형식적으로 '1'을 넣으면 모형은 다음과 같다.

$$y_i = \beta_0 \cdot 1 + \beta_1 x_{1i} + \beta_2 x_{2i} + \cdots + \beta_k x_{ki} + \epsilon_i, \quad i = 1, \cdots, n$$

그러면 β_0에 대한 독립변수값 '1'을 포함하여 <표 5-1>의 자료를 묶어서 표현하고, 또 오차와 모수들을 묶으면 다음과 같다. 이러한 행렬형태의 표현을 통하여 <표 5-1>의 자료와 회귀모형에 관련된 모수와 오차 등의 모든 표기들이 간단하게 집약될 수 있다.

$$y = \begin{bmatrix} y_1 \\ y_2 \\ \vdots \\ y_n \end{bmatrix}, \quad X = \begin{bmatrix} 1 & x_{11} & x_{21} & \cdots & x_{k1} \\ 1 & x_{12} & x_{22} & \cdots & x_{k2} \\ \vdots & \vdots & \vdots & \vdots & \vdots \\ 1 & x_{1n} & x_{2n} & \cdots & x_{kn} \end{bmatrix}, \quad \beta = \begin{bmatrix} \beta_0 \\ \beta_1 \\ \vdots \\ \beta_k \end{bmatrix}, \quad \epsilon = \begin{bmatrix} \epsilon_1 \\ \epsilon_2 \\ \vdots \\ \epsilon_n \end{bmatrix}$$

그러면 다중회귀모형을 위의 행렬을 이용하여 나타내면 다음과 같다.

$$y = X\beta + \epsilon$$

〔예제 5-1〕 제3장의 <표 3-1>에서의 자료에 기업의 직원수를 나타내는 독립변수를 추가한 자료가 다음과 같다. 이 자료에 대한 회귀모형을 설정하고, 또 행렬의 형태로 나타내시오.

매출액 (y)	:	140	150	150	170	165	165	180
광고비 (x_1)	:	10	20	30	40	50	60	70
직원수 (x_2)	:	10	20	10	30	20	20	30

☞ 회귀모형은 다음과 같이 설정된다.

$$y_i = \beta_0 + \beta_1 x_{1i} + \beta_2 x_{2i} + \epsilon, \quad i = 1, 2, \dots, 7$$

또한 행렬의 형태로 이 모형의 값들을 정리하여 나타내면 아래와 같다.

$$y = \begin{bmatrix} 140 \\ 150 \\ 150 \\ 170 \\ 165 \\ 165 \\ 180 \end{bmatrix}, \quad X = \begin{bmatrix} 1 & 10 & 10 \\ 1 & 20 & 20 \\ 1 & 30 & 10 \\ 1 & 40 & 30 \\ 1 & 50 & 20 \\ 1 & 60 & 20 \\ 1 & 70 & 30 \end{bmatrix}, \quad \beta = \begin{bmatrix} \beta_0 \\ \beta_1 \\ \beta_2 \end{bmatrix}, \quad \epsilon = \begin{bmatrix} \epsilon_1 \\ \epsilon_2 \\ \epsilon_3 \\ \epsilon_4 \\ \epsilon_5 \\ \epsilon_6 \\ \epsilon_7 \end{bmatrix}$$

$$y = X\beta + \epsilon$$

■

제2절 다중회귀모형의 추정과 검정

다중회귀모형의 추정이란 모수, 즉 회귀계수 β_j 들에 대한 추정을 의미한다. 모수의 추정방법은 단순회귀모형에서와 마찬가지로 잔차의 제곱합을 최소화시키는 최소제곱추정법을 이용한다. 단순회귀분석의 경우에는 독립변수가 하나인 관계로 회귀계수에 대한 유의성 검정이 곧 회귀모형에 대한 유의성 검정과 일치했었으나, 다중회귀분석에서는 회귀모형의 유의성 검정과 회귀계수의 유의성 검정이 구분되는 차이가 있다. 물론 단순회귀모형의 경우와 마찬가지로 회귀모형에 대한 유의성 검정은 분산분석표를 사용하게 된다. 여기서 다루려는 다중회귀모형의 경우 회귀계수 추정량을 구하기 위한 계산과정은 매우 복잡하거나 불가능한 관계로 생략하기로 하며, 다만 미니탭 등의 통계패키지를 이용하여 도출된 결과물을 해석하는데 주안점을 두기로 한다.

이제 최소제곱추정법을 적용하여 다중회귀모형을 다음과 같이 추정하였다고 가정하자.

추정된 다중회귀모형

$$\hat{y} = b_0 + b_1 x_1 + b_2 x_2 + \cdots + b_k x_k$$

이러한 다중회귀모형에 대하여 추정된 회귀계수 및 모형의 유의성을 알아보고, 추정된 다중회귀모형을 이용하여 향후 반응값의 추정문제를 다루기로 한다. 앞으로의 설명을 위하여 [예제 5-1]의 자료에 대한 미니탭 결과물을 <표 5-2>에 제시하였다.

〈표 5-2〉 앞의 〔예제 5-1〕 자료에 대한 미니탭 결과물

세션

회귀 분석: 매출액(y) 대 광고비(x1), 직원수(x2)

① 회귀 방정식은
매출액(y) = 128 + 0.381 광고비(x1) + 0.833 직원수(x2)

② 예측 변수	계수	SE 계수	T	P
상수	128.095	2.491	51.41	0.000
광고비(x1)	0.38095	0.05832	6.53	0.003
직원수(x2)	0.8333	0.1543	5.40	0.006

③ S = 2.31455 R-제곱 = 98.1% R-제곱(수정) = 97.2%

④ 분산 분석

출처	DF	SS	MS	F	P
회귀	2	1128.57	564.29	105.33	0.000
잔차 오차	4	21.43	5.36		
전체	6	1150.00			

⑤ 출처	DF	Seq SS
광고비(x1)	1	972.32
직원수(x2)	1	156.25

⑥ 새로운 관측치에 대한 예측치

새로운 관측치	적합치	SE 적합치	95% CI	95% PI
1	165.714	1.237	(162.279, 169.149)	(158.428, 173.001)

▶ 회귀모형의 추정 : 결과물 ①

위의 결과물 ① 에서는 다중회귀모형이 다음과 같이 추정되었음을 보여준다.

$$\hat{y} = b_0 + b_1 x_1 + b_2 x_2 = 128.095 + 0.38095 x_1 + 0.8333 x_2$$

▶ 회귀계수에 대한 유의성 검정 : 결과물 ②

결과물 ②에서는 각 항의 회귀계수 추정량, 추정량의 표준편차, t값 그리고 p값을 보여준다.

예를 들어 β_2에 대하여 아래의 가설을 검정한다고 하자.

$$\begin{cases} H_0 : \beta_2 = 0 \\ H_1 : \beta_2 \neq 0 \end{cases}$$

제3장 3절에서와 같이 H_0이 사실일 때, 다음 통계량은 t분포를 이룬다.

$$t = \frac{b_2}{\hat{\sigma}_{b_2}} \sim t(7-3)$$

여기서 자유도 4는 표본 수에서 모수의 수를 뺀 것으로 결과물 ④에서의 잔차(오차)의 자유도와 같다. 또한 $\hat{\sigma}_{b_2}$은 b_2에 대한 표준편차로 결과물 ②의 직원수 행에서 찾으면 0.1543이다. 따라서 검정통계량 t값은 다음과 같다.

$$t = \frac{0.8333}{0.1543} = 5.40$$

이 t값은 결과물 ②의 T 열과 직원수 행에 나오는 값과 같다. 이 때, t값 5.40이 기준값인 $t_{.025,4} = 2.78$보다 크므로 귀무가설은 기각된다. 한편 p값을 이용하여 가설검정을 하는 경우, 검정통계량 $t = 5.40$에서의 p값이 0.006으로 역시 유의수준 5%에서 귀무가설이 기각됨을 알 수 있다. 이 관계를 다음의 <그림 5-1>에서 보여준다.

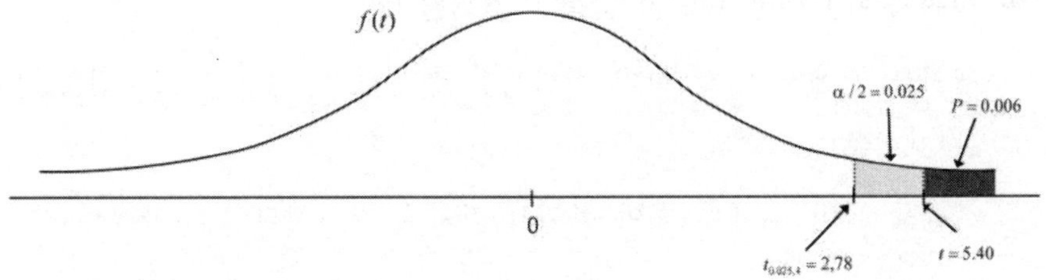

〈그림 5-1〉 검정통계량 t 와 p 값의 관계

▶ 분산분석: 결과물 ④와 ⑤

회귀계수(모수)가 추정되면, 추정된 모수에 의한 회귀모형이 y를 추정하는데 충분히 기여하는가에 대하여 검정해야 한다. 어쩌면 회귀모형이 단지 표본에 대한 일종의 통계량에 지나지 않고, 표본오차에 크게 다를 바 없을 수도 있다. 이와 같이 추정된 모형으로 x와 y의 관계를 어느 정도 대변할 수 있는 지를 검정하기 위하여 분산분석표를 이용한 F검정을 한다.

만약 추정된 회귀모형이 종속변수를 설명하는데 있어 전혀 도움이 되지 않는다면, $\beta_1 = \beta_2 = ... = \beta_k = 0$ 인 경우이다. 즉 종속변수 y의 변화를 설명하는 데에 k개의 독립변수가 전혀 소용이 없다는 의미이다. 따라서 회귀모형의 필요성 여부에 대한 가설은 다음과 같이 설정된다.

$$\begin{cases} H_0 : \beta_1 = \beta_2 = \cdots = \beta_k = 0 \\ H_1 : \text{적어도 하나의 } \beta_j \text{는 0이 아님} \end{cases}$$

이 가설에 대한 검정은 앞에서 다룬 분산분석표를 이용한다. 총제곱합 $SSTO$는 회귀제곱합 SSR과 잔차제곱합 SSE로 구성되며, 분산분석표를 작성하면 다음의 <표 5-3>과 같다.

〈표 5-3〉 다중회귀모형의 유의성 검정을 위한 분산분석표

변동요인	자유도	제곱합	평균제곱합	F
회귀	k	SSR	$MSR = SSR/k$	MSR/MSE
잔차	$n-k-1$	SSE	$MSE = SSE/(n-k-1)$	
총합	$n-1$	$SSTO$		

여기서 H_0에 대한 기각역은 $F > F_{\alpha,\, k,\, n-k-1}$이다.

이제 미니탭 결과물을 해석하는 요령에 대하여 알아보기로 한다. 앞의 <표 5-2>의 결과물 ④에 분산분석표가 나오는데 '회귀' 행을 보면 자유도(DF)가 2, 제곱합(SS)이 1128.57, 평균제곱합(MS)은 564.29 그리고 검정통계량인 F값은 105.33이며 p값은 0.000이다. 여기서 p값이 0.000이라는 것은 자유도가 2와 4인 F분포에서 F값이 105.33보다 클 확률이 0.000이라는 뜻이다. 따라서 만약 유의수준 α가 5%라면, p값이 α보다 작으므로 H_0이 기각된다. 즉 회귀모형은 의미가 있다는 뜻이다.

한편 결과물 ⑤에서는 결과물 ④의 회귀제곱합 SSR을 광고비와 직원수라는 각각의 독립변수에 대하여 구분한 것이다. 즉 결과물 ⑤의 두 제곱합 972.32와 156.25를 합하면 결과물 ④에서의 회귀제곱합 1128.57과 같아진다.

▶ 결정계수 : 결과물 ③

결과물 ③에서 표준편차(S)가 2.31455로 나오는데, 이는 결과물 ④의 분산분석표에 있는 평균잔차제곱합 $MSE = 5.36$의 제곱근이 된다. 또한 결정계수(R-제곱)는 98.1%로서 100%에 가까우므로 모형이 종속변수를 잘 표현해 준다고 볼 수 있다.

결정계수에 대하여는 제3장 5절에서 설명한 바 있으며, 맨 끝에 나오는 수정된 결정계수 'R-제곱(수정)'에 대해서는 다음 제5절에서 설명한다.

▶ 반응값 y에 대한 추정 : 결과물 ⑥

회귀모형의 독립변수들에 대하여 어떤 특정한 값 $(x_{10}, x_{20}, \ldots, x_{k0})$이 주어졌다고 하자. 이 특정한 독립변수의 값에 대한 종속변수 y_0를 추정한다. 제3장 4절에서 단순회귀모형의 경우 y_0에 대한 신뢰구간과 예측구간을 설명하였다. 다중회귀분석에서는 독립변수의 수가 두 개 이상으로 늘어났으므로 행렬을 이용하게 된다. 그러므로 여기서는 미니탭을 이용한 결과만을 소개한다.

앞의 [예제 5-1]에서 광고비가 55이고 직원수가 20일 때, 매출액에 대한 95% 신뢰구간과 예측구간을 구한 결과를 <표 5-2>의 결과물 ⑥에서 보여준다. 즉 결과물에서 '95% CI'로 표현된 구간은 평균반응값에 대한 95% 신뢰구간으로 (162.279, 169.149) 그리고 '95% PI'는 개별반응값에 대한 95% 신뢰구간으로 (158.428, 173.001)이다. 이 때, 예측구간이 신뢰구간보다 큰 이유에 대해서는 제3장 4절의 단순회귀모형에서 설명한 바 있다.

제3절 부분회귀계수검정

회귀모형의 여러 회귀계수 중에서 일부분의 회귀계수에 대한 유의성 검정은 어떻게 할 수 있을까? 예를 들어 몸무게를 추정하려는 경우에 있어 독립변수로 키를 나타내는 x_1 그리고 인종을 나타내는 x_2와 x_3가 포함되는 다음의 회귀모형을 고려해 보자.

$$y = \beta_0 + \beta_1 x_1 + \underline{\beta_2 x_2 + \beta_3 x_3} + \epsilon$$

↖ 인종에 대한 변수

여기서 인종에 대한 독립변수들이 과연 종속변수, 즉 봄부게를 추정하는데 도움이 되는지를 알고 싶다면 다음과 같은 가설을 생각할 수 있다.

$$\begin{cases} H_0 : \beta_2 = \beta_3 = 0 \\ H_1 : H_0 \text{ 이 아님} \end{cases}$$

이와 같이 모형을 구성하고 있는 일부분의 회귀계수에 대한 검정을 **부분회귀계수검정**(tests for partial regression coefficients)이라고 한다. 그러면 일반적인 부분회귀계수검정의 절차를 소개한다. 먼저 k개의 독립변수로 구성된 회귀모형에 대한 아래의 가설을 생각하자.

부분회귀계수검정을 위한 가설

$$y = \beta_0 + \beta_1 x_1 + \cdots + \beta_r x_r + \beta_{r+1} x_{r+1} + \cdots + \beta_k x_k + \epsilon$$

$$\begin{cases} H_0 : \beta_{r+1} = \cdots = \beta_k = 0 \\ H_1 : H_0 \text{ 이 아님} \end{cases}$$

여기서는 β_{r+1}부터 β_k까지 $(k-r)$개의 회귀계수에 대한 유의성을 검정하는 경우이다. 이 때, k개의 독립변수로 구성된 모형을 **완전모형**(full model) 그리고 H_0이 사실일 때의 r개로 구성된 모형을 **축소모형**(reduced model)이라 한다.

완전모형과 축소모형

▶ 완전모형 : $y = \beta_0 + \beta_1 x_1 + \cdots\cdots + \beta_k x_k + \epsilon \rightarrow SSR(F)$

▶ 축소모형 : $y = \beta_0 + \beta_1 x_1 + \cdots + \beta_r x_r + \epsilon \rightarrow SSR(R)$

여기서 $SSR(F)$는 완전모형의 회귀제곱합 그리고 $SSR(R)$은 축소모형의 회귀제곱합이다. 만약 독립변수 $x_{r+1}, \ldots, x_k$가 회귀모형에 기여하는 정도가 크다면 $SSR(F)$가 $SSR(R)$보다 훨씬 크고, 기여하는 바가 그다지 크지 않은 변수들이면 $SSR(F)$와 $SSR(R)$은 별 차이가 나지 않을 것이다. 이 때의 검정통계량과 기각역은 다음과 같이 정의된다.

검정통계량과 기각역

▶ 검정통계량

$$F = \frac{\{SSR(F) - SSR(R)\} / (k-r)}{SSE(F) / (n-k-1)} \sim F(k-r, n-k-1)$$

▶ 기각역 : $F > F_{\alpha, k-r, n-k-1}$

〔예제 5-2〕 앞의 제2절에서 기업의 매출액 자료에 대한 광고비와 직원수의 회귀모형을 다음과 같이 설정하였다.

$$y = \beta_0 + \beta_1 x_1 + \beta_2 x_2 + \epsilon$$

여기서 5%의 유의수준하에 직원수에 대한 부분회귀계수검정을 한 후, 이 결과를 제2절에서 다룬 회귀계수 β_2에 대한 유의성 검정 결과와 비교하시오.

☞ 먼저 이 경우의 가설을 설정하면 다음과 같다.

$$\begin{cases} H_0 : \beta_2 = 0 \\ H_1 : H_0 \text{이 아님} \end{cases}$$

그러면 <표 5-2>와 [예제 3-2]로부터 완전모형과 축소모형에 대한 각각의 회귀제곱합을 구한 결과는 다음과 같다.

$$SSR(F) = 1128.57, \quad SSR(R) = 972.32, \quad SSE(F) = 21.43$$

이상의 회귀제곱합을 이용하여 검정통계량의 값을 구하면 다음과 같다.

$$F = \frac{\{SSR(F) - SSR(R)\}/(k-r)}{SSE(F)/(n-k-1)}$$

$$= \frac{(1128.57 - 972.32)/(2-1)}{21.43/(7-2-1)} = 29.165 > 7.71 = F_{.05,1,4}$$

따라서 귀무가설을 기각하고 기업의 매출액에 대한 회귀모형에서 직원수도 의미가 있다는 결론을 내린다. 이는 제2절에서 다룬 회귀계수 β_2에 대한 유의성 검정 결과와도 일치한다. ■

제4절 회귀계수의 표준화

다중회귀분석에서는 종속변수에 영향을 줄 수 있는 독립변수의 수를 한 개가 아닌 여러 개를 고려하는데, 다음과 같이 k개의 독립변수로 구성된 다중회귀모형이 추정되었다고 가정한다.

$$\hat{y} = b_0 + b_1 x_1 + b_2 x_2 + \cdots + b_k x_k$$

여기서 자연스럽게 k개의 독립변수가 종속변수에 미치는 상대적인 영향력에 대하여 관심을 가질 수 있는데, 이 경우 추정된 회귀계수 $b_1, \ldots, b_k$의 비교로는 이러한 문제가 해결되지 못한다. 그 이유는 k개의 추정된 회귀계수는 각각 해당 독립변수 $x_1, \ldots, x_k$의 단위에 영향을 받아 구해지기 때문이다. 따라서 독립변수의 단위에 영향을 받지 않는 회귀계수를 구하여 종속변수에 미치는 독립변수 각각의 영향력을 파악하기 위한 노력이 요구된다고 하겠다.

이상과 같이 변수의 단위에 영향을 받지 않는 회귀계수를 **표준화된 회귀계수**(standardized regression coefficient) 또는 **베타계수**(beta coefficient)라고 한다. 표준화된 회귀계수를 구하는 방법으로는 **단위정상법**(unit normal scaling)과 **단위길이법**(unit length scaling)을 들 수 있는데, 이 두 가지 방법에 대하여 알아보기로 한다.

(1) 단위정상법

먼저 k개의 독립변수로 구성된 다음의 다중회귀모형을 고려한다.

$$y_i = \beta_0 + \beta_1 x_{1i} + \cdots + \beta_k x_{ki} + \epsilon_i, \quad i = 1, \ldots, n$$

이 모형은 다시 다음과 같은 대체모형 형태로도 나타낼 수 있다.

$$y_i = (\beta_0 + \beta_1 \overline{x}_1 + \cdots + \beta_k \overline{x}_k) + \beta_1 (x_{1i} - \overline{x}_1) + \cdots + \beta_k (x_{ki} - \overline{x}_k) + \epsilon_i$$

여기서 다음의 치환을 고려한다.

$$\beta_0^* = \beta_0 + \beta_1 \bar{x}_1 + \cdots + \beta_k \bar{x}_k, \quad Z_{ji}' = (x_{ji} - \bar{x}_j)$$

그러면 위의 다중회귀모형은 다음과 같이 변환된다.

$$y_i = \beta_0^* + \beta_1 Z_{1i}' + \cdots + \beta_k Z_{ki}' + \epsilon_i$$

이 때, 상수항에 대한 다음의 추정량

$$\beta_0^* = \bar{y}$$

을 감안하면, 앞의 다중회귀모형은 다음과 같이 절편이 없는 회귀모형의 형태로 나타내진다.

$$y_i - \bar{y} = \beta_1 Z_{1i}' + \cdots + \beta_k Z_{ki}' + \epsilon_i$$

여기서 다시 다음의 변환을 고려한다.

$$Z_{ji} = \frac{Z_{ji}'}{s_j} = \frac{(x_{ji} - \bar{x}_j)}{s_j}, \quad s_j^2 = \sum_{i=1}^{n} \frac{(x_{ji} - \bar{x}_j)^2}{n-1}$$

$$y_i^* = \frac{y_i - \bar{y}}{s_y}, \quad s_y^2 = \sum_{i=1}^{n} \frac{(y_i - \bar{y})^2}{n-1}$$

그러면 변환된 독립변수 Z_{ji}와 변환된 종속변수 y_i^*는 모두 평균이 0 그리고 분산이 1이 되며, 이를 정리하면 다음의 모형을 얻게 된다.

$$\begin{aligned} y_i^* &= \beta_1 \frac{s_1}{s_y} Z_{1i} + \cdots + \beta_k \frac{s_k}{s_y} Z_{ki} + \epsilon_i' \\ &= \beta_1^* Z_{1i} + \cdots + \beta_k^* Z_{ki} + \epsilon_i' \end{aligned}$$

위의 회귀모형에서 회귀계수를 추정하면 다음과 같이 표준화된 회귀계수 b_j^*를 구하게 된다.

$$b^* = (Z'Z)^{-1}Z'y^*$$

이 때, b^*와 $(Z'Z)$는 각각 다음과 같이 나타내질 수 있다.

$$b^* = \begin{bmatrix} b_1^* \\ b_2^* \\ \vdots \\ b_k^* \end{bmatrix}, \qquad Z'Z = \begin{bmatrix} \sum Z_{1i}^2 & \sum Z_{1i}Z_{2i} & \cdots & \sum Z_{1i}Z_{ki} \\ & \sum Z_{2i}^2 & \cdots & \sum Z_{2i}Z_{ki} \\ & & \ddots & \vdots \\ & & & \sum Z_{ki}^2 \end{bmatrix}$$

(2) 단위길이법

이제 표준화된 회귀계수를 구하기 위한 또 다른 방법인 단위길이법에 대하여 알아보기로 한다. 앞의 단위정상법에서 다중회귀모형이 다음과 같은 절편이 없는 회귀모형의 형태로 나타내질 수 있음을 다루었다.

$$y_i - \overline{y} = \beta_1(x_{1i} - \overline{x}_1) + \cdots + \beta_k(x_{ki} - \overline{x}_k) + \epsilon_i$$

이제 다음의 변환을 고려한다.

$$W_{ji} = \frac{(x_{ji} - \bar{x}_j)}{\sqrt{s_{jj}}}, \quad s_{jj}^2 = \sum_{i=1}^{n}(x_{ji} - \bar{x}_j)^2$$

$$y_i^0 = \frac{y_i - \bar{y}}{\sqrt{s_{yy}}}, \quad s_{yy}^2 = \sum_{i=1}^{n}(y_i - \bar{y})^2$$

그러면 변환된 독립변수 W_{ji}와 종속변수 y_i^0는 표준화된 변수로서, 다음의 특성을 갖는다.

$$\sum_{i=1}^{n} W_{ji} = 0, \quad \sum_{i=1}^{n} {W_{ji}}^2 = 1$$

$$\sum_{i=1}^{n} y_i^0 = 0, \quad \sum_{i=1}^{n} (y_i^0)^2 = 1$$

위의 변환을 이용하여 회귀모형을 정리하면 다음의 결과를 얻는다.

$$\begin{aligned} y_i^0 &= \beta_1 \sqrt{\frac{s_{11}}{s_{yy}}}\, W_{1i} + \cdots + \beta_k \sqrt{\frac{s_{kk}}{s_{yy}}}\, W_{ki} + \epsilon_i'' \\ &= \beta_1^0 W_{1i} + \cdots + \beta_k^0 W_{ki} + \epsilon_i'' \end{aligned}$$

위의 회귀모형으로부터 다음과 같은 표준화된 회귀계수 b_j^0를 구하게 된다.

$$b^0 = (W'W)^{-1} W' y^0$$

이 때, b^0와 $W'W$는 각각 다음과 같이 나타내질 수 있다.

$$b^0 = \begin{bmatrix} b_1^0 \\ b_2^0 \\ \vdots \\ b_k^0 \end{bmatrix}, \quad W'W = \begin{bmatrix} \sum W_{1i}^{\ 2} & \sum W_{1i}W_{2i} & \cdots & \sum W_{1i}W_{ki} \\ & \sum W_{2i}^{\ 2} & \cdots & \sum W_{2i}W_{ki} \\ & & \ddots & \vdots \\ & & & \sum W_{ki}^{\ 2} \end{bmatrix}$$

이 때, 다음과 같이 $W'W$는 독립변수들 사이의 상관계수행렬 그리고 $W'y^0$는 종속변수와 독립변수간의 상관계수벡터가 됨을 보일 수 있다.

$$W'W = \begin{bmatrix} 1 & r_{12} & \cdots & r_{1k} \\ & 1 & \cdots & r_{2k} \\ & & \ddots & \vdots \\ & & & 1 \end{bmatrix}, \quad W'y^0 = \begin{bmatrix} r_{1y} \\ r_{2y} \\ \vdots \\ r_{ky} \end{bmatrix}$$

한편 다음의 관계가 성립하게 되어 단위정상법에 의한 표준화된 회귀계수 b^*와 단위길이법에 의한 표준화된 회귀계수 b^0는 동일한 값임을 알 수 있다.

$$Z'Z = (n-1)W'W, \quad Z'y^* = (n-1)W'y^0$$

끝으로 표준화된 회귀계수의 분산은 다음과 같이 구해질 수 있다.

$$var(b^0) = var[(W'W)^{-1}W'y^0] = (W'W)^{-1}\sigma_0^2, \quad var(\epsilon_i'') = \sigma_0^2$$

여기서 $(Z'Z)^{-1}$의 대각원소를 **분산팽창계수**(variance inflation factor)라고 하는데, 이는 제8장 2절에서 다룰 다공선성 문제에서 다공선성을 진단하는 데에 매우 중요한 역할을 하게 된다.

[예제 5-3] 앞의 [예제 5-1]의 자료에서 단위길이법을 이용하여 광고비와 직원수에 대한 표준화된 회귀계수를 구하시오.

☞ 먼저 [예제 5-1]의 자료로부터 변수들의 상관계수를 구하면 나음과 같다.

$$W'W = \begin{bmatrix} 1 & r_{12} \\ & 1 \end{bmatrix} = \begin{bmatrix} 1 & .661 \\ .661 & 1 \end{bmatrix}, \quad W'y^0 = \begin{bmatrix} r_{1y} \\ r_{2y} \end{bmatrix} = \begin{bmatrix} .920 \\ .885 \end{bmatrix}$$

그러면 표준화된 회귀계수는 다음과 같이 구해진다.

$$b^0 = (W'W)^{-1}W'y^0$$

$$= \begin{bmatrix} 1 & .661 \\ .661 & 1 \end{bmatrix}^{-1} \begin{bmatrix} .920 \\ .885 \end{bmatrix} = \begin{bmatrix} .5950 \\ .4917 \end{bmatrix}$$

■

제5절 요약

1. 다중회귀모형

$$y_i = \beta_0 + \beta_1 x_{1i} + \beta_2 x_{2i} + \cdots + \beta_k x_{ki} + \epsilon_i$$

여기서 $\epsilon_i \sim N(0, \sigma^2)$, 서로 독립

2. 다중회귀모형의 추정과 검정

▶ 회귀계수에 대한 유의성검정 → t검정 이용

$H_0 : \beta_j = 0$

$H_1 : \beta_j \neq 0$

▶ 회귀모형에 대한 유의성검정 → 분산분석 이용

$H_0 : \beta_1 = \beta_2 = \cdots = \beta_k = 0$

H_1 : 적어도 하나의 β_j는 0이 아님

3. 부분회귀계수검정

▶ 회귀모형

완전모형 : $y = \beta_0 + \beta_1 x_1 + \cdots\cdots + \beta_k x_k + \epsilon \rightarrow SSE(F)$

축소모형 : $y = \beta_0 + \beta_1 x_1 + \cdots + \beta_r x_r + \epsilon \rightarrow SSE(R)$

▶ 해당가설

$H_0 : \beta_{r+1} = \cdots = \beta_k = 0$

H_1 : H_0이 아님

▶ 검정통계량 : $F = \dfrac{\{SSR(F) - SSR(R)\} / (k-r)}{SSE(F) / (n-k-1)}$

▶ 기각역 : $F > F_{\alpha,\, k-r,\, n-k-1}$

4. 회귀계수의 표준화

▶ 표준화된 회귀계수 : 단위에 영향을 받지 않는 회귀계수

▶ 단위정상법 : $b^{*} = (Z'Z)^{-1}Z'y^{*}$

▶ 단위길이법 : $b^{0} = (W'W)^{-1}W'y^{0}$

■ 연습문제

[5.1] 다음 문장을 읽고 옳으면 '○'표, 또한 틀리면 '×'표를 한 후 틀린 곳을 바르게 고치시오.

a) 다중회귀모형에서의 오차항에 대한 가정사항은 단순회귀모형에서의 가정사항과는 다르다.

b) 다중회귀모형에서도 회귀계수의 추정은 단순회귀모형의 경우와 같이 최소제곱추정법을 이용한다.

c) 회귀계수 추정량 b_j에 대한 t값으로 β_j에 대한 유의성검정을 할 수 있다.

d) 만약 다중회귀모형에 k개의 독립변수 항이 있다면, 분산분석에서 변동요인 회귀에 대한 자유도는 $(k-1)$이다.

e) 다중회귀모형에서 결정계수 R^2는 종속변수와 독립변수 사이의 상관관계계수의 제곱과 같다.

f) 회귀모형에서 몇 개의 독립변수 항을 제외시키면 SSR은 증가한다.

g) 부분회귀계수검정이란 회귀모형에서 몇 개의 독립변수 항을 동시에 제외시키려고 할 때 고려하는 방법이다.

h) 회귀계수를 표준화하는 근본적인 목적은 독립변수들의 영향력을 비교하기 위

한 것이다.

i) 단위정상법과 단위길이법에 의하여 각각 구해진 표준화된 회귀계수의 추정결과는 서로 다르다.

[5.2] 가정의 전기사용량을 거실의 평수 및 가족의 구성인원으로 설명해 보고자 여덟 가구를 대상으로 하여 회귀분석을 시도하였다. 다음은 회귀분석 결과물의 일부인데, 이를 참조하여 물음에 답하시오. 이 때, x_1은 거실 평수 그리고 x_2는 구성인원을 의미한다.

세션

예측 변수	계수	SE 계수
상수	39.68915	32.74231
X1	3.37216	0.93595
X2	0.53211	6.97556

a) 추정된 회귀방정식을 구하시오.

b) 회귀계수에 대한 유의성을 5%의 유의수준하에 검정하시오.

[5.3] 다음은 일조시간과 강수량이 수확량에 미치는 영향을 알아보고자 12개의 표본을 추출한 자료이다. 아래의 물음에 답하시오.

일조시간(x_1) :	11	12	13	14	11	12	13	14	11	12	13	14
강 수 량(x_2) :	10	10	10	10	20	20	20	20	30	30	30	30
수 확 량(y) :	51	63	76	88	48	60	74	83	28	48	65	73

a) 회귀방정식을 추정하시오.

b) 회귀계수에 대한 유의성을 검정하시오.

c) 일조시간이 15이며 강수량이 20일 때의 평균 수확량을 추정하시오.

[5.4] 다음은 흡연량(x_1) 및 음주량(x_2)에 따른 건강지수(y)를 알아보고자 여섯 명의 자료를 근거로 하여 회귀모형을 추정한 결과이다. 다음의 빈칸을 채우시오.

$$\hat{y} = 10.9 + 0.130\,x_1 + 0.034\,x_2$$

Stdev	[.046]	[.010]
95% CI	[ ]	[ ]
검정통계량 t	[ ]	[ ]
p값	[ ]	[ ]

[5.5] 독립변수가 두 개인 다중회귀모형에 대한 다음의 미니탭 결과물을 참조하여 아래 물음에 답하시오.

세션

예측 변수	계수	SE 계수	T	P
상수	1.032	3.176	0.32	0.755
C2	0.09488	0.02612	3.63	0.008
C3	0.25024	0.06310	3.97	0.005

S = 2.924   R-제곱 = 92.0%   R-제곱(수정) = 89.7%

분산 분석

출처	DF	SS	MS	F	P
회귀	2	689.06	344.53	40.30	0.000
잔차 오차	7	59.84	8.55		
전체	9	784.90			

a) 추정된 회귀방정식을 구하시오.

b) 5%의 유의수준하에 다중회귀모형에 대한 유의성을 검정하시오.

c) 5%의 유의수준하에 각각의 회귀계수에 대한 유의성을 검정하시오.

[5.6] 다음의 미니탭 결과물을 참조하여 아래 물음에 답하시오.

세션

예측변수	계수	SE 계수	T
상수	-85.50	12.82	-6.67
X1	13.1667	0.9981	13.19
X2	-0.8000	0.1367	-5.85

S = 3.886   R-제곱 = 95.9%   R-제곱(수정) = 94.9%

분산 분석

출처	DF	SS	MS	F
회귀	2	3112.4	1556.2	104.13
잔차 오차	9	134.5	14.9	
전체	11	3246.9		

a) 추정된 회귀방정식을 구하시오.

b) 1%의 유의수준하에 다중회귀모형에 대한 유의성을 검정하시오.

c) 1%의 유의수준하에 각각의 회귀계수에 대한 유의성을 검정하시오.

[5.7] 네 개의 독립변수로 설정된 다음의 다중회귀모형을 가정한다.

$$y \ = \ \beta_0 + \beta_1 x_1 + \beta_2 x_2 + \beta_3 x_3 + \beta_4 x_4 + \epsilon, \quad \epsilon \sim N(0, \sigma^2)$$

여기서 다음의 가설을 검정하기 위한 절차, 즉 부분회귀계수검정을 위한 적절한 절차를 서술하시오.

$$H_0 : \beta_3 = \beta_4 = 0$$

[5.8] 골동품 시계수집상 할아버지들은 골동품 경매시장에서의 시계 가격은 나이와 입찰자의 수에 따라 영향을 받게 된다고 경험적으로 생각하고 있다. 이의 분석을 위하여 시계 나이(x_1)와 입찰자의 수(x_2)에 따른 시계 가격(y)을 나타내는 32개 자료를 다음과 같이 수집하였다.

x_1	x_2	y	x_1	x_2	y
127	13	1235	170	14	2131
115	12	1080	182	8	1550
127	7	845	162	11	1884
150	9	1522	184	10	2041
156	6	1047	143	6	854
182	11	1979	159	9	1483
156	12	1822	108	14	1055
132	10	1253	175	8	1545
137	9	1297	108	6	792
113	9	946	179	9	1792
137	15	1713	111	15	1175
117	11	1024	187	8	1593
137	8	1147	111	7	785
153	6	1092	115	7	744
117	13	1152	194	5	1356
126	10	1336	168	7	1262

이 때, 다음의 두 가지 회귀모형에 대한 추정결과를 보여주는 미니탭 결과물을 참고하여 물음에 답하시오.

① $y = \beta_0 + \beta_1 x_1 + \beta_2 x_2 + \epsilon$ 의 추정 결과

세션

예측 변수	계수	SE 계수	T	P
상수	-1304.1	177.6	-7.34	0.000
x1	12.6043	0.9244	13.64	0.000
x2	84.602	8.918	9.49	0.000

S = 136.381 R-제곱 = 88.6% R-제곱(수정) = 87.8%

분산 분석

출처	DF	SS	MS	F	P
회귀	2	4180278	2090139	112.37	0.000
잔차 오차	29	539393	18600		
전체	31	4719672			

② $y = \beta_0 + \beta_1 x_1 + \beta_2 x_2 + \beta_3 x_1 x_2 + \epsilon$ 의 추정 결과

세션

예측 변수	계수	SE 계수	T	P
상수	406.4	297.9	1.36	0.183
x1	0.377	2.051	0.18	0.855
x2	-100.13	30.18	-3.32	0.003
x1x2	1.3378	0.2143	6.24	0.000

S = 89.7588 R-제곱 = 95.2% R-제곱(수정) = 94.7%

분산 분석

출처	DF	SS	MS	F	P
회귀	3	4494085	1498028	185.94	0.000
잔차 오차	28	225586	8057		
전체	31	4719672			

a) 회귀모형 ①에 대한 추정식을 구하고, 회귀모형 및 각각의 회귀계수에 대한 유의성을 검정하시오.

b) 회귀모형 ②에 대한 추정식을 구하고, 회귀모형 및 각각의 회귀계수에 대한 유의성을 검정하시오.

c) 이 자료에 교호작용이 존재하는지를 검정하시오.

d) 회귀모형 ②에 대한 추정식에서 x_2의 회귀계수가 음수이다. 이는 입찰자의 수가 증가하면 가격이 떨어진다는 뜻이 되는가? 결과물을 참조하여 설명하시오.

e) x_1에 대한 회귀계수의 유의성이 회귀모형 ②에서 어떻게 변하는지 설명하고, 그 이유를 밝히시오.

6

적절한 독립변수의 선택

제6장 적절한 독립변수의 선택

앞의 제5장 다중회귀분석에서는 단순회귀분석의 확장으로 독립변수가 두 개 이상인 경우의 회귀모형을 다루었다. 즉 다중회귀모형에서는 종속변수에 영향을 주는 독립변수로 여러 개의 변수가 등장할 수 있는데, 단 하나의 독립변수만을 대상으로 하는 단순회귀모형에 비하여 더 현실적인 회귀모형이라 하겠다. 예를 들어 몸무게를 추정하기 위한 신체지수로는 키, 가슴둘레, 허리둘레, 엉덩이둘레 및 앉은키 등을 생각할 수 있다. 이러한 신체지수 중에서 과연 어느 것이 몸무게 y를 추정하는데 결정적인 역할을 할 것인가를 판단해야 한다. 왜냐하면 y에 영향을 주는 독립변수를 찾아내는 그 자체가 분석의 목적일 수도 있고, 또는 효과적인 모형을 만들기 위해서는 모형에 꼭 필요한 변수들만을 선택해야 하기 때문이다.

먼저 제1절에서는 독립변수가 적절하게 선택되지 못하는 경우, 즉 회귀모형에 필요한 독립변수가 제외되는 경우와 이와는 반대로 회귀모형에 필요하지 않은 독립변수가 포함되는 경우를 다루기로 한다. 이와 같이 변수선택이 잘못되는 경우를 통하여 변수선택의 중요성을 느끼도록 한다. 그리고 제2절과 제3절에서는 변수선택을 위한 구체적인 내용으로서 변수선택을 위한 몇 가지 선택기준과 선택방법에 대하여 각각 알아보기로 한다.

제1절 잘못된 변수선택의 결과

효과적인 회귀모형을 구성하기 위한 독립변수의 선택문제를 다룸에 있어서는 다음의 두 가지 서로 상충하는 문제가 발생하게 된다. 즉 한 가지 문제는 회귀모형의 설명력을 극대화하기 위해서는 가급적 많은 수의 독립변수가 필요하다는 것이고, 또 하나의 문제는 추정량의 분산을 최소화하기 위해서는 가급적 적은 수의 독립변수가 요구된다는 것이다. 따라서 변수선택의 문제는 바로 이처럼 서로 상충되는 두 가지 사항을 적절하게 조화시키는 문제가 될 것이다.

이 절에서는 잘못된 변수선택이 어떠한 문제를 야기할 수 있는지를 따져봄으로써 변수선택의 중요성을 인식해 보고자 한다. 따라서 먼저 필요한 독립변수가 회귀모형에 포함되지 않은 경우의 예상되는 문제점을 고려해보고, 또한 불필요한 독립변수가 회귀모형에 포함되는 경우의 문제점을 살펴보기로 한다.

(1) 필요한 독립변수가 포함되지 않은 경우

종속변수를 설명하기 위하여 필요한 독립변수가 회귀모형에 포함되지 않았다는 것은 처음 회귀모형을 설정하는 단계에서 그 독립변수를 고려하지 못했다는 의미가 된다. 따라서 이러한 경우에는 종속변수를 설명하기 위한 회귀분석의 목적이 충실히 달성될 수가 없겠다. 아무리 중요한 독립변수라 할지라도 회귀모형의 설정단계에서 누락된다면, 이 장의 다음 절에서 다룰 어떠한 변수선택의 기준과 방법을 동원하더라도 회귀모형에 포함될 수가 없을 것이다. 결국 이러한 문제는 회귀분석을 하는데 있어 결정적인 오류를 범하는 것이나 마찬가지이다. 이와 관련하여 더욱 심각한 문제점은 이렇게 필요한 독립변수가 누락된 상황은 회귀분석이 종료된 후에도 대부분의 경우 감지할 수가 없다는데 있다.

이렇게 필요한 독립변수가 회귀모형에 포함되지 않음에 따라 통계분석의 결론이 엉뚱하게 도출되는 하나의 사례는 제1장 3절의 '고려되지 않은 변수의 역할'에서 언급한 바 있다. 즉 인구밀도에 따른 식당의 대장균 수와 관련한 결론이 소독시설의 유무라는 독립변수를 고려하느냐 그렇지 않느냐에 따라 정반대로 내려지는 예를 보았다.

(2) 불필요한 독립변수가 포함된 경우

앞의 문제와는 달리 여기서는 불필요한 독립변수가 회귀모형에 포함되는 경우의 문제점을 알아보기로 한다. 물론 독립변수의 선택방법이 잘못되지만 않았다면 불필요한 독립변수가 회귀모형에 포함되는 경우는 발생하지 않을 것이다. 따라서 여기서 언급하는 '불필요한 독립변수가 포함된 경우'란 불필요한 독립변수가 최종 회귀모형에 포함된다는 의미보다는 회귀모형의 설정 단계에 포함되는 경우를 의미하는 것이 올바른 해석이 될 것이다.

처음 회귀모형을 설정하는 단계에서는 종속변수를 설명하는데 도움이 되리라 여겨지는 후보 변수들을 자유롭게 상정할 수 있다. 그러나 제8장 2절의 다공선성 부분에서 언급하겠지만 독립변수들이 서로 완전히 독립적이기는 불가능하므로 회귀모형의 설정단계에서 고려되는 후보 변수들 상호간의 영향으로 종속변수를 설명하는데 꼭 필요한, 즉 회귀모형에 꼭 포함되어야 할 독립변수가 제외될 가능성도 존재하게 된다. 따라서 회귀모형의 설정단계에서 고려되는 후보 변수들에 대해서도 사전에 충분한 검토가 필요한 이유가 여기에 있는 것이다.

끝으로 여기서 강조하고 싶은 '불필요한 독립변수가 포함된 경우'의 또 다른 해석은 다음과 같다. 앞에서 독립변수의 수가 많아지면 회귀모형의 설명력은 높아지나 추정량의 분산이 커지는 문제점을 언급한 바 있다. 따라서 이러한 관점에서 접근한다면 회귀모형에 약간의 설명력을 높일 수 있는 독립변수라 할지라도 추정량의 분산을 커지게 하는 효과가 더 크다면 결과적으로 불필요한 독립변수로 간주되고 회귀모형에서 제외되어야 한다는 점이다. 사실 이러한 내용은 다른 이론적인 회귀분석 서적에서도 언급하고 있다. 즉 약간의 설명력이 있는 독립변수가 회귀모형에서 제외되는 축소모형의 경우에는 그 독립변수가 포함된 완전모형에 비하여 편의가 발생하는 것이 사실이다. 그러나 이러한 축소모형에서의 편의가 그다지 크지 않다면 오히려 추정량의 분산을 작게 하여 평균제곱오차 측면에서는 완전모형보다 축소모형이 오히려 더 효과적일 수 있다는 내용이다.

제2절 독립변수의 선택기준

이제 어떤 독립변수들을 회귀모형에 포함하는 것이 가장 효과적인가를 판단하기 위한 독립변수의 선택기준에 대하여 살펴보기로 한다. 이를 위하여 결정계수 R^2, 수정된 결정계수 $\overline{R}^2$, 평균제곱오차 MSE 그리고 맬로우 C_p 통계량 등 변수선택을 위한 몇 가지 일반적인 기준을 알아본다.

(1) 결정계수

결정계수(coefficient of determination) R^2는 제3장 5절의 단순회귀에서 다음과 같이 정의되었다.

$$R^2 = \frac{SSR}{SSTO} = 1 - \frac{SSE}{SSTO}$$

여기서 SSR, SSE 및 $SSTO$는 각각 회귀제곱합, 오차제곱합 그리고 총제곱합을 의미한다. 결정계수 R^2는 회귀모형을 통하여 반응변수 y를 얼마나 설명해 줄 수 있는가를 나타내는 척도로서 0에서 1 사이의 값을 갖는다.

$$0 \le R^2 \le 1$$

그 이유는 SSR과 SSE가 $SSTO$보다 클 수 없고, 또한 제곱합은 항상 양수이므로 그 비율이 0보다 작을 수 없기 때문이다. 단순회귀모형의 경우에는 한 개의 독립변수만을 취급하므로 R^2가 클수록 좋았다. 그러나 다중회귀모형에서는 R^2가 크다고 반드시 좋은 회귀모형은 아니다. 왜냐하면 회귀모형에 독립변수가 추가되면 R^2는 항상 증가하기 때문이다. 다시 말하여 아무리 쓸모없는 변수가 추가되더라도 R^2를 증가시키는 불합리한 결과를 초래한다.

다음의 <그림 6-1>에서는 독립변수의 수가 증가함에 따라 결정계수의 값도 계속 증가하고 있음을 나타내고 있다.

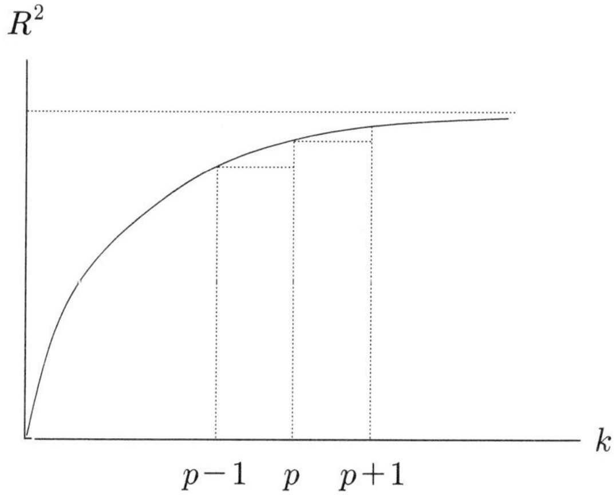

〈그림 6-1〉 **독립변수의 증가에 따른 결정계수의 변화**

따라서 결정계수를 변수선택의 기준으로 하는 경우에는 결정계수의 증가 폭이 현격히 둔화되는 지점에서의 독립변수의 수 p를 선택하게 된다. 그러나 이러한 방식으로 독립변수의 수를 결정하는 데에는 분석자의 주관적인 판단이 어느 정도 요구되는 특징이 있다. 한편 독립변수의 수가 고정되었을 때는 R^2를 최대로 하는 변수조합을 찾는 것이 최선의 목표가 된다.

(2) 수정된 결정계수

앞에서 설명한 바와 같이 독립변수의 수가 증가함에 따라 계속 증가만 하게 되는 결정계수 R^2의 단점을 보완한 척도로서 다음과 같이 정의되는 **수정된 결정계수** (adjusted coefficient of determination) $\overline{R}^2$를 고려할 수 있다.

$$\overline{R}^2 = 1 - \frac{n-1}{n-k-1}(1-R^2)$$

여기서 k 는 독립변수의 수를 의미하는데, 다음의 <그림 6-2>에서는 독립변수의 수가 증가함에 따른 수정된 결정계수의 변화를 보여주고 있다.

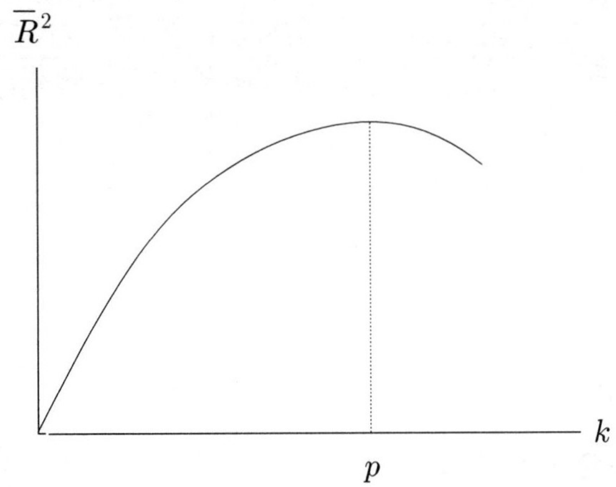

〈그림 6-2〉 **독립변수의 증가에 따른 수정된 결정계수의 변화**

그림에서 보는 바와 같이 수정된 결정계수 $\overline{R}^2$는 독립변수의 추가에 따른 R^2의 증가량이 MSE의 변화에 비하여 쓸모없을 정도이면 오히려 줄어들기도 한다. 따라서 회귀모형에 어떤 독립변수들을 추가하는 것이 더 좋은가를 검토할 때는 주로 $\overline{R}^2$를 기준으로 한다. 즉 $\overline{R}^2$가 최대가 되는 독립변수의 수 p를 선택한다.

(3) 평균제곱오차

독립변수의 수를 결정하기 위한 또 하나의 기준으로 **평균제곱오차**(mean squared error : MSE)를 들 수 있다. 제2장 6절에서 어떤 추정량의 편의의 제곱과 분산의 합으로 정의된 바 있는 평균제곱오차는 오차제곱합 SSE를 그 자유도로 나눈 값으로 표현된다. 따라서 독립변수가 k개 있는 회귀모형의 평균제곱오차 MSE_k는 다음과 같이 나타내진다.

$$MSE_k = \frac{SSE_k}{n-k-1}$$

그러면 독립변수의 수가 증가할수록 분자 SSE_k는 항상 감소하게 된다. 그러나 동시에 분모의 값 $(n-k-1)$도 감소하게 되어 전체적으로 평균제곱오차 MSE_k는 처음에는 감소하다가 어느 순간부터는 다시 증가하는 형태를 보이게 된다. 이와 같은 독립변수의 수가 증가함에 따른 평균제곱오차의 변화를 다음 <그림 6-3>에서 보여주고 있다.

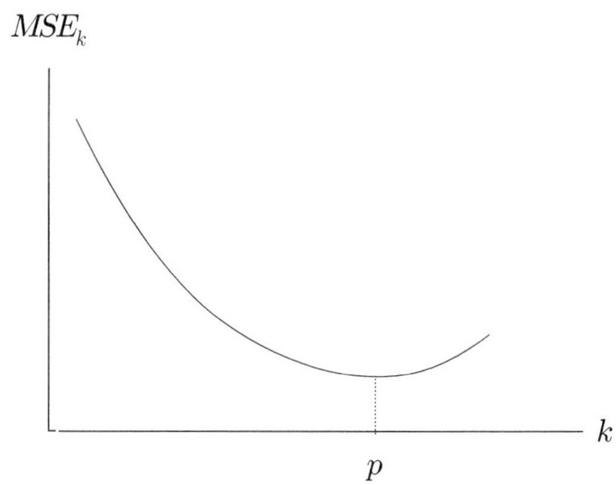

〈그림 6-3〉 독립변수의 증가에 따른 평균제곱오차의 변화

따라서 <그림 6-3>에서와 같이 평균제곱오차 MSE_k를 독립변수의 선택기준으로 하는 경우에는 MSE_k가 최소가 되는 독립변수의 수 p를 선택하는 것이다.

한편 다음의 관계식을 통하여 평균제곱오차를 최소로 하는 선택기준은 수정된 결정계수를 최대로 하는 선택기준과 일치함을 알 수 있다.

$$\overline{R_k}^2 = 1 - \frac{n-1}{n-k-1}(1-R_k^2)$$
$$= 1 - \frac{n-1}{n-k-1}\cdot\frac{SSE_k}{SSTO}$$
$$= 1 - \frac{n-1}{SSTO}\cdot MSE_k$$

(4) 맬로우 C_p 통계량

끝으로 **맬로우 C_p 통계량**(Mallow's C_p statistic)에 대하여 알아본다. 앞의 제1절에서 다룬 바 있는 p개의 독립변수로 구성된 축소모형에서의 추정량 $\hat{y}_p^*$에 대한 평균제곱오차 $MSE(\hat{y}_p^*)$는 다음과 같이 구해진다.

$$MSE(\hat{y}_p^*) = E[\hat{y}_p^* - E(y)]$$
$$= var(\hat{y}_p^*) + \left\{E(\hat{y}_p^*) - E(y)\right\}^2$$

여기서 편의제곱합을 다음과 같이 놓으면

$$SS_B(p) = \sum_{i=1}^{n}\left\{E(y_i) - E(\hat{y}_{pi}^*)\right\}^2$$

평균제곱오차의 합은 다음과 같이 표준화될 수 있다.

$$\begin{aligned}\tau_p &= \frac{1}{\sigma^2}\sum_{i=1}^{n} MSE(\hat{y}_{pi}^*) \\ &= \frac{1}{\sigma^2}\left\{\sum_{i=1}^{n} var(\hat{y}_{pi}^*) + \sum_{i=1}^{n}\left\{E(y_i) - E(\hat{y}_{pi}^*)\right\}^2\right\} \\ &= \frac{1}{\sigma^2}\sum_{i=1}^{n} var(\hat{y}_{pi}^*) + \frac{SS_B(p)}{\sigma^2}\end{aligned}$$

그러면 다음의 두 관계식이 도출된다.

$$\sum_{i=1}^{n} var(\hat{y}_{pi}{}^*) = (p+1)\sigma^2$$

$$E(SSE_p) = (n-p-1)\sigma^2 + SS_B(p)$$

따라서 표준화된 평균제곱오차의 합은 다음과 같이 정리된다.

$$\begin{aligned}\tau_p &= \frac{1}{\sigma^2}\left\{(p+1)\sigma^2 + E(SSE_p) - (n-p-1)\sigma^2\right\} \\ &= \frac{1}{\sigma^2}E(SSE_p) - n + 2(p+1)\end{aligned}$$

그러면 맬로우 C_p 통계량은 위 τ_p의 추정량 형태로 다음과 같이 정의된다.

$$C_p = \frac{SSE_p}{\hat{\sigma}^2} - n + 2(p+1)$$

이상과 같이 정의된 맬로우 C_p 통계량은 k개의 독립변수 중에서 의미가 없는 독립변수를 제외하고 p개만을 선택하여 회귀모형을 추정하는 경우, 그 값이 $(p+1)$에 가까운 값을 갖는 특징이 있다. 따라서 여기서의 독립변수 선택기준은 C_p값을 최소로 하는 독립변수의 수 p를 찾는 것이다.

제3절 독립변수의 선택방법

앞에서 독립변수의 선택을 위한 몇 가지 기준에 대하여 알아보았다. 여기서는 이러한 선택기준을 적용하여 회귀모형에 포함시킬 독립변수를 구체적으로 결정하게 되는 독립변수의 선택방법을 다루기로 한다. 과거에는 독립변수를 선택하는 과정에서의 계산량이 많고 복잡하여 현실적으로 이러한 방법을 적용하기가 쉽지 않았으나, 이제는 각종 통계패키지의 발달로 이러한 문제가 의외로 쉽게 적용될 수 있는 환경에 있다고 하겠다.

일반적인 변수선택방법으로는 전진선택법, 후진소거법, 단계적 회귀 및 모든 가능한 회귀 등을 들 수 있는데, 다음에서 하나씩 차례로 설명하기로 한다.

(1) 전진선택법

적절한 독립변수를 선택하는 방법으로 제일 먼저 **전진선택법**(forward selection method)을 들 수 있는데, 이는 회귀모형의 설정단계에서 포함된 전체 k개의 후보 독립변수 중에서 종속변수를 설명하기 위한 기여도가 높은 순서대로 하나씩 선택해 나아가는 방법이다. 간편하다는 장점이 있는 반면에 그 결과가 항상 최선이라는 보장을 할 수 없는 단점이 있다. 이러한 전진선택법을 이용한 변수선택의 과정을 서술하면 다음과 같다.

① 모든 독립변수에 대하여 개별적으로 다음과 같이 종속변수 y와의 단순회귀모

형을 추정한다.

$$y = \beta_0 + \beta_1 x_1 + \epsilon, \quad \cdots\cdots, \quad y = \beta_0 + \beta_k x_k + \epsilon$$

k개의 단순회귀모형을 추정한 후, 예를 들어 결정계수 R^2가 가장 큰 회귀모형의 독립변수를 선택한다. 즉 종속변수에 대한 설명력이 가장 큰 독립변수를 선택하는 것이다. 이를 $x_{(1)}$이라 하자.

② 독립변수 $x_{(1)}$의 회귀계수 $\beta_{(1)}$에 대한 유의성 검정을 한다. 만일 유의성 검정의 결과 유의하지 않다면, 독립변수 $x_{(1)}$을 회귀모형에 포함하지 않은 채 변수선택과정을 종료한다. 그러나 만일 유의하다고 판단되었다면, 독립변수 $x_{(1)}$을 회귀모형에 포함하고 다음 단계로 넘어 간다.

③ 앞의 단계에서 유의하다고 하여 회귀모형에 포함된 독립변수 $x_{(1)}$을 제외한 나머지 $(k-1)$개의 독립변수 중에서 $x_{(1)}$과 더불어 회귀모형에 포함될 때 결정계수가 가장 큰 독립변수를 선택한다. 이를 $x_{(2)}$라 하자.

④ 이제는 단계 ②에서와 같은 방법으로 독립변수 $x_{(2)}$의 회귀계수 $\beta_{(2)}$에 대한 유의성 검정을 한다. 그 결과 유의하지 않다면 독립변수 $x_{(2)}$을 회귀모형에 포함하지 않고 앞에서 선정된 하나의 독립변수 $x_{(1)}$만을 선택한 채 변수선택과정을 종료한다. 만일 $\beta_{(2)}$에 대한 유의성 검정이 유의하다고 판단되었다면, 독립변수 $x_{(2)}$도 회귀모형에 포함하고 다음 단계로 넘어 간다.

이러한 과정을 더 이상 회귀모형에 포함될 유의한 독립변수가 없을 때까지 진행하여 독립변수를 선택하게 된다.

(2) 후진소거법

전진선택법과는 반대의 방법이 **후진소거법**(backward elimination method)이다. 이 방법은 전체 k개의 후보 독립변수 모두를 포함하는 회귀모형을 먼저 추정한 후, 기여도가 낮은 순서대로 하나씩 독립변수를 제거하는 방법이다. 이 방법은 회귀모형에서 더 이상 제외할 독립변수가 없을 때까지 계속된다. 후진소거법도 간편하다는 과정상의 장점은 있으나 언제나 최선의 선택결과를 보장할 수는 없다는 단점이 있다.

(3) 단계적 회귀

단계적 회귀(stepwise regression)는 변수선택과정의 계산을 줄이기 위하여 고안된 방법이다. 단계적 회귀는 앞에서 언급한 전진선택법과 후진소거법을 혼합한 방법이라 할 수 있는데, 이 방법에 의하여 추정된 회귀모형은 항상 최선의 모형이 된다고 보장할 수는 없지만, 적어도 최선에 버금가는 또는 실용적으로 최선과 별 차이가 없는 정도의 회귀모형이라 할 수 있다.

이 방법의 특징은 선택의 대상이 되는 여러 개의 독립변수 중에서 종속변수에 대한 기여도가 가장 높은 독립변수를 선택하여 하나씩 모형에 추가하는 전진선택법의 기능, 그리고 새로운 독립변수가 추가될 때마다 이미 선정된 독립변수의 기여도를 재검토하여 적정 수준이하로 떨어진 것이 있으면 회귀모형에서 제거하는 후진소거법의 기능을 동시에 수행한다는 것이다. 이상의 단계적 변수선택방법의 과정은 다음과 같이 정리된다.

① 전진선택법에서와 마찬가지로 모든 독립변수에 대하여 개별적으로 다음과 같이 종속변수 y와 단순회귀모형을 추정한다.

$$y = \beta_0 + \beta_1 x_1 + \epsilon, \quad \cdots\cdots, \quad y = \beta_0 + \beta_k x_k + \epsilon$$

이와 같이 k개의 독립변수 각각에 대하여 k개의 단순회귀모형을 추정한 후, 결정계수 R^2가 가장 큰 또는 β_j의 t값이 가장 큰 모형의 독립변수 x_j를 선택한다. 즉 하나의 독립변수로서 y에 기여도가 가장 높은 변수를 제일 먼저 선택한다.

② 이미 선택된 변수들을 제외한 나머지 변수 중에서 새로이 회귀모형에 추가될 때, 기여도가 가장 높은 변수를 선택한다. 이를 $x(q)$라 하자.

③ 만약 $x(q)$에 대한 β의 p값이 주어진 기준값 PIN보다 작으면 $x(q)$를 새로운 독립변수로서 모형에 추가하고, 또한 p값이 주어진 기준값보다 크면 $x(q)$를 모형에 추가하지 않은 상태에서 변수선택과정을 중단한다. 여기서 $x(q)$가 모형에 추가되는 경우에는 이미 선택된 변수들의 p값을 조사하여, 또 다른 기준값 $POUT$보다 큰 변수가 생기면 이를 제거한다.

④ 새롭게 추가 또는 삭제되는 변수가 없을 때까지 이상의 ②와 ③의 과정을 반복한 후 변수선택과정을 마감한다.

여기서의 기준값 PIN 및 $POUT$은 각 변수를 선택할 때와 제거할 때의 유의수준 값으로 분석자에 의하여 주어진다. 경우에 따라서는 유의수준 p값을 기준으로 하는 PIN 또는 $POUT$ 대신에 F값을 기준으로 하는 FIN과 $FOUT$이 사용되기도 한다. 미니탭에서는 기준값을 특별히 명시하지 않으면 FIN과 $FOUT$ 모두를 4로 간주하여 변수를 선택한다.

〔예제 6-1〕 다음의 자료에 단계적 회귀를 적용하여 각 단계별 회귀모형 및 최종모형을 추정하시오.

y	79	74	104	88	96	109	103	73	93	116	84	113	109
x_1	7	1	11	11	7	11	3	1	2	21	1	11	10
x_2	26	29	56	31	52	55	71	31	54	47	40	66	68
x_3	6	15	8	8	6	9	17	22	18	4	23	9	8
x_4	60	52	20	47	33	22	6	44	22	26	34	12	12

☞ 먼저 미니탭을 이용하여 단계적 회귀를 적용한 결과는 다음과 같다.

세션

단계적 회귀: y 대 x1, x2, x3, x4

4개의 예측변수 (N = 13) 에서 반응은 y입니다.

단계	1	2	3	4
상수	117.31	102.88	72.63	53.18
x4	-0.728	-0.604	-0.241	
T-값	-4.74	-12.94	-1.45	
P-값	0.001	0.000	0.180	
x1		1.44	1.45	1.46
T-값		10.80	12.90	12.44
P-값		0.000	0.000	0.000
x2			0.400	0.651
T-값			2.25	14.65
P-값			0.051	0.000
	8.91	2.62	2.21	2.33
R-제곱	67.13	97.41	98.34	97.95
R-제곱(수정)	64.14	96.89	97.79	97.54
Mallows C-p	151.2	5.6	3.1	3.0

앞의 결과물로부터 4단계까지의 단계별 추정 결과를 정리하면 다음과 같다.

단계	추정 모형	R^2	변수	t값	$\overline{R}^2$
1	$\hat{y} = 117.31 - 0.728\,x_4$	.6713	x_4 추가	−4.74	.6414
2	$\hat{y} = 102.88 - 0.604\,x_4 + 1.44\,x_1$	.9741	x_1 추가	10.80	.9689
3	$\hat{y} = 72.63 - 0.241\,x_4 + 1.45\,x_1 + 0.400x_2$	.9834	x_2 추가	2.25	.9779
4	$\hat{y} = 53.18 + 1.46\,x_1 + 0.651x_2$	.9795	x_4 제거	−1.45	.9754

별도의 명령이 없었으므로 미니탭에서 *FIN*과 *FOUT* 값을 모두 4로 하여 변수 선택을 수행한 결과이다. 결과물에서 각 변수의 t값을 제곱하면 F값이 되는데, 제3단계까지 추가되는 변수들의 t값 제곱이 모두 *FIN*값인 4보다 컸으므로 선택되었다. 또한 매 단계마다 이미 선택되었던 변수들도 모두 t값의 제곱이 여전히 *FOUT*값인 4보다 컸으므로 제거되지 않았다. 그러나 마지막 제4단계에서는 x_4의 F값, 즉 t값의 제곱이 2.1025로 4보다 작아져서 제거되었다. 따라서 단계적 회귀에 의하여 최종적으로 추정된 회귀모형은 다음과 같다.

$$\hat{y} = 53.18 + 1.46x_1 + 0.651x_2$$

한편 여기서 변수의 선택이나 제거는 *FIN*과 *FOUT*에 따라 달라질 수 있다. 예를 들어 *FOUT*을 1을 기준으로 한다면 제4단계에서 x_4가 제거되지 않게 된다.

또한 위 표의 가장 오른쪽 열에는 앞의 결정계수에서 설명한 바 있는 수정된 결정계수인 $\overline{R}^2$를 보여준다. 제3단계와 4단계의 회귀모형은 $\overline{R}^2$가 각각 0.9779와 0.9754로 거의 차이가 없다. 그러나 제4단계에서의 모형은 독립변수의 수가 하나 줄어들게 되어 $\overline{R}^2$가 조금 작더라도 이 모형을 선호할 수 있겠다. ■

(4) 모든 가능한 회귀

끝으로 **모든 가능한 회귀**(all possible regressions)란 가능한 회귀모형을 모두 추정한 후 가장 최선의 회귀모형을 선택하는 방법이다. 예를 들어 독립변수가 5개인 경우에는 모든 가능한 수의 회귀모형이 $2^5 = 32$개가 존재하는데, 이를 모두 검토하여 가장 좋은 회귀모형을 찾아내는 방법이 모든 가능한 회귀인 것이다. 따라서 이 방법만이 항상 최선의 회귀모형을 도출할 수 있게 된다. 한편 독립변수의 수가 큰 경우에는 모든 가능한 경우의 수가 너무 커질 수도 있겠으나, 미니탭 등 통계패키지에서는 이를 효과적으로 처리하고 있어 문제가 되지 않는다.

결론적으로 이 장에서 다룬 독립변수 선택과 관련해서는 모든 가능한 회귀를 통하여 앞에서 언급한 바 있는 결정계수, 수정된 결정계수, 평균제곱오차 및 맬로우 C_p 통계량 등의 선택기준을 종합적으로 적용하여 독립변수를 선택하는 것이 가장 최선이라고 하겠다.

〔예제 6-2〕 앞의 [예제 6-1]의 자료에 모든 가능한 회귀를 적용하여 회귀모형을 추정하시오.

☞ 미니탭을 이용하여 모든 가능한 회귀를 적용한 결과는 다음과 같다.

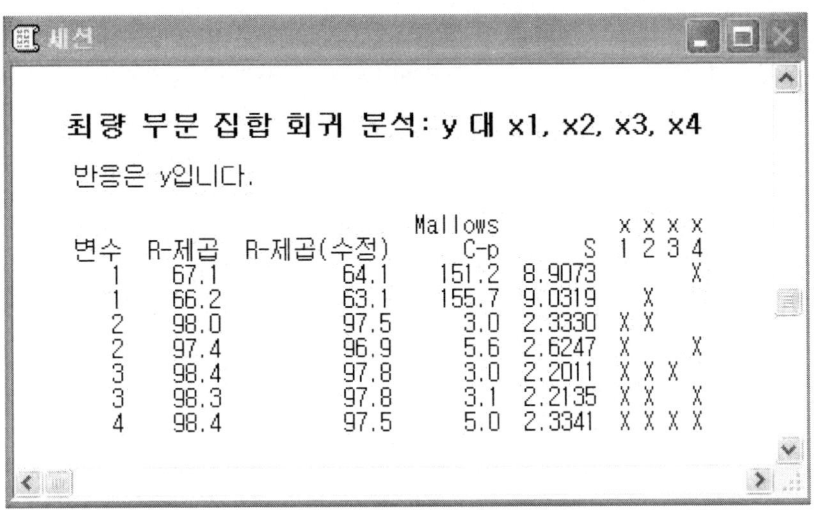

최량 부분 집합 회귀 분석: y 대 x1, x2, x3, x4

반응은 y입니다.

변수	R-제곱	R-제곱(수정)	Mallows C-p	S	x 1	x 2	x 3	x 4
1	67.1	64.1	151.2	8.9073				X
1	66.2	63.1	155.7	9.0319		X		
2	98.0	97.5	3.0	2.3330	X	X		
2	97.4	96.9	5.6	2.6247	X			X
3	98.4	97.8	3.0	2.2011	X	X	X	
3	98.3	97.8	3.1	2.2135	X	X		X
4	98.4	97.5	5.0	2.3341	X	X	X	X

제2절에서 다룬 독립변수의 선택기준인 결정계수, 수정된 결정계수, 평균제곱오차 및 맬로우 C_p 통계량 등을 종합적으로 고려할 때, 최적의 회귀모형은 앞의 결과물에서 세 번째 행, 즉 x_1과 x_2를 포함하는 다음의 모형이 된다.

$$\hat{y} = 53.18 + 1.46x_1 + 0.651x_2$$

이 결과는 앞의 [예제 6-1]의 단계적 회귀의 결과와 동일한 것으로 나타났으나, 두 방법이 언제나 동일한 결과를 보장하지는 않는다는 점에 대해서는 앞에서 언급한 바 있다. ■

제4절 요약

1. 부적절한 변수선택의 결과

▶ 필요한 독립변수가 포함되지 않은 경우

→ 회귀모형의 설명력을 떨어뜨리며 분석의 결론이 달라질 수 있음

▶ 불필요한 독립변수가 포함된 경우

→ 추정량의 분산이 커지며 다공선성 등을 유발할 수 있음

2. 독립변수의 선택기준

- ▶ 결정계수 : $R^2 = \dfrac{SSR}{SST} = 1 - \dfrac{SSE}{SST}$
- ▶ 수정된 결정계수 : $\overline{R}^2 = 1 - \dfrac{n-1}{n-k-1}(1-R^2)$
- ▶ 평균제곱오차 : $MSE_k = \dfrac{SSE_k}{n-k-1}$
- ▶ 맬로우 C_p 통계량 : $C_p = \dfrac{SSE_p}{\hat{\sigma}^2} - n + 2(p+1)$

3. 독립변수의 선택방법

- ▶ 전진선택법 : 전체 k개의 후보 독립변수 중에서 가장 기여도가 높은 순서대로 하나씩 선택하는 방법
- ▶ 후진소거법 : 전체 k개의 독립변수 모두를 포함하는 회귀모형에서 기여도가 낮은 순서대로 하나씩 제거하는 방법
- ▶ 단계적 회귀 : 전진선택법과 후진소거법을 혼합한 방법으로 독립변수를 기여도가 높은 순서대로 하나씩 모형에 추가하되, 이미 선정된 독립변수라도 기여도가 적정 수준 이하로 떨어지면 제거하는 방법
- ▶ 모든 가능한 회귀 : 가능한 회귀모형을 모두 추정한 후 가장 최선의 모형을 선택하는 방법으로 항상 최선의 결과를 보장함

■ 연습문제

[6.1] 다음 문장을 읽고 옳으면 '○'표, 또한 틀리면 '×'표를 한 후 틀린 곳을 바르게 고치시오.

a) 회귀모형에 필요한 독립변수가 포함되지 않는다면 회귀계수 추정량의 분산이 커지게 된다.

b) 불필요한 독립변수가 회귀모형에 포함된다면 다공선성의 유발 등 나쁜 영향을 미칠 수 있다.

c) 독립변수들의 선택기준으로 결정계수를 이용하는 경우에는 R^2를 최대로 만드는 변수조합을 찾으면 된다.

d) 독립변수들의 선택기준으로 수정된 결정계수 또는 평균제곱오차를 이용하는 경우, 두 결과가 항상 일치하는 것은 아니다.

e) 회귀모형에 포함되어 있는 네 개의 독립변수가 모두 적절한 것이라면 이 경우의 맬로우 C_p 통계량의 값은 5에 가깝게 나타난다.

f) 전진선택법과 후진소거법에 의한 독립변수의 선택결과가 항상 일치하는 것은 아니다.

g) 단계적 회귀 방법에 의하여 도출된 회귀모형은 항상 최선이다.

h) 단계적 회귀 방법으로 만들어진 회귀모형에서 처음 선택된 독립변수가 제일 기여도가 높다.

i) 모든 가능한 회귀에 의한 방법이 다른 독립변수 선택방법에 비하여 항상 최선이라는 보장은 없다.

j) 모든 가능한 회귀 방법을 적용하는 경우 독립변수의 수가 7개라면 모두 128개의 회귀모형을 검토하게 된다.

[6.2] 다음은 어느 의류 매장의 방문고객수, 경쟁매장수, 매장점원수 및 국민소비성향지수에 따른 월간 매출액을 나타내고 있다.

매 출 액(C1) :	58	179	142	179	125	157	10	271	139	318	148	65	217	86	134
방문고객(C2) :	29	53	65	48	36	69	28	54	40	71	58	42	48	37	53
경쟁매장(C3) :	7	5	9	4	5	9	9	2	5	2	8	9	3	7	7
매장점원(C4) :	10	8	11	18	17	19	10	12	6	18	9	14	8	6	6
소비성향(C5) :	5	2	7	2	2	2	7	8	3	6	5	4	5	4	3

위 자료의 단계적 회귀모형 추정결과가 다음과 같을 때, 아래 물음에 답하시오.

```
세션

4개의 예측변수 (N = 15) 에서 반응은 C1입니다.

단계                 1       2       3
상수            299.35  106.38   97.28

C3              -24.86  -22.05  -21.96
T-값             -4.68  -28.76  -36.17
P-값             0.000   0.000   0.000

C2                        3.61    3.59
T-값                     24.99   31.41
P-값                     0.000   0.000

C5                                2.17
T-값                              2.86
P-값                             0.015

                  50.6    7.23    5.72
R-제곱           62.78   99.30   99.60
R-제곱(수정)     59.92   99.18   99.49
Mallows C-p      923.2     8.6     3.1
```

a) 각 단계별 회귀모형을 추정하시오.

b) 최종 회귀모형을 구하시오.

[6.3] 아래의 결과물을 참조하여 물음에 답하시오.

세션

반응은 y입니다.

변수	R-제곱	Mallows C-p	MSE	SSE	X 1	X 2	X 3	X 4
0	0.00	1721.6	0.0750	3.9728				
1	12.0	1510.8	0.0672	3.4961	X			
1	35.2	1100.1	0.0495	2.5763		X		
1	44.2	939.0	0.0426	2.2153			X	
1	52.7	788.2	0.0361	1.8776				X
2	43.8	948.7	0.0438	2.2325	X	X		
2	64.6	580.2	0.0276	1.4072	X		X	
2	52.8	789.4	0.0368	1.8757	X			X
2	81.3	283.7	0.0146	0.7430		X	X	
2	65.0	573.5	0.0273	1.3922		X		X
2	68.7	507.9	0.0244	1.2453			X	X
3	97.2	3.1	0.0022	0.1099	X	X	X	
3	65.0	574.8	0.0278	1.3905	X	X		X
3	71.9	452.0	0.0223	1.1156	X		X	X
3	88.3	161.7	0.0093	0.4652		X	X	X
4	97.2	5.0	0.0022	0.1098	X	X	X	X

a) 최적 모형의 변수조합을 선택하고, 그 기준을 밝히시오.

b) 전진선택법에 의한 최적의 변수 수가 세 개라고 가정할 때, 차례로 각 단계에서 선택되는 독립변수를 밝히고 그 선택이유를 설명하시오.

[6.4] 다음 자료에 네 가지 독립변수 선택방법을 적용한 후 선택된 결과를 비교하시오.

y :	79	200	163	200	178	146	31	292	160	339	160	86	237	107	155
x_1 :	10	8	12	7	12	8	12	5	8	5	11	12	6	10	10
x_2 :	8	6	9	16	17	15	8	10	4	16	7	12	6	4	4
x_3 :	11	5	16	6	6	6	16	18	8	13	11	10	12	10	7

[6.5] 다음은 6개의 독립변수로 설정된 회귀모형에서 모든 가능한 회귀 방법을 적용하여 얻어진 결과물을 요약한 것이다. 결과물을 참조하여 최선의 변수조합을 선택하고 그 선택의 이유를 밝히시오.

세션

최량 부분 집합 회귀 분석: y 대 x1, x2, x3, x4, x5, x6

반응은 y입니다.

변수	R-제곱	R-제곱(수정)	Mallows C-p	x 1	x 2	x 3	x 4	x 5	x 6
1	74.3	73.4	13.70		X				
2	76.4	74.7	12.40		X	X			
3	81.1	79.0	6.97		X	X		X	
4	83.7	81.2	4.88		X	X		X	X
5	84.8	81.8	5.11		X	X	X	X	X
6	84.9	81.1	7.00	X	X	X	X	X	X

7

다항회귀모형

제 7 장 다항회귀모형

이제까지 종속변수와 독립변수간의 관계를 선형으로 가정하고 회귀분석을 다루었다. 그러나 여기서는 종속변수와 독립변수가 다음의 <그림 7-1>에서 보는 바와 같이 선형관계가 아닌 비선형인 경우의 회귀분석을 고려해 본다.

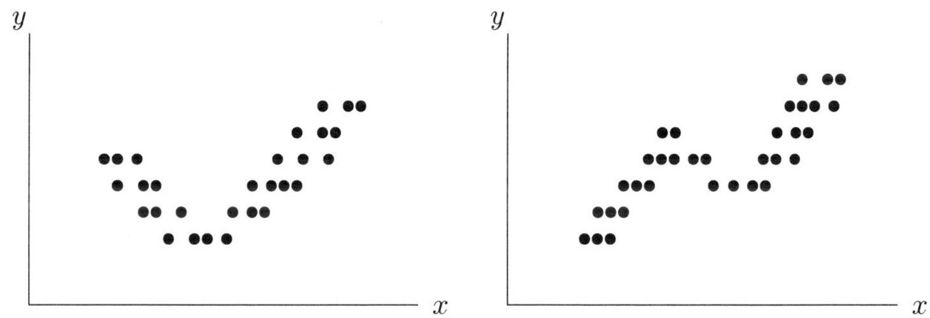

〈그림 7-1〉 종속변수와 독립변수의 비선형관계

이와 같은 종속변수와 독립변수간의 비선형관계에 있어 앞의 제4장 3절에서는 적절한 변환을 통하여 선형관계로 변환한 후 회귀모형을 추정하는 방법을 다루었다. 그러나 모든 비선형관계가 선형관계로의 전환이 가능한 것은 아니다. 따라서 이 경우에는 비선형관계를 가정한 회귀모형이 설정되어야 하는데, 이러한 회귀모형을 **다항회귀모형**(polynomial regression model)이라 한다. 따라서 이 장에서는 종속변수와 독립변수 사이에 선형관계가 아닌 비선형관계가 성립한다는 가정 하에 회귀모형을 추정하는 다항회귀에 대하여 고려해 본다.

제1절에서는 독립변수가 하나인 경우의 다항회귀모형을 다룬다. 먼저 가장 간단

한 경우라 할 수 있는 2차 다항회귀모형을 다루고, 이를 k차 다항회귀모형으로 확장해본다. 제2절에서는 다항회귀모형을 다루는데 가장 중요한 문제의 하나인 모형의 최고 차수를 결정하는 문제에 대하여 알아본다. 제3절에서는 다항회귀모형을 독립변수가 두 개인 경우로 확장해보고, 제4절에서는 최적점의 추정문제를 다루기로 한다.

제1절 독립변수가 하나인 다항회귀모형

종속변수와 독립변수 사이의 비선형관계를 나타내는 회귀모형 중에서 가장 간단한 경우가 다음과 같이 2차식으로 가정되는 경우인데, 이를 2차 다항회귀모형이라고 한다.

$$y_i = \beta_0 + \beta_1 x_i + \beta_2 x_i^2 + \epsilon_i$$

여기서 회귀계수 β_1과 β_2는 각각 **선형효과모수**(linear effect parameter)와 **이차효과모수**(quadratic effect parameter)를 의미한다. 오차항에 대한 가정사항은 다중회귀모형의 경우와 동일하다. 한편 위 다항회귀모형에 기대값을 취하면 다음과 같은 **반응함수**(response function)를 얻는다.

$$E(y_i) = \beta_0 + \beta_1 x_i + \beta_2 x_i^2$$

그러면 2차 다항회귀모형을 확장하여 독립변수가 하나인 경우의 k차 다항회귀모형을 설정하면 다음과 같음을 알 수 있다.

$$y_i = \beta_0 + \beta_1 x_i + \beta_2 x_i^2 + \cdots + \beta_k x_i^k + \epsilon_i$$

이제 이러한 다항회귀모형의 추정문제를 알아보기로 한다. 이를 위하여 먼저 앞에서 다룬 독립변수가 하나인 경우의 k차 다항회귀모형과 다음과 같이 독립변수가 k개인 다중회귀모형을 비교해 보기로 한다.

$$y_i = \beta_0 + \beta_1 x_{1i} + \beta_2 x_{2i} + \cdots + \beta_k x_{ki} + \epsilon_i$$

그러면 다항회귀모형과 다중회귀모형 사이에는 다음과 같은 관계가 성립함을 알 수 있다.

$$x_{ji} = x_i^{\,j}\,, \quad j = 1, \ldots, k$$

따라서 다항회귀모형에서 회귀계수를 추정하기 위한 행렬 X를 다음과 같이 구성한다면 다항회귀모형의 추정문제가 다중회귀모형의 경우와 완전히 일치하게 된다.

$$X = \begin{bmatrix} 1 & x_{11} & x_{21} & \ldots & x_{k1} \\ 1 & x_{12} & x_{22} & \cdots & x_{k2} \\ \vdots & \vdots & \vdots & & \vdots \\ 1 & x_{1n} & x_{2n} & \cdots & x_{kn} \end{bmatrix} = \begin{bmatrix} 1 & x_1 & x_1^2 & \ldots & x_1^k \\ 1 & x_2 & x_2^2 & \cdots & x_2^k \\ \vdots & \vdots & \vdots & & \vdots \\ 1 & x_n & x_n^2 & \cdots & x_n^k \end{bmatrix}$$

즉 k차 다항회귀모형의 추정은 독립변수의 수가 k개인 다중회귀모형의 추정문제와 동일하게 되어 다음의 회귀계수 추정량을 얻게 된다.

$$b = \begin{bmatrix} b_0 \\ b_1 \\ \vdots \\ b_k \end{bmatrix} = (X'X)^{-1}X'y$$

따라서 k차 다항회귀모형의 반응함수는 다음과 같이 추정된다.

$$\hat{y}_i = b_0 + b_1 x_i + b_2 x_i^2 + \cdots + b_k x_i^k$$

제2절 차수의 결정

앞에서 k차 다항회귀모형은 독립변수의 수가 k개인 다중회귀모형으로 간주하고 추정할 수 있음을 언급하였다. 그러면 다중회귀모형에서 독립변수의 수가 중요한 문제이듯 다항회귀모형에서는 최고차수 항의 차수를 결정하는 것이 중요한 문제가 될 것이다. 다항회귀모형의 차수를 결정함에 있어 한 가지 유의할 사항은 가급적 차수를 낮게 유지해야 한다는 것이다. 여기에는 여러 가지 이유가 있겠으나, 다항회귀모형은 일반적으로 다공선성에서 자유롭지 못하기 때문이며 또한 차수가 높은 경우 현실적인 의미가 희박해지기 때문이기도 하다.

다항회귀모형의 차수는 자료의 산점도로부터 어느 정도는 예측될 수 있다. 그러나 산점도를 통하여 다항회귀모형의 차수를 정확히 결정할 수 없을 때에는 다른 방법을 병행하여 차수를 결정하도록 해야 할 것이다. 따라서 여기서는 다항회귀모형의 차수를 결정하는데 가장 일반적으로 적용되고 있는 **전진선택법**(forward selection method)에 의한 차수 결정과정을 알아보기로 한다. 전진선택방법이란 먼저 1차 다항회귀모형에서 출발하여 상황에 따라 차수를 하나씩 높여 가는 방법인데, 일반적으로 다음의 절차를 따르게 된다.

[단계 1] 먼저 다음과 같은 1차 다항회귀모형을 가정하고 추정한다.

$$y_i = \beta_0 + \beta_1 x_i + \epsilon_i$$

추정된 회귀모형으로부터 1차항 회귀계수에 대한 다음의 가설을 검정한다.

$$\begin{cases} H_0 : \beta_1 = 0 \\ H_1 : \beta_1 \neq 0 \end{cases}$$

만약 위의 귀무가설이 채택되면 여기서 분석과정이 종료되며, 귀무가설이 기각되는 경우에는 다음 단계로 2차 다항회귀모형을 추정한다.

[단계 2] 앞의 단계에서 1차항 회귀계수에 대한 귀무가설이 기각된 경우에는 다음과 같이 2차 다항회귀모형을 가정하고 추정한다.

$$y_i = \beta_0 + \beta_1 x_i + \beta_2 x_i^2 + \epsilon_i$$

추정된 2차 다항회귀모형으로부터 2차항 회귀계수에 대한 유의성을 검정한다.

$$\begin{cases} H_0 : \beta_2 = 0 \\ H_1 : \beta_2 \neq 0 \end{cases}$$

만약 위의 귀무가설이 채택되면 여기서 분석과정이 종료되며 최적 차수는 1차가 된다. 그러나 귀무가설이 기각된다면 다음 단계로 3차 다항회귀모형을 추정한다.

[단계 3] 앞의 단계에서 2차항 회귀계수에 대한 귀무가설이 기각된 경우에는 다음과 같이 3차 다항회귀모형을 가정하고 추정한다.

$$y_i = \beta_0 + \beta_1 x_i + \beta_2 x_i^2 + \beta_3 x_i^3 + \epsilon_i$$

추정된 3차 회귀모형으로부터 3차항 회귀계수에 대한 다음의 가설을 검정한다.

$$\begin{cases} H_0 : \beta_3 = 0 \\ H_1 : \beta_3 \neq 0 \end{cases}$$

만약 위의 귀무가설이 채택되면 여기서 분석과정이 종료되어 최적의 차수는 2차가 된다. 그러나 귀무가설이 기각되는 경우에는 여기서의 모형보다 한 차수 높은 4차 다항회귀모형을 새로 추정하게 된다.

이러한 과정을 반복하며 최적의 차수를 결정하게 되는데, 결론적으로 전진선택방법에 의한 차수 결정은 최고 차수를 하나씩 높여가며 그 유의성을 단계적으로 검토해보는 것이라고 하겠다.

〔예제 7-1〕 다음의 자동차의 평균주행속도에 따른 연비를 조사한 자료이다. 적절한 차수의 다항회귀모형을 추정하시오.

연　　비 :	32	30	38	41	47	48	51	50	46	49	40	43
주행속도 :	35	35	40	40	45	45	50	50	55	55	60	60

☞ 먼저 연비를 종속변수 그리고 평균주행속도를 독립변수로 하여 1차 다항회귀모형을 추정한 결과는 다음과 같다.

$$\hat{y}_i = 21.338 + 0.4543 x_i$$

세션

예측 변수	계수	SE 계수	T	P
상수	21.338	9.602	2.22	0.050
x	0.4543	0.1990	2.28	0.046

위의 결과에서 1차항 회귀계수에 대한 다음의 가설은 기각되므로, 다음의 단계인 2차 다항회귀모형을 추정한다.

$$\begin{cases} H_0 : \beta_1 = 0 \\ H_1 : \beta_1 \neq 0 \end{cases}$$

그러면 2차 다항회귀모형을 추정한 결과는 다음과 같다.

$$\hat{y}_i = -160.35 + 8.3596 x_i - 0.083214 x_i^2$$

세션

예측 변수	계수	SE 계수	T	P
상수	-160.35	16.43	-9.76	0.000
x	8.3596	0.7080	11.81	0.000
xx	-0.083214	0.007431	-11.20	0.000

회귀계수에 대한 다음의 가설이 기각되므로, 다시 3차 다항회귀모형을 추정한다.

$$\begin{cases} H_0 : \beta_2 = 0 \\ H_1 : \beta_2 \neq 0 \end{cases}$$

다음은 3차 다항회귀모형에 대한 추정결과이다.

$$\hat{y}_i = -44.2 + 0.733\,x_i + 0.0804\,x_i^2 - 0.001148\,x_i^3$$

세션

예측 변수	계수	SE 계수	T	P
상수	-44.2	115.0	-0.38	0.711
x	0.733	7.509	0.10	0.925
xx	0.0804	0.1605	0.50	0.630
xxx	-0.001148	0.001125	-1.02	0.338

추정된 3차 회귀모형으로부터 3차항 회귀계수에 대한 다음의 가설이 채택됨을 알 수 있다.

$$\begin{cases} H_0 : \beta_3 = 0 \\ H_1 : \beta_3 \neq 0 \end{cases}$$

따라서 이 자료에 대한 회귀모형은 최종적으로 2차 다항회귀모형이 적절한 것으로 판단한다. ■

제3절 독립변수가 두 개인 다항회귀모형

이제 앞에서 다룬 다항회귀모형을 독립변수의 수가 두 개인 경우로 확장하여 보기로 한다. 먼저 가장 간단한 경우로서 독립변수가 두 개인 경우의 2차 다항회귀모형을 설정하면 다음과 같다.

$$y = \beta_0 + \beta_1 x_1 + \beta_2 x_2 + \beta_{11} x_1^2 + \beta_{22} x_2^2 + \beta_{12} x_1 x_2 + \epsilon$$

여기서 회귀계수 β_1과 β_2는 각각 **선형효과모수**(linear effect parameter), 또한 β_{11}과 β_{22}는 **2차효과모수**(quadratic effect parameter) 그리고 β_{12}는 **상호작용효과모수**(interaction effect parameter)가 된다. 이 때의 다항회귀모형에서 반응함수를 구하면 다음과 같은데, 이를 특히 **반응표면**(response function)이라고 한다.

$$E(y) = \beta_0 + \beta_1 x_1 + \beta_2 x_2 + \beta_{11} x_1^2 + \beta_{22} x_2^2 + \beta_{12} x_1 x_2$$

이제 독립변수가 두 개인 2차 다항회귀모형의 추정문제를 다루기로 한다. 먼저 위의 독립변수가 두 개인 2차 다항회귀모형에서 다음의 치환을 고려해 본다.

$$\beta_3 = \beta_{11}, \ \beta_4 = \beta_{22}, \ \beta_5 = \beta_{12}$$

$$x_3 = x_1^2, \quad x_4 = x_2^2, \quad x_5 = x_1 x_2$$

그러면 독립변수가 두 개인 2차 다항회귀모형도 독립변수가 하나인 경우와 마찬가지로 다음의 일반적인 다중회귀모형과 같아지게 된다.

$$y = \beta_0 + \beta_1 x_1 + \beta_2 x_2 + \beta_3 x_3 + \beta_4 x_4 + \beta_5 x_5 + \epsilon$$

그러므로 이 경우의 회귀계수 추정을 위한 행렬 X는 다음과 같이 구성된다.

$$X = \begin{bmatrix} 1 & x_{11} & x_{21} & x_{31} & x_{41} & x_{51} \\ 1 & x_{12} & x_{22} & x_{32} & x_{42} & x_{52} \\ \vdots & \vdots & \vdots & \vdots & \vdots & \vdots \\ 1 & x_{1n} & x_{2n} & x_{3n} & x_{4n} & x_{5n} \end{bmatrix} = \begin{bmatrix} 1 & x_{11} & x_{21} & x_{11}^2 & x_{21}^2 & x_{11}x_{21} \\ 1 & x_{12} & x_{22} & x_{12}^2 & x_{22}^2 & x_{12}x_{22} \\ \vdots & \vdots & \vdots & \vdots & \vdots & \vdots \\ 1 & x_{1n} & x_{2n} & x_{1n}^2 & x_{2n}^2 & x_{1n}x_{2n} \end{bmatrix}$$

이상의 과정을 통하여 독립변수가 두 개인 2차 다항회귀모형의 회귀계수 추정량을 다음과 같이 얻게 된다.

$$b = \begin{bmatrix} b_0 \\ b_1 \\ b_2 \\ b_3 \\ b_4 \\ b_5 \end{bmatrix} = \begin{bmatrix} b_0 \\ b_1 \\ b_2 \\ b_{11} \\ b_{22} \\ b_{12} \end{bmatrix} = (X'X)^{-1}X'y$$

따라서 독립변수가 두 개인 경우의 상호작용효과를 포함하는 2차 다항회귀모형의 추정결과는 다음과 같다.

$$\hat{y} = b_0 + b_1x_1 + b_2x_2 + b_{11}x_1^2 + b_{22}x_2^2 + b_{12}x_1x_2$$

〔예제 7-2〕 다음은 어떤 신용카드 회사에서 18명의 고객을 대상으로 카드이용금액 y가 월수입 x_1과 이용횟수 x_2에 따라 어떠한 영향을 받고 있는지를 조사한 자료이다.

y :	140	45	180	60	90	10	35	35	190	35	75	70	55	10	40	175	95	95
x_1 :	47	29	52	32	40	19	27	25	54	26	38	32	32	21	27	56	37	39
x_2 :	7	5	10	6	4	5	4	6	9	5	2	7	4	3	5	1	8	6

여기서 상호작용효과를 포함하는 2차 다항회귀모형을 가정하고 추정하시오.

☞ ① 카드이용금액을 종속변수 그리고 월수입과 이용횟수를 독립변수로 하여 다음의 2차 다항회귀모형을 추정한 결과는 다음과 같다.

$$E(y) = \beta_0 + \beta_1 x_1 + \beta_2 x_2 + \beta_{11} x_1^2 + \beta_{22} x_2^2 + \beta_{12} x_1 x_2$$

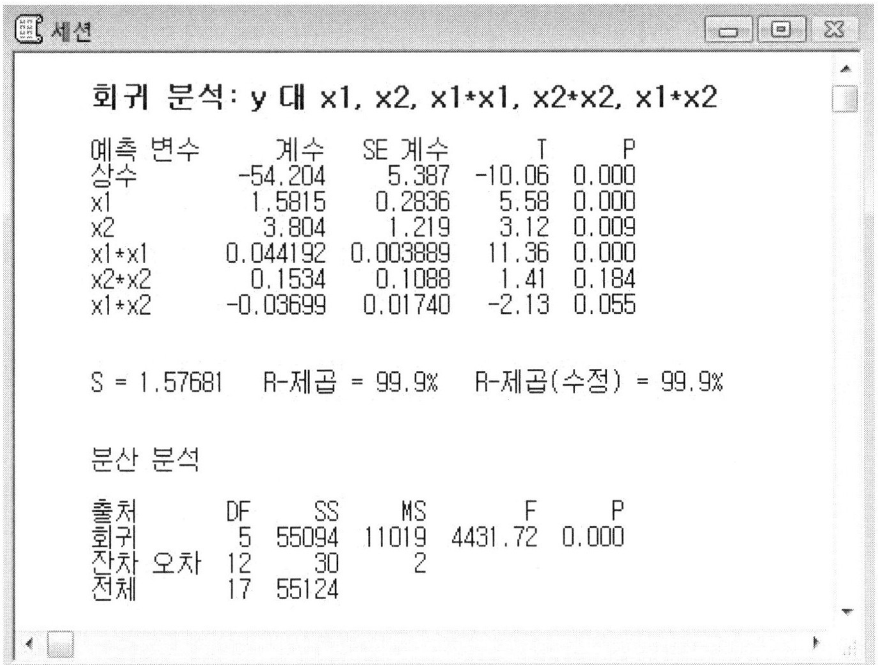

세션

회귀 분석: y 대 x1, x2, x1*x1, x2*x2, x1*x2

예측 변수	계수	SE 계수	T	P
상수	-54.204	5.387	-10.06	0.000
x1	1.5815	0.2836	5.58	0.000
x2	3.804	1.219	3.12	0.009
x1*x1	0.044192	0.003889	11.36	0.000
x2*x2	0.1534	0.1088	1.41	0.184
x1*x2	-0.03699	0.01740	-2.13	0.055

S = 1.57681 R-제곱 = 99.9% R-제곱(수정) = 99.9%

분산 분석

출처	DF	SS	MS	F	P
회귀	5	55094	11019	4431.72	0.000
잔차 오차	12	30	2		
전체	17	55124			

위의 결과를 보면 회귀모형은 유의적이고 또한 추정된 모형의 설명력도 크다고 할 수 있으나, 회귀계수에 대한 유의성 검정 부분에서 x_2의 2차항과 상호

작용항이 유의하지 못한 것으로 나타났다. 이 경우 가장 유의성이 작은, 즉 가장 p값이 더 크게 나온 x_2의 2차항을 먼저 제거하는 것이 일반적인 절차이겠으나, 여기서는 다항회귀모형의 특성상 상호작용항을 먼저 제외하고 다시 회귀모형을 추정하기로 한다.

② 앞에서 유의하지 못한 것으로 판명된 상호작용항을 제외한 후 다시 카드이용금액을 종속변수 그리고 월수입과 이용횟수를 독립변수로 하여 아래의 2차 다항회귀모형을 추정한 결과는 다음과 같다.

$$E(y) = \beta_0 + \beta_1 x_1 + \beta_2 x_2 + \beta_{11} x_1^2 + \beta_{22} x_2^2$$

세션

회귀 분석: y 대 x1, x2, x1*x1, x2*x2

예측 변수	계수	SE 계수	T	P
상수	-48.493	5.263	-9.21	0.000
x1	1.4381	0.3105	4.63	0.000
x2	2.764	1.259	2.20	0.047
x1*x1	0.044127	0.004384	10.07	0.000
x2*x2	0.0879	0.1176	0.75	0.468

S = 1.77741 R-제곱 = 99.9% R-제곱(수정) = 99.9%

분산 분석

출처	DF	SS	MS	F	P
회귀	4	55083	13771	4358.92	0.000
잔차 오차	13	41	3		
전체	17	55124			

역시 회귀모형의 유의성과 모형의 설명력은 높게 나타났으나, 위의 결과 중 회귀계수에 대한 유의성 검정 부분에서 x_2의 2차항이 여전히 유의하지 못함을

알 수 있다. 따라서 모형에서 x_2^2항을 제외하고 다시 회귀모형을 추정한다.

③ 카드이용금액을 종속변수 그리고 월수입과 이용횟수를 독립변수로 하되, 유의하지 않은 x_2의 2차항은 제외하고 월수입 x_1의 2차항만을 포함하는 다음의 2차 다항회귀모형을 추정한 결과는 다음과 같다.

$$E(y) = \beta_0 + \beta_1 x_1 + \beta_2 x_2 + \beta_{11} x_1^2$$

세션

회귀 분석: y 대 x1, x2, x1*x1

예측 변수	계수	SE 계수	T	P
상수	-49.618	4.963	-10.00	0.000
x1	1.3444	0.2796	4.81	0.000
x2	3.6941	0.1920	19.24	0.000
x1*x1	0.045904	0.003626	12.66	0.000

S = 1.74918 R-제곱 = 99.9% R-제곱(수정) = 99.9%

분산 분석

출처	DF	SS	MS	F	P
회귀	3	55081	18360	6000.83	0.000
잔차 오차	14	43	3		
전체	17	55124			

위의 추정결과에서는 회귀모형뿐만 아니라 모든 항이 유의한 것으로 나타났다. 또한 추정된 회귀모형의 설명력도 결정계수나 수정된 결정계수 측면에서 매우 우수하다고 하겠다. 따라서 최종적으로 다음의 추정된 반응함수를 얻게 된다.

$$\hat{y} = -49.62 + 1.34x_1 + 3.69x_2 + .0459x_1^2$$ ■

제4절 최적점의 추정

이제까지 다룬 다항회귀모형은 종속변수와 독립변수의 관계가 선형이 아니고 2차 식 또는 그 이상의 관계를 가정한 것이었다. 이와 같은 다항회귀모형의 경우에는 독립변수들이 어떠한 값을 가질 때 종속변수의 값이 최대 또는 최소가 될 것인지의 문제, 즉 **최적점**(optimal point)에 대한 관심이 대두된다고 하겠다. 따라서 여기서는 독립변수가 한 개인 경우와 두 개인 경우로 구분하여 각각의 2차 다항회귀모형에서의 최적점을 추정하는 과정을 살펴보도록 한다.

먼저 독립변수가 한 개인 경우의 다음과 같은 2차 다항회귀모형의 추정된 반응함수를 고려해본다.

$$\hat{y} = b_0 + b_1 x + b_2 x^2$$

이러한 반응함수의 최대값 또는 최소값, 즉 최적값은 다음과 같이 위 반응함수를 x에 대하여 편미분한 값을 0으로 하는 독립변수의 값 x_m에서 얻어지게 된다.

$$\frac{\partial \hat{y}}{\partial x} = b_1 + 2\,b_2 x$$

따라서 위의 식을 0으로 놓고 독립변수의 값 x_m을 구하면 다음과 같다.

$$x_m = -\frac{b_1}{2b_2}$$

그러면 독립변수가 위의 값 x_m을 가질 때, 추정된 반응함수는 다음의 최적값을 갖게 된다.

$$\hat{y}_m = b_0 - b_1 \frac{b_1}{2b_2} + b_2 \left(\frac{b_1}{2b_2} \right)^2 = b_0 - \frac{b_1^2}{4b_2}$$

이제 독립변수가 두 개인 경우의 2차 다항회귀모형에서의 최적점을 추정하기로 한다. 이를 위하여 상호작용항을 포함하는 다음의 추정된 반응함수를 고려한다.

$$\hat{y} = b_0 + b_1 x_1 + b_2 x_2 + b_{11} x_1^2 + b_{22} x_2^2 + b_{12} x_1 x_2$$

독립변수가 한 개인 경우와 마찬가지로 여기서의 반응함수의 최적값도 다음과 같이 위 반응함수를 x_1과 x_2에 대하여 각각 편미분한 값을 0으로 하여 구해진다.

$$\frac{\partial \hat{y}}{\partial x_1} = b_1 + 2 b_{11} x_1 + b_{12} x_2$$

$$\frac{\partial \hat{y}}{\partial x_2} = b_2 + 2 b_{22} x_2 + b_{12} x_1$$

따라서 편미분한 위의 두 식을 각각 0으로 놓고 독립변수의 값 x_{1m}과 x_{2m}을 구하면 다음과 같다.

$$x_{1m} = \frac{2 b_1 b_{22} - b_2 b_{12}}{b_{12}^2 - 4 b_{11} b_{12}}$$

$$x_{2m} = \frac{2 b_2 b_{11} - b_1 b_{12}}{b_{12}^2 - 4 b_{11} b_{12}}$$

그러면 독립변수가 각각 위의 값 x_{1m}과 x_{2m}을 가질 때, 추정된 반응함수는 최적값을 갖게 된다.

〔예제 7-3〕 독립변수가 하나인 경우의 2차 다항회귀모형에서 다음의 반응함수가 추정되었다고 가정한다. 여기서 이 반응함수의 최대값 $\hat{y}_m$과 그 때의 독립변수의 값 x_m을 구하시오.

$$\hat{y} = 124.38 + 25.72x - 2.14x^2$$

☞ 먼저 위 반응함수를 최대로 하는 독립변수의 값 x_m을 구하면 다음과 같다.

$$x_m = -\frac{b_1}{2b_2} = -\frac{25.72}{2(-2.14)} = 6.0093$$

그러면 위의 독립변수 값에서 추정된 반응함수는 다음의 최대값을 갖는다.

$$\hat{y}_m = 124.38 + 25.72(6.0093) - 2.14(6.0093)^2 = 201.6602$$ ■

제5절 요약

1. 독립변수가 하나인 다항회귀

▶ 적용 : 비선형관계를 가정한 회귀모형

▶ 모형 : $y_i = \beta_0 + \beta_1 x_i + \beta_2 x_i^2 + \cdots + \beta_k x_i^k + \epsilon_i$

▶ 추정 : 다중회귀모형의 경우와 동일

2. 차수의 결정

▶ 유의사항 : 가급적 차수를 낮게 유지해야 함

▶ 결정방법 : 전진선택방법

▶ 결정과정 : 1차 다항회귀모형에서 시작하여 필요시 차수를 하나씩 높여가며 단계적으로 다항회귀모형의 차수를 결정함

3. 독립변수가 두 개인 다항회귀

▶ 적용 : 비선형관계를 가정한 회귀모형

▶ 모형 : $y = \beta_0 + \beta_1 x_1 + \beta_2 x_2 + \beta_{11} x_1^2 + \beta_{22} x_2^2 + \beta_{12} x_1 x_2 + \epsilon$

▶ 추정 : 다중회귀모형의 경우와 동일

4. 최적점의 추정

▶ 독립변수가 하나인 경우

- 반응함수 : $\hat{y} = b_0 + b_1 x + b_2 x^2$
- 최적의 독립변수 값 : $x_m = -\dfrac{b_1}{2b_2}$

▶ 독립변수가 두 개인 경우

- 반응함수 : $\hat{y} = b_0 + b_1 x_1 + b_2 x_2 + b_{11} x_1^2 + b_{22} x_2^2 + b_{12} x_1 x_2$
- 최적의 x_m : $x_{1m} = \dfrac{2b_1 b_{22} - b_2 b_{12}}{b_{12}^2 - 4b_{11} b_{12}}$, $x_{2m} = \dfrac{2b_2 b_{11} - b_1 b_{12}}{b_{12}^2 - 4b_{11} b_{12}}$

■ 연습문제

[7.1] 다음 문장을 읽고 옳으면 'ㅇ'표, 또한 틀리면 '×'표를 한 후 틀린 곳을 바르게 고치시오.

a) 종속변수와 독립변수가 선형관계가 아니라면 선형모형으로의 전환보다는 다항회귀모형의 적용이 더 바람직하다.

b) 다항회귀모형은 종속변수와 독립변수의 관계가 선형이 아닌 경우에 있어 우선적으로 적용되는 회귀모형이다.

c) 다항회귀모형에서 회귀계수의 추정과정은 다중회귀모형의 경우와 완전히 일치한다.

d) 다항회귀모형에서의 차수 결정은 산점도와 전진선택방법을 모두 검토하는 것이 바람직하다.

e) 전진선택방법이란 다항회귀모형의 차수를 가급적 높게 정하기 위하여 차수를 하나씩 높여 가며 적용하는 방법이다.

f) 다항회귀모형을 다루는 경우 분석의 정확도를 높이기 위하여 가급적 차수를 높게 결정하는 것이 좋다.

[7.2] 다음은 어떤 비료 공장에서 10회에 걸친 화학반응결과를 관찰한 자료이다.

y :	2.43	1.42	7.89	5.15	6.43	3.15	4.05	1.89	1.39	1.55
x :	1.25	0.25	2.50	2.00	2.25	1.50	1.75	1.00	0.50	0.75

이 자료로부터 산점도를 작성한 후 2차 다항회귀모형을 추정하고 적합성 여부를 검정하시오.

[7.3] 다음의 자료에 전진선택방법을 적용하여 다항회귀모형의 차수를 결정하려고 한다.

y :	0.0	6.0	1.0	5.0	1.0	12.0	10.0	13.0	20.0	24.0
x :	2.6	1.8	2.2	2.0	2.4	1.6	1.2	1.4	1.0	0.8

다음 미니탭 결과물 두 개를 참조하여 적절한 차수의 다항회귀모형을 추정하시오.

세션

회귀 분석: y 대 x

예측 변수	계수	SE 계수	T	P
상수	31.042	2.724	11.40	0.000
x	-12.848	1.518	-8.46	0.000

S = 2.75736   R-제곱 = 90.0%   R-제곱(수정) = 88.7%

분산 분석

출처	DF	SS	MS	F	P
회귀	1	544.78	544.78	71.65	0.000
잔차 오차	8	60.82	7.60		
전체	9	605.60			

세션

회귀 분석: y 대 x, x*x

예측 변수	계수	SE 계수	T	P
상수	42.921	7.293	5.89	0.001
x	-28.625	9.230	-3.10	0.017
x*x	4.640	2.685	1.73	0.128

S = 2.46793   R-제곱 = 93.0%   R-제곱(수정) = 90.9%

분산 분석

출처	DF	SS	MS	F	P
회귀	2	562.97	281.48	46.22	0.000
잔차 오차	7	42.63	6.09		
전체	9	605.60			

[7.4] 생산량 y에 영향을 미치는 온도 x_1과 압력 x_2의 관계를 알아보기 위하여 다음의 자료를 수집하였다.

생산량 :	6.92	2.98	7.08	2.62	2.98	2.60	2.42	16.50	17.32	16.21
온 도 :	31.0	30.0	31.5	31.0	30.0	31.5	31.5	30.5	30.5	31.5
압 력 :	22.0	21.0	21.5	21.5	21.5	20.5	20.5	24.5	24.0	24.0

a) 상호작용을 포함하는 2차 다항회귀모형을 설정한 후 반응함수를 추정하시오.

b) 추정된 각각의 회귀계수에 대한 유의성 검정을 통하여 앞의 a)에서 추정된 회귀모형이 적절한가를 검정하시오.

[7.5] 다음 세 개의 미니탭 결과물은 전진선택방법에 따른 다항회귀모형의 단계적 추정 과정을 나타내고 있다. 각 단계의 결과물을 참조하여 적절한 다항회귀모형을 결정하고 반응함수를 추정하시오.

① $y_i = \beta_0 + \beta_1 x_i + \epsilon_i$

```
세션

회귀 분석: y 대 x

예측 변수      계수   SE 계수      T      P
상수        527.326     9.763  54.01  0.000
x            51.427     2.257  22.79  0.000


S = 20.61   R-제곱 = 97.7%   R-제곱(수정) = 97.6%


분산 분석

출처         DF      SS      MS       F      P
회귀          1  220644  220644  519.22  0.000
잔차 오차    12    5099     425
전체         13  225744
```

② $y_i = \beta_0 + \beta_1 x_i + \beta_2 x_i^2 + \epsilon_i$

세션

회귀 분석: y 대 x, x*x

예측 변수	계수	SE 계수	T	P
상수	503.346	4.795	104.97	0.000
x	78.941	3.455	22.85	0.000
x*x	-3.9695	0.4820	-8.24	0.000

S = 8.044   R-제곱 = 99.7%   R-제곱(수정) = 99.6%

분산 분석

출처	DF	SS	MS	F	P
회귀	2	225032	112516	1739.03	0.000
잔차 오차	11	712	65		
전체	13	225744			

③ $y_i = \beta_0 + \beta_1 x_i + \beta_2 x_i^2 + \beta_3 x_i^3 + \epsilon_i$

세션

회귀 분석: y 대 x, x*x, x*x*x

예측 변수	계수	SE 계수	T	P
상수	500.697	5.425	92.29	0.000
x	86.014	7.665	11.22	0.000
x*x	-6.600	2.592	-2.55	0.029
x*x*x	0.2462	0.2384	1.03	0.326

S = 8.019   R-제곱 = 99.7%   R-제곱(수정) = 99.6%

분산 분석

출처	DF	SS	MS	F	P
회귀	3	225100	75033	1166.75	0.000
잔차 오차	10	643	64		
전체	13	225743			

[7.6] 독립변수가 하나인 2차 다항회귀모형에서 다음의 반응함수가 추정되었다고 한다. 반응함수의 최적값과 이 때의 독립변수의 값 x_m을 구하시오.

$$\hat{y} = 63.4 + 24.5x - 4.2x^2$$

[7.7] 독립변수가 두 개인 2차 다항회귀모형에서 상호작용을 포함하는 다음의 반응함수가 추정되었다고 한다.

$$\hat{y} = 65 + 3x_1 + 4x_2 - 10x_1^2 - 15x_2^2 + 35x_1x_2$$

이 반응함수의 최적값과 이 때의 독립변수의 값 x_{1m}과 x_{2m}을 각각 구하시오.

8

회귀분석에서의 특수 문제

제8장 회귀분석에서의 특수 문제

이제까지 회귀분석을 단순회귀분석과 다중회귀분석으로 나누어 알아보았다. 그 과정에서 단순회귀모형이든 또는 다중회귀모형이든 다음과 같이 회귀모형의 설정, 추정, 유의성 검정 및 가정사항 검토라는 회귀분석의 일반적인 흐름상의 네 단계로 구분하여 설명하였다.

회귀모형의 설정	→	회귀모형의 추정	→	회귀모형의 유의성 검정	→	회귀모형의 가정사항 검토

〈그림 8-1〉 회귀분석과정의 흐름도

여기서는 이상의 회귀분석과정의 흐름도에는 포함되지 않았으나 회귀분석을 수행하는 과정에서 거의 대부분 고려하게 되는 몇 가지 주제, 이른바 회귀분석에서의 특수문제에 대하여 알아보기로 한다.

먼저 제1절에서는 두 회귀선의 동일성을 검정하는 절차를 다루는데, 이를 통하여 회귀모형을 추정함에 있어 두 표본을 통합하여 하나의 모형을 추정하는 것이 좋을지 또는 하나의 표본을 둘로 분할하여 각각의 회귀모형을 추정하는 것이 좋을지에 대한 판단을 할 수 있게 된다. 제2절과 3절에서는 다공선성, 이상값 및 영향력 있는 관찰값에 대하여 알아보는데, 이 역시 거의 모든 회귀분석과정에서 심각하게 고려해야 하는 주제이다. 끝으로 제4절에서는 어떤 변수가 특정 변수에 직접 또는 간접적으로 미치는 효과를 분석하는 즉, 회귀모형의 변수들을 인과관계로 조명하는 경로분석에 대하여 소개하고자한다.

제1절 두 회귀선의 동일성 검정

여기서는 동일한 종속변수와 독립변수에 대하여 서로 다른 두 모집단으로부터 추정된 각각의 회귀모형을 비교해보는 문제, 즉 **동일성 검정**(test of homogeneity)을 다루고자 한다. 먼저 학생들의 몸무게와 키의 관계를 알아보기 위하여 두 학교에서 각각 n_1명과 n_2명의 표본으로부터 이에 관한 회귀모형이 추정되었다고 가정한다. 이 경우 만일 추정된 두 회귀모형이 동일하다면, 두 학교 학생을 통합하여 (n_1+n_2)명을 대상으로 회귀모형을 추정하는 것이 더 정확한 추정이 될 수 있을 것이다.

또한 이와는 반대의 경우를 생각할 수도 있겠다. 즉 어느 학교에서 n_1명의 여학생과 n_2명의 남학생을 표본으로 합하여 회귀모형이 추정되었다고 가정해 보자. 그런데 일반적으로는 여학생과 남학생의 신체구조가 다르므로 만일 별도의 회귀모형을 추정했더라면 각기 다른 회귀계수를 갖는 다른 모형이 추정되었을 수도 있을 것이다. 따라서 이 경우에는 오히려 n_1명의 여학생과 n_2명의 남학생을 합하여 모형을 추정한 것이 그릇된 결과를 초래하게 되는 것이다.

이와 같이 어떤 경우에는 표본을 통합하여 회귀모형을 추정하는 것이 좋을 것이고, 또 경우에 따라서는 표본을 분할하여 추정하는 것이 더 좋을 수도 있을 것이다. 여기서는 이러한 점을 감안하여 추정된 두 회귀모형의 동일성을 검정하는 절차에 대하여 알아보기로 한다.

(1) 두 회귀선의 동일성 검정

먼저 두 모집단에서의 회귀모형을 각각 다음과 같이 가정한다.

$$[\text{모집단 1}] \quad y_{1i} = \beta_{01} + \beta_{11}x_{1i} + \epsilon_{1i}, \quad \epsilon_{1i} \sim N(0, \sigma^2), \quad i = 1, ..., n_1$$

$$[\text{모집단 2}] \quad y_{2i} = \beta_{02} + \beta_{12}x_{2i} + \epsilon_{2i}, \quad \epsilon_{2i} \sim N(0, \sigma^2), \quad i = 1, ..., n_2$$

이 경우를 **완전모형**(full model)이라 하는데, 각 모집단에서 추정된 회귀모형과 그에 따른 잔차제곱합이 각각 다음과 같다고 하자.

$$[\text{모집단 1}] \quad \hat{y}_{1i} = b_{01} + b_{11}x_{1i} \quad \rightarrow \quad SSE_1 = \sum_{i=1}^{n_1}(y_{1i} - \hat{y}_{1i})^2$$

$$[\text{모집단 2}] \quad \hat{y}_{2i} = b_{02} + b_{12}x_{2i} \quad \rightarrow \quad SSE_2 = \sum_{i=1}^{n_2}(y_{2i} - \hat{y}_{2i})^2$$

그러면 완전모형의 잔차제곱합은 다음과 같이 두 잔차제곱합을 더한 결과가 된다.

$$SSE(F) = SSE_1 + SSE_2$$

한편 추정된 두 회귀선이 동일하다는 여기서의 가설은 다음과 같이 나타내질 수 있다.

$$\begin{cases} H_0: \beta_{01} = \beta_{02} \quad \text{그리고} \quad \beta_{11} = \beta_{12} \\ H_1: H_0 \text{ 이 아님} \end{cases}$$

여기서 만일 귀무가설이 사실이라면 완전모형을 구성하고 있는 앞의 두 회귀모형은 다음과 같이 하나의 회귀모형으로 표현될 수 있겠다.

$$y_{ji} = \beta_0 + \beta_1 x_{ji} + \epsilon_{ji}, \ \epsilon_{ji} \sim N(0, \sigma^2), \ j = 1, 2, \ i = 1, ..., n_j$$

이를 **축소모형**(reduced model)이라 하는데, 이 축소모형으로부터 다음의 회귀모형이 추정되었다고 하자.

$$\hat{y}_{ji} = b_0 + b_1 x_{ji}$$

그러면 축소모형의 잔차제곱합은 다음과 같이 표현된다.

$$SSE(R) = \sum_{i=1}^{n_1} (y_{1i} - \hat{y}_{1i})^2 + \sum_{i=1}^{n_2} (y_{2i} - \hat{y}_{2i})^2$$

여기서 만일 두 회귀모형이 동일하다면 축소모형과 완전모형의 잔차제곱합이 별 차이가 없을 것이고, 두 회귀모형이 동일하지 않다면 축소모형과 완전모형의 잔차제곱합은 차이가 많이 나게 될 것이다. 따라서 두 회귀선이 동일하다는 여기서의 가설을 검정하기 위한 검정통계량과 의사결정기준은 다음과 같이 정리된다.

검정통계량과 의사결정기준

▶ 검정통계량 : $F_0 = \dfrac{[SSE(R) - SSE(F)]/2}{SSE(F)/(n_1 + n_2 - 4)}$

▶ 의사결정기준 : 만일 $F_0 > F_{\alpha, 2, n_1 + n_2 - 4}$ 이면, H_0을 기각함

〔예제 8-1〕 다음은 두 가지 방식의 화학공정 A와 B를 비교하기 위하여 동일한 압력에 따른 반응량을 각각 조사한 자료이다. 5%의 유의수준하에 두 회귀모형의 동일성을 검정하시오.

압력 수준	:	10	20	30	40	50	60	70	80	90	100
반응량(A)	:	72	88	102	118	140	158	178	200	216	238
반응량(B)	:	84	96	108	132	146	165	184	204	212	234

☞ 위의 자료로부터 반응량을 종속변수 그리고 압력수준을 독립변수로 하여 산점도를 작성해보면 다음의 <그림 8-2>와 같다.

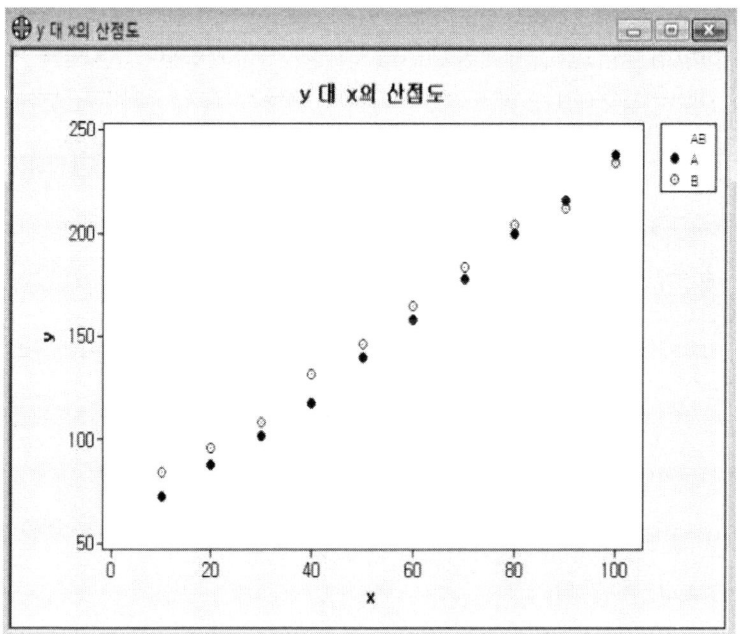

〈그림 8-2〉 압력수준에 따른 두 가지 화학공정의 산점도

그러면 두 회귀선이 동일하다는 여기서의 가설을 설정하면 다음과 같다.

$$H_0 : \beta_{01} = \beta_{02} \text{ 그리고 } \beta_{11} = \beta_{12}$$

$$H_1 : H_0 \text{ 이 아님}$$

먼저 완전모형의 경우, 즉 두 집단에서 각각 별도의 회귀모형과 그에 따른 잔차제곱합을 추정하면 다음과 같다.

$$[\text{화학공정 A}] \quad \hat{y}_{1i} = 48.40 + 1.865x_{1i} \rightarrow SSE_1 = 85$$

$$[\text{화학공정 B}] \quad \hat{y}_{2i} = 62.60 + 1.707x_{2i} \rightarrow SSE_2 = 104$$

여기서 완전모형의 잔차제곱합은 위의 두 잔차제곱합을 더하여 얻게 된다.

$$SSE(F) = 85 + 104 = 189$$

한편 귀무가설이 사실인 경우, 즉 축소모형에서의 회귀모형과 잔차제곱합은 다음과 같이 구해진다.

$$\hat{y}_{ji} = 55.50 + 1.786x_{ji} \rightarrow SSE(R) = 443$$

이제 여기서의 가설을 검정하기 위한 검정통계량의 값을 구하여 기준값과 비교한 결과는 다음과 같다.

$$F_0 = \frac{[SSE(R) - SSE(F)]/2}{SSE(F)/(n_1 + n_2 - 4)}$$

$$= \frac{(443 - 189)/2}{189/16} = 10.751 > 3.63 = F_{.05,\,2,\,16}$$

따라서 귀무가설을 기각하고, 두 회귀선이 동일하지 않다는 결론을 내린다. ■

(2) 두 회귀선의 기울기에 대한 검정

앞에서 두 회귀선의 동일성 검정에 대하여 알아보았다. 두 회귀선이 동일하다는 것은 절편과 기울기가 동시에 동일함을 의미하는 것이었다. 그런데 동일성 검정이 기각되었지만 두 회귀선의 기울기는 같다고 가정해 보자. 이 경우는 두 회귀선의 출발점은 다르지만 서로 평행함을 의미하는 것이다. 이는 종속변수에 대한 독립변수의 영향은 같다는 것을 의미한다.

여기서는 두 회귀선의 동일성 검정이 기각된 경우에 있어 기울기가 동일한지를 검정하는 절차를 알아보기로 한다. 이 때의 가설은 다음과 같이 설정된다.

$$\begin{cases} H_0 : \beta_{11} - \beta_{12} = 0 \\ H_1 : \beta_{11} - \beta_{12} \neq 0 \end{cases}$$

그러면 귀무가설에서의 모수 $(\beta_{11} - \beta_{12})$에 대한 추정량인 $(b_{11} - b_{12})$의 분포를 살펴보기로 한다.

$$E(b_{11} - b_{12}) = \beta_{11} - \beta_{12}$$

$$V(b_{11} - b_{12}) = \sigma^2 \left(\frac{1}{\sum_{i=1}^{n_1} (x_{1i} - \bar{x}_1)^2} + \frac{1}{\sum_{i=1}^{n_2} (x_{2i} - \bar{x}_2)^2} \right)$$

여기서 오차항의 분산 σ^2를 아는 경우보다는 모르는 경우가 일반적이므로 위의 분산에 대한 추정량을 구하면 다음과 같다.

$$V(\widehat{b_{11} - b_{12}}) = MSE \left(\frac{1}{\sum_{i=1}^{n_1} (x_{1i} - \bar{x}_1)^2} + \frac{1}{\sum_{i=1}^{n_2} (x_{2i} - \bar{x}_2)^2} \right)$$

따라서 두 회귀선의 기울기가 동일하다는 가설을 검정하기 위한 검정통계량과 의사결정기준은 다음과 같이 유도된다.

검정통계량과 의사결정기준

▶ 검정통계량

$$t_0 = \frac{b_{11} - b_{12}}{\sqrt{MSE}\sqrt{\left(\frac{1}{\sum_{i=1}^{n_1}(x_{1i} - \bar{x}_1)^2} + \frac{1}{\sum_{i=1}^{n_2}(x_{2i} - \bar{x}_2)^2}\right)}}$$

▶ 의사결정기준 : 만일 $|t_0| > t_{\alpha/2, n_1 + n_2 - 4}$ 이면, H_0 을 기각함

〔예제 8-2〕 앞의 [예제 8-1]의 자료로부터 두 회귀모형의 기울기에 대한 동일성을 5%의 유의수준하에 검정하시오.

☞ 먼저 두 회귀모형의 기울기가 동일하다는 여기서의 가설을 설정하면 다음과 같다.

$$\begin{cases} H_0 : \beta_{11} - \beta_{12} = 0 \\ H_1 : \beta_{11} - \beta_{12} \neq 0 \end{cases}$$

앞의 [예제 8-1]의 자료로부터 완전모형의 평균제곱합과 x_{ji} 의 제곱합을 다음과 같이 구할 수 있다.

$$MSE(F) = 11.8125, \quad \sum_{i=1}^{n_1}(x_{1i} - \bar{x}_1)^2 = \sum_{i=1}^{n_2}(x_{2i} - \bar{x}_2)^2 = 8250$$

그러면 귀무가설에서의 모수 $(\beta_{11}-\beta_{12})$에 대한 추정량인 $(b_{11}-b_{12})$의 분산에 대한 추정량을 구하면 다음과 같다.

$$V(\widehat{b_{11}-b_{12}}) = MSE\left(\frac{1}{\sum_{i=1}^{n_1}(x_{1i}-\bar{x}_1)^2}+\frac{1}{\sum_{i=1}^{n_2}(x_{2i}-\bar{x}_2)^2}\right)$$

$$= 11.8125\left(\frac{1}{8250}+\frac{1}{8250}\right) = 0.0029$$

이를 이용하여 검정통계량의 값을 구하면 다음과 같다.

$$t_0 = \frac{b_{11}-b_{12}}{\sqrt{MSE}\sqrt{\frac{1}{\sum_{i=1}^{n_1}(x_{1i}-\bar{x}_1)^2}+\frac{1}{\sum_{i=1}^{n_2}(x_{2i}-\bar{x}_2)^2}}}$$

$$= \frac{1.865 - 1.707}{\sqrt{0.0029}} = 2.934 > 2.16 = t_{.025,\,16}$$

따라서 귀무가설을 기각하게 되는데, 즉 두 회귀선의 기울기도 동일하지 않다는 결론을 얻는다. ■

제2절 다공선성

앞에서 다룬 몸무게의 예에서 독립변수로서 키와 앉은키를 고려한다고 가정하자. 이 경우 키가 크면 일반적으로 앉은키도 크게 되므로 두 변수의 상관관계는 높게 나타날 것이다. 이와 같이 독립변수들 사이에 상관관계가 높은 경우, **다공선성**(multicollinearity)이 존재한다고 말한다. 극단적으로 어떤 독립변수가 나머지 독립변수들의 선형결합으로 표현될 수 있다면, 이 회귀모형에는 완전한 다공선성이 존재하는 것이다. 회귀모형에서 독립변수들이 서로 완전히 독립적인 경우는 쉽지 않으므로 다공선성은 대개의 회귀모형에서 어느 정도 존재할 수밖에 없다. 그러나 그 정도가 어느 정도로 심한지가 문제이다. 일반적으로 다공선성이 큰 경우에는 회귀모형의 추정에 나쁜 영향을 미치게 되므로, 이러한 다공선성을 파악하여 제거하는 것이 매우 중요하다.

(1) 다공선성의 영향

다공선성이 크게 존재하는 경우에는 다공선성을 유발하고 있는 변수들에 대한 회귀계수 추정량의 분산이 매우 커진다. 이 경우 회귀계수에 대한 신뢰구간이 과대하게 나타나므로, 신뢰구간으로서의 현실적인 의미를 상실하게 된다. 따라서 정확한 모수추정이 불가능해 진다. 하지만 종속변수 y의 추정에는 다공선성이 크게 영향을 주지 않을 수도 있다. 예를 들어 몸무게를 추정하는 회귀모형에 키와 상관관계가 높은 앉은키를 포함한다고 하자. 몸무게를 추정하는 데는 독립변수로서 키만 사용하는 것보다는 앉은키를 포함하는 것이 좀 더 도움이 될 것이다. 그러나 키와 앉은키는 상관관계가 높으므로 몸무게에 영향을 주는 면에서 겹치는 부분이 많다. 따라서 몸무게에 대한 변동이 키와 앉은 키 중 어느 것에서 비롯된 것인지를 구분하는 것은 쉽지 않다. 이 결과로 두 독립변수에 대한 회귀계수 추정값은 분산이 매우 커진다.

(2) 다공선성의 발생 원인

다공선성은 일반적으로 다음의 네 가지 원인에서 비롯된다.

다공선성의 발생 원인

- ▶ 잘못된 자료수집과정
- ▶ 모집단 또는 모형에서의 제한사항
- ▶ 모형의 형태
- ▶ 과다한 독립변수의 설정

그러면 이상에서 언급한 다공선성의 발생 원인에 대하여 차례로 간략히 설명하기로 한다.

▶ 잘못된 자료수집과정

다중회귀분석을 적용하기 위하여 독립변수 x_1과 x_2에 대한 자료가 다음의 <그림 8-3>에서 보는 바와 같이 수집되었다고 가정하자.

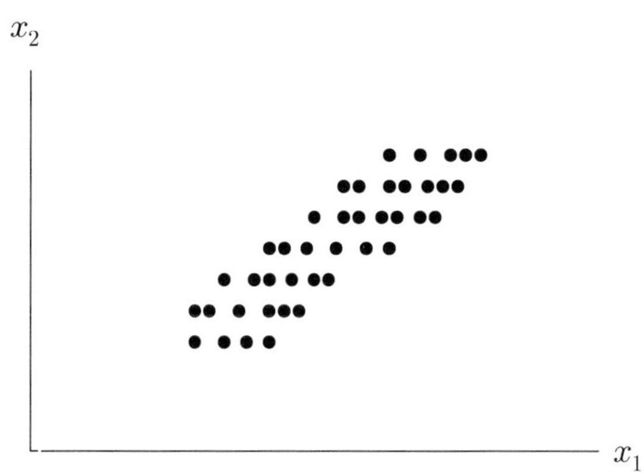

〈그림 8-3〉 다공선성을 유발하는 자료수집

위의 그림을 보면 x_1의 작은 값에서는 x_2의 값도 작고 또한 x_1의 큰 값에서는

x_2 의 값도 크게 자료가 수집되었다. 즉 자료수집과정이 두 개의 독립변수 x_1 과 x_2 사이에 상관관계가 높아질 수밖에 없도록 구성되어 있다. 이러한 경우에는 x_1 과 x_2 사이에 심한 다공선성이 발생한다.

▶ 모집단 또는 모형에서의 제한사항

모집단의 특성상 해당 변수들 사이에 상관관계가 높은 경우도 있다. 예를 들어 이 절의 서두에서 언급한 바와 같이 몸무게에 대한 독립변수로 키와 앉은키를 동시에 고려한다면, 키와 앉은키 사이에는 모집단의 특성상 상관관계가 높게 나타날 수밖에 없다. 즉 키가 크면 당연히 앉은키도 클 가능성이 높기 때문이다. 이러한 경우는 자료수집방법에 상관없이 모집단 또는 모형 자체에 문제가 있는 경우인데, 화학제품의 생산과정 등에서 많이 발생한다.

▶ 모형의 형태

다음과 같이 독립변수 x 의 2차항을 포함하는 모형을 고려해 보자.

$$y = \beta_0 + \beta_1 x + \beta_2 x^2 + \epsilon$$

이러한 모형에서는 x 항과 x^2 항 사이에 다공선성이 발생되는데, 특히 독립변수 x 의 관찰범위가 좁은 경우에 다공선성의 정도가 더욱 커지게 된다. 이와 같이 다공선성 문제는 특정 독립변수의 2차항 또는 3차항 등을 회귀모형에 포함하게 되는 다항회귀모형에서 흔히 발생한다.

▶ 과다한 독립변수의 설정

관찰값의 수에 비하여 독립변수의 수가 많은 경우에도 다공선성이 발생하게 된다. 이러한 현상은 가용한 표본의 수가 제한될 수밖에 없는 의학분야 등에서 주로 나타나는 문제이다.

(3) 다공선성의 진단

다공선성의 존재여부는 몇 가지 측면에서 파악될 수 있는데, 대표적인 다공선성의 진단방법을 열거하면 다음과 같다.

다공선성의 진단 방법

- ▶ 상관관계행렬의 탐색
- ▶ 분산팽창계수의 검토
- ▶ 하나의 독립변수를 추가 또는 삭제시 회귀계수의 추정값이 심하게 변하는 경우
- ▶ 하나의 자료를 추가 또는 삭제시 회귀계수의 추정값이 심하게 변하는 경우

먼저 상관관계행렬의 탐색에서는 두 독립변수 x_i와 x_j의 상관관계 r_{ij}가 높게 나타나면 다공선성을 유발한다. 따라서 상관관계 r_{ij}가 높은 두 독립변수 x_i와 x_j를 동시에 회귀모형에 포함시키는 것은 위험한 일이다.

다공선성의 진단을 위한 또 다른 척도로 **분산팽창계수**(variance inflation factor : VIF)를 들 수 있다. 분산팽창계수는 회귀계수 추정량의 분산이 독립변수들이 선형결합 되어있지 않을 때와 비교하여 얼마나 팽창되었는지를 의미한다. j번째 독립변수의 분산팽창계수 VIF_j는 다음과 같이 정의된다.

$$VIF_j = \frac{1}{(1-R_j^2)}, \quad j = 1, \cdots, k$$

여기서 R_j^2는 독립변수 x_j와 회귀모형에 포함된 다른 $(k-1)$개의 독립변수들 사이에 회귀모형을 추정하는 경우의 결정계수를 의미한다. 따라서 독립변수 x_j가 다른 독립변수들과 독립적인 관계일수록 R_j^2가 작아져서 VIF_j가 1에 가까워지게 된다. 반대로 독립변수 x_j가 다른 독립변수들의 선형결합을 보일수록 R_j^2가 커지며 VIF_j 값도 커지게 된다. 일반적으로 VIF_j의 값이 10보다 큰 경우를 문제로 삼는데, VIF_j가 10이라는 것은 곧 R_j^2가 0.9임을 나타낸다.

끝으로 회귀모형에 하나의 독립변수 또는 소수의 자료를 추가하거나 삭제될 때, 회귀계수의 추정값이 그전에 비하여 심하게 변한다면 이 역시 다공선성을 의심하게 된다.

(4) 다공선성의 해결방법

여기서는 분석하려는 자료에 다공선성 문제가 발생한 경우, 이를 해결하기 위한 몇 가지 일반적인 방법을 소개한다.

▶ 자료의 추가 수집

앞의 <그림 8-3>과 같은 경우에는 자료를 추가로 수집하여 다공선성을 줄일 수 있다. 즉 작은 x_1과 큰 x_2에서의 관찰값, 그리고 큰 x_1과 작은 x_2에서의 관찰 값 등을 추가로 수집한다. 그러나 이렇게 추가자료를 수집하는 것이 항상 가능한 것은 아니며, 때로는 너무 인위적이어서 분석의 목적을 흐리게 할 수도 있다.

▶ 모형의 재설정

이는 독립변수 사이의 종속성이 작아지도록 모형에 포함된 독립변수를 새로 정의하는 방법이다. 예를 들어 상관관계가 높은 두 독립변수 x_1과 x_2를 다음과 같이 새로운 변수 x_3로 변환할 수 있다.

$$x_3 = \frac{x_1 + x_2}{2} \qquad \text{또는} \qquad x_3 = x_1 x_2$$

이 때, 두 변수의 결합은 변수들의 특성에 따라 그 결합 형태를 결정하게 되며, 결합 후 새로운 변수도 의미가 있어야 한다.

한편 상관관계가 높은 변수를 모형에서 제외하는 방법을 들 수 있는데, 위의 예에서는 상관관계가 높은 두 독립변수 x_1과 x_2 중에서 어느 하나를 삭제하는 것이다. 그러나 이 방법을 사용할 때는 반응변수 y를 설명하는데 매우 중요한 역할을 하는 독립변수를 빠뜨리게 되는 경우를 주의해야 한다.

〔예제 8-3〕 독립변수의 상관관계행렬 등을 감안할 때, 문제가 되는 두 독립변수 x_i와 x_j의 결합을 고려하는 다음의 두 가지 상황을 가정한다. 상황 (a)는 프로골프 선수들의 평균타수를 추정하려는 모형이고, 상황 (b)는 프로야구 투수들의 연봉에 영향을 주는 변수들을 식별하기 위한 회귀모형이다. 여기서 각각의 상황을 고려하여 적절한 형태의 결합을 구하시오.

(a)

y : 평균타수
⋮
x_i : 버디 수
x_j : 이글 수
⋮

(b)

y : 투수의 연봉
⋮
x_i : 삼진 수
x_j : 사사구 수
⋮

☞ (a) 버디와 이글을 더한 새로운 변수로의 결합을 고려할 수 있는데, 이 경우에도 버디는 -1타 그리고 이글은 -2타를 감안한다면 다음과 같이 비중을 달리하는 결합이 더 바람직할 것이다.

$$x_k = \frac{x_i + x_j}{2} \quad \rightarrow \quad x_k = \frac{x_i + 2x_j}{3}$$

(b) 여기서도 다음과 같이 삼진 수에서 사사구 수를 빼준 변수도 고려할 수 있으나, 단순한 차이보다는 두 변수의 비율로 정의되는 결합이 투수들의 능력을 평가할 수 있는 의미있는 결합이라 하겠다.

$$x_k = x_i - x_j \quad \rightarrow \quad x_k = x_j / x_i$$ ■

▶ 다른 모수추정방법의 도입

다공선성을 해결하기 위하여 최소제곱추정법 대신에 다른 모수추정방법을 고려할 수도 있다. 이러한 방법으로는 능형회귀, 주성분회귀 및 고유값회귀(latent root regression) 등을 들 수 있다.

먼저 **능형회귀**(ridge regression)는 회귀계수의 추정량의 불편성(unbiasedness)을 포기하고 편의(bias)를 허용함으로써 다중공선성 문제를 해결하는 것이다. 또한 **주성분회귀**(principal components regression)는 독립변수들 사이에 심한 상관관계가 존재하는 경우, 이러한 독립변수들을 대신할 수 있는 서로 독립적인 적은 개수의 새로운 주성분(principal components)을 추출하여 종속변수를 설명하는 방법이다.

그러나 이상의 방법들은 이론적으로는 다공선성의 문제를 다소 해소시킬 수 있다는 점에서 긍정적이라 하겠지만, 편의추정량 및 추정량의 분산 등 다른 측면에서의 또 다른 문제를 야기시키는 단점이 있어 실용적으로는 바람직하지 못한 경우가 많다. 따라서 다공선성을 사전에 줄일 수 있도록 앞에서 언급한 방법들을 적용하는 것이 현실성 있는 대안이 되겠다.

제3절 이상값과 영향력 있는 관찰값

회귀분석에 있어 분석자료 중에서 몇몇 자료가 다른 자료에 비하여 월등히 크거나 작은, 즉 매우 극단적인 값을 갖는 경우가 종종 발생하기도 한다. 이와 같이 다른 자료에 비하여 매우 동떨어진 값을 갖는 자료를 **이상값**(outlier)이라 하는데, 이러한 이상값들은 일반적으로 회귀모형의 추정에 좋지 않은 영향을 미치게 된다. 따라서 회귀분석에 있어 먼저 이러한 이상값을 식별하여 분석자료에 포함할 것인지 아니면 분석에서 제외할 것인지를 결정하는 것은 매우 중요한 일이다.

이상값은 다음의 <그림 8-4>에서와 같이 그 유형에 따라 X에 관한 이상값, Y에 관한 이상값, 그리고 X와 Y 모두에 관한 이상값으로 구분될 수 있다.

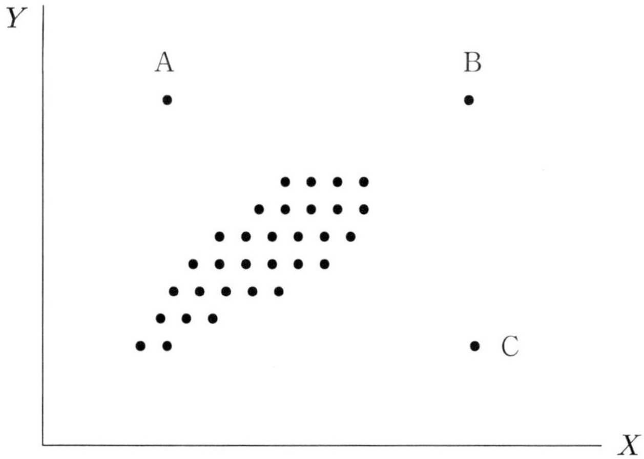

〈그림 8-4〉 이상값의 유형

그림에서 관찰값 A는 그 x값이 다른 자료의 x값 범주에 포함되어 있으므로 X에 관한 이상값이라고 할 수는 없으나, y값이 다른 자료의 y값에 비하여 동떨어져 있으므로 Y에 관한 이상값이라고 할 수 있겠다. 관찰값 B는 x값이 다른 자료의 x값 범주를 벗어나 있으므로 X에 관한 이상값이라 할 수 있는데, y값은 추정된 회귀선의 연장선상에 있으므로 Y에 관해서는 이상값이라고 할 수 없을 것이다. 한편 관찰값 C는 X와 Y 모두에 관하여 이상값이라 할 수 있을 것이다. 그러나 어떤 자료가 이상값이라고 하여 모두 회귀모형의 추정에 큰 영향을 미치는 것은 아니다. <그림 8-4>에서 보는 바와 같이 관찰값 B는 회귀모형의 추정에 직접적으로 별 영향을 미치지는 않을 것이다. 다만 관찰값 A와 C는 다른 자료에 비하여 회귀모형의 추정에 큰 영향을 미칠 수 있는데, 이렇게 다른 자료에 비하여 회귀모형의 추정에 큰 영향을 주게 되는 자료를 **영향력 있는 관찰값**(influential observation)이라 한다.

독립변수가 하나인 단순회귀모형의 경우에는 이와 같은 산점도를 통하여 어떤 자료가 이상값인지 또한 이러한 이상값들이 회귀모형의 추정에 미치는 영향력의 정도를 쉽게 파악할 수 있으나, 독립변수가 두 개 이상인 다중회귀모형의 경우에는 산점도 등의 그림에 의한 식별이 곤란해진다. 따라서 어떤 관찰값이 X 및 Y에 관하여 이상값인지의 여부를 식별하는 방법과 또한 영향력 있는 관찰값 인지의 여부를 진단하는 방법에 대하여 알아보기로 한다.

(1) X에 관한 이상값의 식별

앞에서 잔차 e가 다음과 같이 **해트행렬**(hat matrix) H를 이용한 y의 선형결합으로 표현될 수 있음을 언급하였다.

$$e = (I-H)y, \quad \text{여기서} \quad H = X(X'X)^{-1}X'$$

그러면 i번째 잔차 e_i의 분산은 다음과 같이 구해진다.

$$var(e_i) = (1-h_{ii})\sigma^2$$

여기서 h_{ii}는 해트행렬 H의 i번째 대각원소인데, 다음과 같이 구해진다.

$$h_{ii} = x_i'(X'X)^{-1}x_i$$

이와 같이 X의 함수로 표현되는 h_{ii}를 **레버리지**(leverage)라 하는데, 이는 i번째 관찰값에서의 X값과 다른 전체 자료의 X값들의 평균과의 거리를 나타내는 척도로 활용된다. 따라서 레버리지 h_{ii}는 i번째 관찰값이 X값에 관한 이상값인지 아닌지의 여부를 결정하는 기준이 되는데, 다음의 특성을 갖는다.

$$0 \le h_{ii} \le 1, \quad \sum_{i=1}^{n} h_{ii} = k+1$$

즉 레버리지 h_{ii}는 항상 0과 1 사이의 값을 가지며, 전체 레버리지의 합은 독립변수의 수에 1을 더한 값이 된다. 예를 들어 다음의 <그림 8-5>에서 점 C는 자료의 중심 '□'에 가까이 위치해 있으므로 레버리지 값이 작은데 비하여, 점 A와 D는 중심에서 멀리 떨어져 있으므로 큰 값의 레버리지를 갖게 된다.

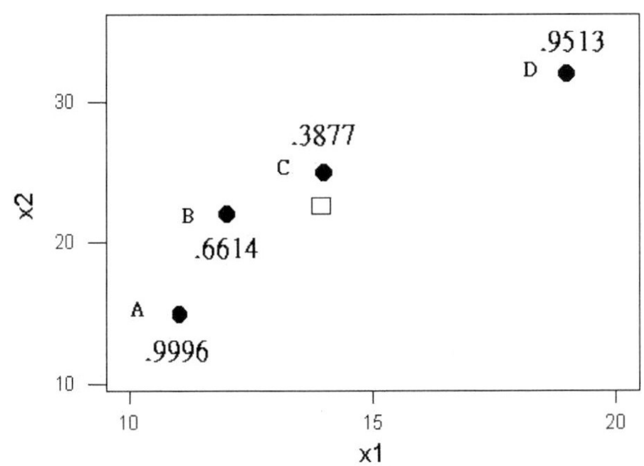

〈그림 8-5〉 레버리지 값의 예

그러면 이러한 특성을 갖는 레버리지를 이용하여 X값에 관한 이상값 여부를 결정하는 기준에 대하여 알아보기로 한다. 일반적으로 어떤 관찰값의 레버리지가 전체 자료의 레버리지 평균의 두 배, 즉 $2(k+1)/n$ 이상이면 그 관찰값을 X에 관한 이상값으로 간주하게 된다.

(2) Y에 관한 이상값의 식별

이제 잔차를 이용하여 Y에 관한 이상값을 식별하는 방법을 알아보기로 하는데, 스튜던트화 잔차를 이용하는 방법과 스튜던트화 제외잔차를 이용하는 방법의 두 가지로 구분하여 설명하기로 한다.

▶ 스튜던트화 잔차를 이용하는 방법

일반적으로 표준화된 잔차는 다음과 같이 정의된다.

$$\frac{e_i}{\sqrt{MSE}}$$

그러나 잔차의 분산이 다음과 같음을 감안한다면, MSE를 이용한 표준화는 문제가 있다고 할 것이다.

$$var(e_i) = (1 - h_{ii})\sigma^2$$

따라서 잔차의 분산으로 레버리지 값도 고려하는 잔차의 실제 분산에 대한 추정량을 이용하여 표준화한 것을 **스튜던트화 잔차**(studentized residual)라고 하는데 다음과 같다.

$$e_i^* = \frac{e_i}{\sqrt{MSE(1-h_{ii})}}$$

그러면 이렇게 구해진 스튜던트화 잔차 e_i^*의 절대값이 어떤 기준값과 비교하여 그보다 크다면 Y에 관한 이상값이라고 판단하게 되는데, 이 때의 기준값으로는 룬드(Lund)가 다음의 <표 8-1>에서 제시한 스튜던트화 잔차의 임계값을 이용한다.

〈표 8-1〉 스튜던트화 잔차의 임계값($\alpha=0.05$)

표본크기	독립변수의 수								
	1	2	3	4	5	6	8	10	15
5	1.92								
6	2.07	1.93							
7	2.19	2.08	1.94						
8	2.28	2.20	2.10	1.94					
9	2.35	2.29	2.21	2.10	1.95				
10	2.42	2.37	2.31	2.22	2.11	1.95			
12	2.52	2.49	2.45	2.39	2.33	2.24	1.96		
14	2.61	2.58	2.55	2.51	2.47	2.41	2.25	1.96	
16	2.68	2.66	2.63	2.60	2.57	2.53	2.43	2.26	
18	2.73	2.72	2.70	2.68	2.65	2.62	2.55	2.44	
20	2.78	2.77	2.76	2.74	2.72	2.70	2.64	2.57	2.15
25	2.89	2.88	2.87	2.86	2.84	2.83	2.80	2.76	2.60
30	2.96	2.96	2.95	2.94	2.93	2.93	2.90	2.88	2.79
40	3.08	3.08	3.07	3.07	3.06	3.06	3.05	3.03	3.00
50	3.17	3.16	3.16	3.16	3.15	3.15	3.14	3.14	3.11
60	3.23	3.23	3.23	3.23	3.22	3.22	3.22	3.21	3.20
70	3.29	3.29	3.28	3.28	3.28	3.28	3.27	3.27	3.26
80	3.33	3.33	3.33	3.33	3.33	3.33	3.32	3.32	3.31
90	3.37	3.37	3.37	3.37	3.37	3.37	3.36	3.36	3.36
100	3.41	3.41	3.40	3.40	3.40	3.40	3.40	3.40	3.39

▶ 스튜던트화 제외잔차를 이용하는 방법

앞에서 다룬 스튜던트화 잔차에서는 다음과 같은 일반적인 잔차 e_i를 다루었다.

$$e_i = y_i - \hat{y}_i$$

그러나 만약 어떤 자료가 이상값이라면 그 이상값 자료가 포함된 자료로부터 추정된 $\hat{y}_i$은 이미 그 이상값의 영향으로 왜곡되어 있을 것이고, 따라서 이상값을 정확히 식별할 수 없을 것이다. 그러므로 어떤 자료가 이상값인지를 식별하고자 하는 경우에는 그 자료를 제외한 나머지 자료들로부터 $\hat{y}_i$을 구하여 비교해 보는 것이 합리적인 분석이 될 것이다.

이러한 맥락에서 여기서는 먼저 일반적인 잔차 e_i 대신에 다음과 같은 **제외잔차**(deleted residual) d_i를 고려하기로 한다.

$$d_i = y_i - \hat{y}_{i(i)}$$

이 때, $\hat{y}_{i(i)}$은 i번째 관찰값을 제외한 나머지 $(n-1)$개의 자료로부터 추정된 회귀함수를 의미한다. 그러면 이러한 제외잔차를 표준화한 즉 **스튜던트화 제외잔차**(studentized deleted residual) d_i^*를 구하면 다음과 같다.

$$d_i^* = \frac{y_i - \hat{y}_{i(i)}}{\sqrt{MSE_{(i)}\,(1 + x_i'[X_{(i)}'X_{(i)}]^{-1}\,x_i)}}$$

여기서 $MSE_{(i)}$는 i번째 자료를 제외한 MSE를 의미하며 또한 $X_{(i)}$는 X행렬에서 i번째 행을 제외한 것을 의미하는데, 만약 i번째 관찰값 y_i가 이상값이 아니라면 d_i^*는 자유도가 $(n-k-2)$인 t분포를 따르게 된다. 한편 모든 자료에 대하여 별도로 $\hat{y}_{i(i)}$ 및 $MSE_{(i)}$를 계산하여 d_i^*를 구하는 것은 번거로울 수도 있으나, 다음의 등식관계를 이용하여 일반적인 e_i, SSE 및 h_{ii}로부터 직접 d_i^*를 구할 수가 있다.

$$d_i^* = \frac{e_i}{\sqrt{MSE_{(i)}(1-h_{ii})}} = \frac{e_i\sqrt{n-k-2}}{\sqrt{SSE(1-h_{ii})-e_i^2}}$$

이상의 스튜던트화 제외잔차를 이용한 이상값의 판단기준은 다음과 같다.

$$|d_i^*| \geq t_{\alpha/2,\,n-k-2}$$

즉 i번째 관찰값에 대한 스튜던트화 제외잔차의 절대값이 자유도가 $(n-k-2)$인 t분포의 기준값보다 크다면 유의수준 α에서 i번째 관찰값을 Y에 관한 이상값이라고 판단하게 된다.

(3) 영향력 있는 관찰값의 식별

앞에서 어떤 자료가 이상값이라고 하여 모두 회귀모형의 추정에 큰 영향을 미치는 것은 아니라고 하였다. 따라서 이상값이 확인된 경우에는 과연 이 이상값이 회귀모형의 추정에 큰 영향을 미치는지를 다시 살펴보아야 할 것이다. 이와 같이 회귀모형의 추정에 큰 영향력을 미치는 자료를 영향력 있는 관찰값이라 하는데, 이의 식별방법에 대하여 알아보기로 한다.

영향력 있는 관찰값을 식별하기 위한 방법으로는 다음의 몇 가지 일반적인 방법을 들 수 있다.

영향력 있는 관찰값의 일반적인 식별방법

- ▶ 쿡(Cook)의 거리측도
- ▶ *DFFITS*
- ▶ *DFBETAS*
- ▶ 마할라노비스(Mahalanobis)의 거리측도
- ▶ 앤드류-프리기븐(Andrew-Pregibon)의 통계량

그러나 이상에서 열거한 방법들은 모두 영향력 있는 관찰값을 식별하기 위한 기준으로 다음과 같이 i번째 관찰값을 포함한 경우와 제외한 경우의 추정된 회귀계수의 차이 또는 추정된 회귀모형의 차이를 고려한다는 점을 공통적인 특징으로 들 수 있겠다.

$$b - b_{(i)} \quad \text{또는} \quad \hat{y}_i - \hat{y}_{i(i)}$$

따라서 여기서는 *DFFITS*과 쿡의 거리측도에 대하여 설명하기로 한다.

▶ *DFFITS*

i번째 관찰값이 추정된 회귀모형의 값 $\hat{y}_i$에 미치는 영향력의 정도를 나타내는데 유용한 측도로 사용되는 $(DFFITS)_i$는 다음과 같이 정의된다.

$$(DFFITS)_i = \frac{y_i - \hat{y}_{i(i)}}{\sqrt{MSE_{(i)}\, h_{ii}}}$$

한편 $(DFFITS)_i$ 값은 다음과 같이 i번째 관찰값을 포함한 전체 자료로부터도 계산될 수 있는데, 여기서 d_i^*는 스튜던트화 제외잔차를 의미한다.

$$(DFFITS)_i = d_i^* \sqrt{\frac{h_{ii}}{(1-h_{ii})}}$$

만일 i번째 관찰값이 높은 레버리지 h_{ii}값을 갖는다면 $(DFFITS)_i$의 절대값은 커지게 될 것이다. 따라서 어떤 자료의 $(DFFITS)_i$값이 기준값보다 더 크다면 그 자료를 영향력 있는 관찰값이라고 간주하게 되는데, 이 때의 기준값은 다음과 같이 표본크기에 따라 다르게 제시되고 있다.

DFFITS를 이용한 영향력 있는 관찰값의 결정기준

- 표본크기가 작은 경우 : $|(DFFITS)_i| \geq 1$
- 표본크기가 큰 경우 : $|(DFFITS)_i| \geq 2\sqrt{\frac{(k+1)}{n}}$

▶ 쿡의 거리측도

앞에서 설명한 $(DFFITS)_i$이 i번째 관찰값이 추정된 회귀모형의 값 $\hat{y}_i$에 미치는 영향력이었다면, 여기서 설명하려는 **쿡의 거리측도**(Cook's distance measure)는 i번째 관찰값이 i개의 적합값 전체에 미치는 영향력의 크기를 나타낸다고 할 수 있는데, 다음과 같이 정의된다.

$$D_i = \frac{\sum_{j=1}^{n} (\hat{y}_j - \hat{y}_{j(i)})^2}{(k+1)\, MSE}$$

역시 쿡의 거리측도 D_i도 다음과 같이 전체 자료로부터 계산될 수 있다.

$$D_i = \frac{e_i^2}{(k+1)\, MSE} \cdot \frac{h_{ii}}{(1-h_{ii})^2}$$

쿡의 거리측도 D_i는 잔차 e_i의 크기와 레버리지 h_{ii}의 값에 의하여 영향을 받음을 알 수 있다. 즉 잔차와 레버리지 값이 클수록 쿡의 거리측도가 커지게 된다. 따라서 쿡의 거리측도를 이용한 영향력 있는 관찰값의 결정기준은 다음과 같다.

$$D_i > F_{.50,\, k+1,\, n-k-1}$$

즉 i번째 관찰값에 대한 쿡의 거리측도가 자유도가 $(k+1)$과 $(n-k-1)$인 F분포의 50퍼센타일값 이상이라면, 그 자료를 영향력이 있는 관찰값으로 간주하게 된다.

〔예제 8-4〕 다음의 자료로부터 회귀모형을 추정하고 X 또는 Y에 관한 이상값을 식별하시오. 또한 영향력 있는 관찰값이 존재하는지를 판단하시오.

y :	95	71	83	91	102	87	93	100	104	94	113	96	83	84	102	100	105	57	121	86	100
x :	15	26	10	9	15	20	18	11	8	20	7	9	10	11	11	10	12	42	17	11	10

☞ 먼저 자료의 산점도와 회귀방정식을 추정한 결과는 다음의 <그림 8-6>과 같은데, 유의성검정 결과 (b)의 추정된 회귀모형 $\hat{y} = 109.87 - 1.127x$는 매우 유의한 것으로 나타났다.

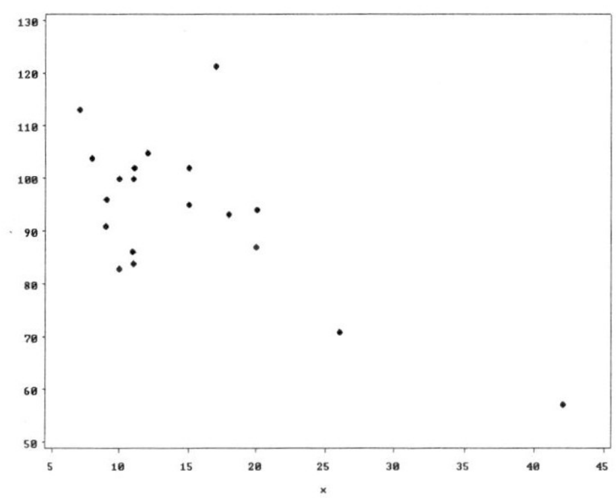
(a)

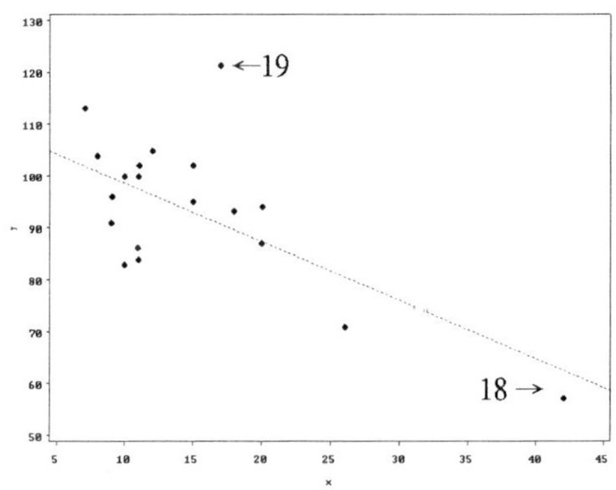

(b)

〈그림 8-6〉 산점도와 회귀모형의 추정

위의 산점도를 보면 18번째 자료가 추세선상의 끝부분에 위치해 있으며, 또한 19번째 자료는 다른 자료로부터 상당히 동떨어져 있음을 알 수 있다. 따라서 이 두 관찰값을 각각 영향력 있는 관찰값이 아닌지 또는 이상값이 아닌지를 의심하게 된다.

그러면 여기서 영향력 있는 관찰값을 판단하기 위하여 자료로부터 잔차 e_i, 레버리지 h_{ii}, 스튜던트화 잔차 e_i^*, 스튜던트화 제외잔차 d_i^*, $(DFFITS)_i$ 및 쿡의 거리측도 D_i를 구한 결과는 다음의 <표 8-2>와 같다.

〈표 8-2〉 영향력 있는 관찰값의 판단을 위한 각종 통계량

표본	e_i	h_{ii}	e_i^*	d_i^*	$(DFFITS)_i$	D_i
1	2.0310	0.0479	0.189	0.1840	0.0413	0.001
2	-9.5721	0.1545	-0.944	-0.9416	-0.4025	0.081
3	-15.6040	0.0628	-1.462	-1.5108	-0.3911	0.072
4	-8.7309	0.0705	-0.822	-0.8143	-0.2243	0.026
5	9.0310	0.0479	0.840	0.8329	0.1869	0.018
6	-0.3341	0.0726	-0.0315	-0.0306	-0.0086	0.000
7	3.4120	0.0580	0.319	0.3112	0.0772	0.003
8	2.5230	0.0567	0.236	0.2297	0.0563	0.002
9	3.1421	0.0799	0.297	0.2899	0.0854	0.004
10	6.6659	0.0726	0.628	0.6177	0.1728	0.015
11	11.0151	0.0908	1.048	1.0508	0.3320	0.055
12	-3.7309	0.0705	-0.351	-0.3428	-0.0944	0.005
13	-15.6040	0.0628	-1.462	-1.5108	-0.3911	0.072
14	-13.4770	0.0567	-1.259	-1.2798	-0.3137	0.048
15	4.5230	0.0567	0.422	0.4132	0.1013	0.005
16	1.3960	0.0628	0.131	0.1274	0.0330	0.001
17	8.6500	0.0521	0.806	0.7983	0.1872	0.018
18	-5.5403	0.6516	-0.852	-0.8451	-1.1558	0.678
19	30.2850	0.0531	2.823	3.6070	0.8537	0.223
20	-11.4770	0.0567	-1.072	-1.0765	-0.2638	0.035
21	1.3960	0.0628	0.131	0.1274	0.0330	0.001

① 잔차 e_i의 진단

산점도에서는 18번째 및 19번째 자료가 다른 자료에 비해 동떨어져 있었으나, 18번째 자료는 추정된 회귀직선의 연장선상에 있으므로 잔차가 작게 나타났으며 다만 19번째 자료만이 잔차가 큰 값을 갖는다는 것을 알 수 있다.

② 레버리지 h_{ii}의 진단

산점도에서 짐작할 수 있듯이 18번째 자료의 레버리지 값이 가장 크게 구해졌는

데, 이는 X에 관한 이상값이라고 판단할 수 있는 기준값 0.19를 초과하고 있다. 한편 다른 자료의 레버리지는 모두 0.19보다 작게 나타났으므로 X에 관한 이상값은 18번째 자료 하나임을 알 수 있다.

③ 스튜던트화 잔차 e_i^*의 진단

룬드가 제시한 스튜던트화 잔차의 임계값으로부터 이 때의 기준값이 2.80임을 구할 수 있는데, 이를 초과하는 자료는 19번째 자료 하나임을 알 수 있다.

④ 스튜던트화 제외잔차 d_i^*의 진단

이 경우의 기준값은 $t_{\alpha/2,\, n-k-2} = t_{.025,\, 18} = 2.10$이 되는데, 역시 19번째 자료만이 기준을 초과하고 있다. 따라서 19번째 자료를 Y에 관한 이상값으로 판단한다.

⑤ $(DFFITS)_i$의 진단

여기서의 표본크기가 21이라는 점을 감안할 때, 영향력 있는 관찰값의 판단기준은 $(DFFITS)_i$의 값이 1이상이 된다. 이에 해당하는 자료는 18번째 자료 하나이다. 참고로 <그림 8-6>의 산점도를 보면 바로 이 자료의 큰 영향을 받아 (b)에서와 같이 음의 기울기를 갖는 회귀함수가 추정되었음을 알 수 있다.

⑥ 쿡의 거리측도 D_i의 진단

쿡의 거리측도 측면에서는 18번째 자료가 0.678로 가장 큰 D_i값을 갖는 것으로 나타났으나, 이 경우의 기준값인 $F_{.50,\, k+1,\, n-k-1} = F_{.50,\, 2,\, 19} = 0.719$보다는 작음을 알 수 있다. 따라서 쿡의 거리측도에 따른 기준으로는 영향력 있는 관찰값은 존재하지 않는다고 결론을 내리게 된다. 그러면 18번째 자료가 영향력 있는 관찰값이라는 앞의 $(DFFITS)_i$의 기준과는 상치되는데, 이러한 경우에는 종합적인 판단을 위하여 또 다른 기준을 더 적용해 볼 수 있겠다. ■

제4절 경로분석

여기서는 **경로분석**(path analysis)이라는 기법을 통하여 어떤 변수가 특정 변수에 직접 또는 간접적으로 미치는 효과에 대하여 알아보기로 한다. 경로분석은 다음 <그림 8-7>의 과정을 일반화시킨 것이다. 변수들을 원인과 효과의 순서로 나열해 놓고, 각 변수는 왼쪽에 있는 변수들에 대하여 회귀관계를 따진다. 이 결과를 이용하여 변수들 사이의 효과를 분석한다.

켄달(Kendall, 1977)의 세계산아실태조사(world fertility survey)를 예로 들어 보자. 이 연구 중 하나의 경우로 4700여 명의 피지(Fiji) 여성을 대상으로 이들의 나이, 교육기간 및 출산횟수를 조사한 자료로부터 다음의 두 회귀방정식이 추정되었다고 한다. 여기서 y, x_1 및 x_2는 각각 출산횟수, 나이 그리고 교육기간을 의미한다.

$$y = 3.4 + 0.059x_1 - 0.16x_2$$
$$x_2 = 7.6 - 0.032x_1$$

앞의 두 회귀방정식 중 첫 번째는 나이와 교육기간이 출산횟수에 미치는 영향을 나타내며, 또한 두 번째 회귀방정식은 여성의 나이와 교육기간 사이의 관계를 나타내고 있다.

그러면 여성의 나이와 교육기간이 출산횟수에 미치는 효과를 살펴보기로 한다. 여기서 **효과**(effect)란 어떤 변수가 특정변수에 미치는 영향력의 정도로 정의되는데, 직접효과와 간접효과로 구분된다. 먼저 교육기간 x_2가 출산횟수 y에 미치는 효과는 위의 첫 번째 회귀방정식으로부터 -0.16임을 알 수 있다. 즉 교육기간이 1년 더 많은 여성은 출산횟수가 0.16만큼 적음을 의미한다.

출산횟수에 대한 교육기간 x_2의 효과 = -0.16

한편 나이 x_1이 출산횟수 y에 미치는 효과는 직접효과와 간접효과의 두 가지로 구분된다. 여기서 **직접효과**(direct effect)란 나이가 출산횟수에 미치는 직접적인 영향이고, **간접효과**(indirect effect)란 나이가 다른 변수 등을 통하여 출산횟수에 미치는 간접적인 영향으로 정의된다. 따라서 출산횟수에 대한 나이의 직접효과는 앞의 교육기간의 경우와 마찬가지로 위의 첫 번째 회귀방정식으로부터 0.059로 구해진다.

출산횟수에 대한 나이 x_1의 직접효과 = 0.059

또한 간접효과는 나이가 교육기간을 통하여 출산횟수에 미치는 영향을 의미하는데, 이를 구하기 위하여 먼저 앞의 두 회귀방정식으로 표현된 세 변수간의 영향력 관계를 나타내면 다음의 <그림 8-7>과 같다.

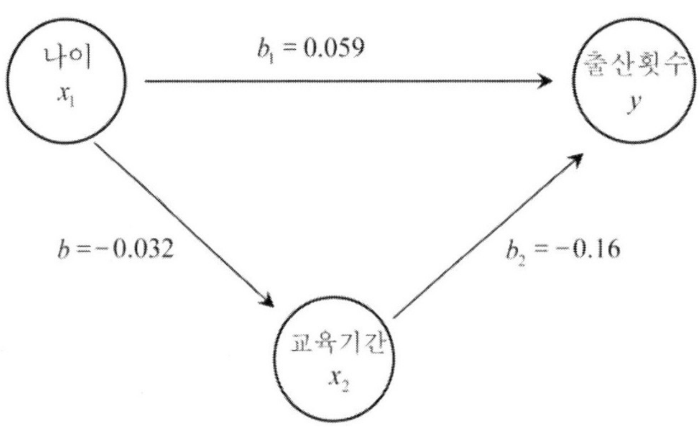

〈그림 8-7〉 출산횟수에 영향을 미치는 나이와 교육기간의 경로도

이와 같이 변수들을 원인과 결과의 관계로 구분하여 순서대로 나타낸 그림을 변수간의 **경로도**(path diagram)라 하는데, 위의 <그림 8-7>에서 b_1과 b_2는 출산횟수에 영향을 주는 나이와 교육기간의 다중회귀계수 그리고 b는 나이와 교육기간 사이의 단순회귀계수를 나타낸다. 그러면 나이가 교육기간을 통하여 출산횟수에 미치는 간접효과는 위의 경로도 중 x_1에서 x_2를 통하여 y에 이르는 경로를 이용하여 다음과 같이 구해진다.

출산횟수에 대한 나이의 간접효과 = (-0.032)×(-0.16) = 0.005

따라서 출산횟수에 대한 나이의 총효과는 앞에서 구한 직접효과 0.059와 간접효과 0.005를 더한 0.064가 된다.

출산횟수에 대한 나이의 총효과 = 직접효과 + 간접효과 = 0.059 + 0.005 = 0.064

이와 같이 어떤 변수에 대한 특정 변수의 효과는 경로도를 작성하면 주어진 경로에 따라 직접효과와 간접효과로 구분하여 쉽게 구할 수 있다.

〔예제 8-5〕 앞에서 다룬 피지 여성을 대상으로 하는 출산횟수에 관한 연구에서 결혼연령이라는 새로운 변수 x_3를 추가하여 각 변수간의 회귀방정식을 다시 추정한 결과는 다음과 같다.

$$y = 0.062x_1 - 0.05x_2 - 0.28x_3$$
$$x_3 = 0.012x_1 + 0.38x_2$$
$$x_2 = -0.032x_1$$

여기서 출산횟수, 나이, 교육기간 및 결혼연령 사이의 경로도를 구한 후, 출산횟수에 대한 나머지 세 변수의 총효과를 각각 구하시오.

☞ 먼저 앞의 회귀방정식으로부터 네 변수 사이의 경로도를 구하면 다음의 <그림 8-8>과 같다.

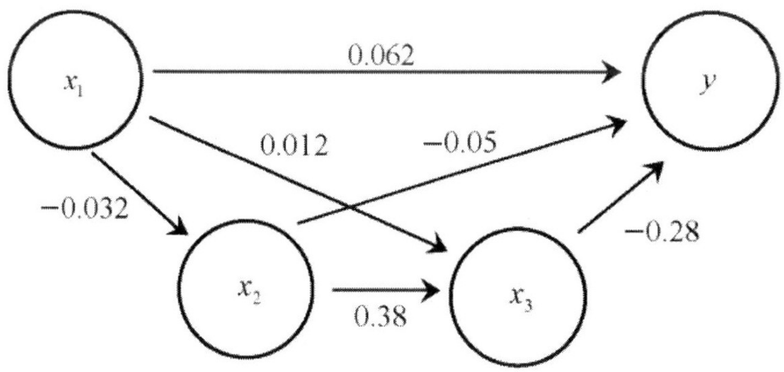

〈그림 8-8〉 출산횟수에 영향을 미치는 나이, 교육기간 및 결혼연령의 경로도

a) 결혼연령 x_3가 출산횟수에 미치는 효과

x_3로부터 y에 이르는 경로는 위의 그림에서 보는 바와 같이 직접효과 단 하나만이 존재한다. 따라서 결혼연령이 출산횟수에 미치는 효과는 -0.28이다.

b) 교육기간 x_2가 출산횟수에 미치는 효과

x_2로부터 y에 이르는 경로는 직접경로와 x_3를 통한 간접경로의 두 가지로 구분된다. 따라서 교육기간이 출산횟수에 미치는 총효과는 아래에서 보는 바와 같이 직접효과 -0.05와 간접효과 -0.11을 합한 -0.16이 됨을 알 수 있다.

- 직접효과 : -0.05
- 간접효과 : (0.38) × (-0.28) = -0.11

c) 나이 x_1이 출산횟수에 미치는 효과

x_1으로부터 y에 이르는 경로는 직접경로와 간접경로의 두 가지로 구분되며, 간접경로는 다시 x_2를 통한 경로와 x_3를 통한 경로로 구성된다. 또한 x_2를 통한 간접경로는 x_2만을 통하는 경로와 x_2 및 x_3를 모두 통하는 경로로 구분된다. 각 경로별 효과는 다음과 같이 구해진다.

- 직접효과 : 0.062
- 간접효과 : 0.002

① x_3를 통한 효과 : (0.12)×(-0.28) = -0.003

② x_2만을 통한 효과 : (-0.032)×(-0.05) = 0.002

③ x_2와 x_3를 통한 효과 : (-0.032)×(0.38)×(-0.28) = 0.003

따라서 나이가 출산횟수에 미치는 총효과는 직접경로에 의한 0.062와 세 가지의 간접경로에 의한 0.002의 합인 0.064가 된다. ■

제5절 요약

1. 두 회귀신의 동일성 검정

(1) 두 회귀선의 동일성 검정

▶ 해당가설 : $H_0: \beta_{01} = \beta_{02}$ 그리고 $\beta_{11} = \beta_{12}$

H_1: H_0이 아님

▶ 완전모형 : $y_{1i} = \beta_{01} + \beta_{11} x_{1i} + \epsilon_{1i}, \quad \epsilon_{1i} \sim N(0, \sigma^2)$

$y_{2i} = \beta_{02} + \beta_{12} x_{2i} + \epsilon_{2i}, \quad \epsilon_{2i} \sim N(0, \sigma^2)$

▶ 축소모형 : $y_{ji} = \beta_0 + \beta_1 x_{ji} + \epsilon_{ji}, \quad \epsilon_{ji} \sim N(0, \sigma^2)$

▶ 검정통계량 : $F_0 = \dfrac{[SSE(R) - SSE(F)]/2}{SSE(F)/(n_1 + n_2 - 4)}$

▶ 의사결정기준 : 만일 $F_0 > F_{\alpha, 2, n_1 + n_2 - 4}$ 이면, H_0을 기각함

(2) 두 회귀선의 기울기에 대한 동일성 검정

▶ 해당가설 : $H_0: \beta_{11} - \beta_{12} = 0$

$H_1: \beta_{11} - \beta_{12} \neq 0$

▶ 검정통계량 :

$$t_0 = \frac{b_{11} - b_{12}}{\sqrt{MSE} \sqrt{\left(\dfrac{1}{\sum_{i=1}^{n_1} (x_{1i} - \bar{x}_1)^2} + \dfrac{1}{\sum_{i=1}^{n_2} (x_{2i} - \bar{x}_2)^2} \right)}}$$

▶ 의사결정기준 : 만일 $|t_0| > t_{\alpha/2, n_1 + n_2 - 4}$ 이면, H_0을 기각함

2. 다공선성

▶ 다공선성 : 회귀모형을 구성하는 독립변수 사이의 상관관계가 높은 경우에 발생하는데, 모형의 추정에 나쁜 영향을 초래함

▶ 다공선성의 발생원인 :
- 잘못된 자료수집과정
- 모집단 또는 모형에서의 제한사항
- 회귀모형의 형태
- 과다한 독립변수의 설정

▶ 다공선성의 진단방법 :
- 상관행렬의 탐색
- 분산팽창계수의 검토
- 하나의 독립변수 또는 자료를 추가하거나 삭제하여 회귀계수 추정값의 변화를 관찰함

▶ 다공선성의 해결방법 :
- 자료의 추가 수집
- 회귀모형의 재설정
- 새로운 모수추정방법의 적용

3. 이상값과 영향력 있는 관찰값

▶ X에 관한 이상값의 식별 → 레버리지 이용

▶ Y에 관한 이상값의 식별 → 스튜던트잔차, 스튜던트 제외잔차 이용

▶ 영향력 있는 관찰값의 식별 → $DFFITS$, 쿡의 거리측도 등을 이용

4. 경로분석

▶ 경 로 도 : 변수 사이의 영향력 관계를 나타내는 그림

▶ 효 과 : 어떤 변수가 특정 변수에 미치는 영향력의 정도로 정의되며, 직접효과와 간접효과로 구분됨

▶ 직접효과 : 어떤 변수가 특정 변수에 직접적으로 미치는 효과

▶ 간접효과 : 어떤 변수가 다른 변수를 매개로 하여 특정 변수에 미치는 간접적인 효과

■ 연습문제

[8.1] 다음 문장을 읽고 옳으면 '○'표, 또한 틀리면 '×'표를 한 후 틀린 곳을 바르게 고치시오.

a) 두 회귀선의 동일성 검정을 하는 목적은 두 개의 표본을 통합하여 하나의 회귀모형을 추정하기 위함이다.

b) 다공선성은 종속변수와 독립변수간의 높은 상관관계에서 기인한다.

c) 종속변수의 추정이 목적이라면 다공선성은 크게 문제되지 않을 수도 있다.

d) 다공선성이 존재한다면 일반적으로 회귀계수 추정량의 분산이 커진다.

e) 분석하려는 자료에 다공선성이 존재한다면 다항회귀를 적용하는 것이 바람직하다.

f) 회귀모형의 추정에 나쁜 영향을 미치는 자료를 이상점이라 한다.

g) 경로분석에서 원인과 결과의 관계는 객관적으로 증명될 수 없는 경우도 많다.

[8.2] 다음은 백화점에서의 구매금액에 따른 소요시간을 남녀별로 조사한 자료이다. 소요시간을 종속변수로 하고 구매금액을 독립변수로 할 때, 성별에 따른 두 회귀모형의 동일성 여부를 5%의 유의수준하에 검정하시오.

① 남자 고객의 자료

소요시간 :	0.3	2.2	4.2	0.8	0.4	4.4	0.2	2.5	3.1	3.8
구매금액 :	2.8	16.2	34.7	7.8	4.2	43.6	1.2	19.6	25.4	30.2

② 여자 고객의 자료

소요시간 :	1.2	3.6	0.4	4.9	2.0	2.2	4.2	3.2	2.5	0.5
구매금액 :	8.6	28.4	3.2	54.8	12.8	15.6	32.6	26.4	16.4	2.9

[8.3] 두 개의 독립변수가 존재하는 다음의 결과물을 참조하여 X 또는 Y에 관한 이상점이 존재하는지를 분석하시오.

자료#	h_{ii}	d_i^*	자료#	h_{ii}	d_i^*
1	.095	.258	11	.129	-.148
2	.106	.344	12	.156	.298
3	.197	.335	13	.096	1.760
4	.067	-1.176	14	.115	1.117
5	.050	.409	15	.110	-1.034
6	.201	-.730	16	.120	.137
7	.059	1.534	17	.109	.923
8	.372	-1.656	18	.178	-1.825
9	.111	-1.348	19	.148	1.524
10	.248	.000	20	.333	.267

[8.4] 전체 자료의 수가 15이고 두 개의 독립변수가 존재하는 다음의 결과물을 참조하여 X 또는 Y에 관한 이상점이 각각 존재하는지를 분석하시오.

자료#	h_{ii}	d_i^*	자료#	h_{ii}	d_i^*
1	.183	.325	9	.161	-1.834
2	.116	.534	10	.408	.000
3	.317	.633	11	.174	.318
4	.102	-2.517	12	.156	2.389
5	.085	.140	13	.151	1.476
6	.211	.273	14	.110	-1.011
7	.079	-1.253	15	.315	1.203
8	.432	1.465			

[8.5] 다음은 아들의 연소득과 교육기간 그리고 아버지의 연소득과 교육기간이라는 네 변수의 자료로부터 도출된 회귀방정식을 나타내고 있다.

$$x_2 = 0.65\,x_1$$

$$x_3 = 0.15\,x_1 - 0.08\,x_2$$

$$y = 0.10\,x_1 + 0.04\,x_2 + 0.20\,x_3$$

네 변수 사이의 적절한 경로도를 구한 후, 아들의 연소득에 대한 다음 변수의 총효과를 구하시오.

a) 아들의 교육기간 x_3

b) 아버지의 연소득 x_2

c) 아버지의 교육기간 x_1

[8.6] 어느 회사에서는 직원들의 연봉액이 그들의 초등학교 성적, 중학교 성적, 고등학교 성적 및 대학교 성적과 어떠한 관련이 있는가를 알아 보고자 해당자료로부터 다음의 회귀방정식을 추정했다고 한다.

$$y = -0.01\,x_1 + 0.12\,x_2 + 0.40\,x_3 + 0.21\,x_4$$

$$x_4 = 0.02\,x_1 + 0.22\,x_2 + 0.43\,x_3$$

$$x_3 = 0.31\,x_1 + 0.28\,x_2$$

$$x_2 = 0.52\,x_1$$

모두 다섯 개의 변수로 구성되는 경로도를 구한 후, 연봉액에 대한 다음 변수의 총효과를 구하시오.

a) 대학교 성적 x_4

b) 고등학교 성적 x_3

c) 중학교 성적 x_2

d) 초등학교 성적 x_1

9

지시변수를 이용한 회귀분석

제9장 지시변수를 이용한 회귀분석

일반적인 회귀모형에서의 종속변수와 독립변수는 모두 양적변수의 형태를 취하게 된다. 양적변수는 ㎝, ㎏, ℃ 등과 같이 크기로 표현되는 변수이고, 질적변수는 성별, 출신학교, 국적 등 범주를 나타내는 변수이다. 그러나 회귀분석에서 양적변수 외에 질적변수의 이용도 가능하며, 사실상 많은 경우에 이러한 질적변수가 적용되고 있다. 이러한 질적변수는 독립변수로 이용될 수도 있으며 또한 종속변수로 이용될 수도 있다. 회귀모형에서 종속변수가 질적일 때는 **로짓모형**(logit model) 등 특별한 모형으로 다루거나, **판별분석**(discriminant analysis)을 이용하기도 한다. 여기서는 먼저 질적변수가 독립변수로 이용되는 경우를 다룬 후 종속변수로 사용되는 경우에 대해서도 알아보기로 한다.

제1절 질적변수가 하나인 회귀모형

회귀모형에서 질적변수를 직접 다룰 수 없으므로 이러한 질적변수를 다른 형태로 계량화하여 사용한다. 예를 들어 앞에서 다룬 몸무게와 키의 예에서 흑인, 백인 및 황인이라는 세 가지 범주를 갖는 질적변수를 반영하기 위해서는 다음과 같이 두 개의 양적변수를 필요로 한다.

$$x_2 = \begin{cases} 1, & \text{만일 흑인이면} \\ 0, & \text{그렇지 않으면} \end{cases}, \qquad x_3 = \begin{cases} 1, & \text{만일 백인이면} \\ 0, & \text{그렇지 않으면} \end{cases}$$

일반적으로 a가지의 범주를 갖는 질적변수는 $(a-1)$개의 다른 변수로 계량화된다. 앞의 예에서 질적변수인 세 가지 인종을 구분하기 위하여 0 또는 1의 값으로 나타내지는 두 개의 독립변수 x_2와 x_3를 **지시변수**(indicator variable) 또는 **가변수**(dummy variable)라고 한다. 이 때, $x_2 = x_3 = 0$인 경우가 황인을 의미하는데, 종속변수인 몸무게 y 그리고 키를 나타내는 독립변수 x_1과 함께 회귀모형을 설정하면 다음과 같다.

$$y \;=\; \beta_0 + \underset{\text{키}}{\underline{\beta_1 x_1}} + \underset{\text{인종}}{\underline{\beta_2 x_2 + \beta_3 x_3}} + \epsilon$$

그러면 위의 회귀모형은 이제까지와 동일한 방법으로 추정될 수 있는데, 그 결과가 다음과 같다고 가정한다.

$$\hat{y} \;=\; b_0 + b_1 x_1 + b_2 x_2 + b_3 x_3$$

한편 추정된 회귀모형은 다음과 같이 세 가지 인종에 따라 구분될 수 있다.

$$\left[\begin{array}{l} \text{황인} : \hat{y} \;=\; b_0 + b_1 x_1 \\ \text{흑인} : \hat{y} \;=\; (b_0 + b_2) + b_1 x_1 \\ \text{백인} : \hat{y} \;=\; (b_0 + b_3) + b_1 x_1 \end{array}\right.$$

이를 그림으로 나타내면 다음의 <그림 9-1>과 같은데, 세 가지 인종의 경우 모두 기울기에 대한 회귀계수 추정값이 b_1으로 동일함을 알 수 있다.

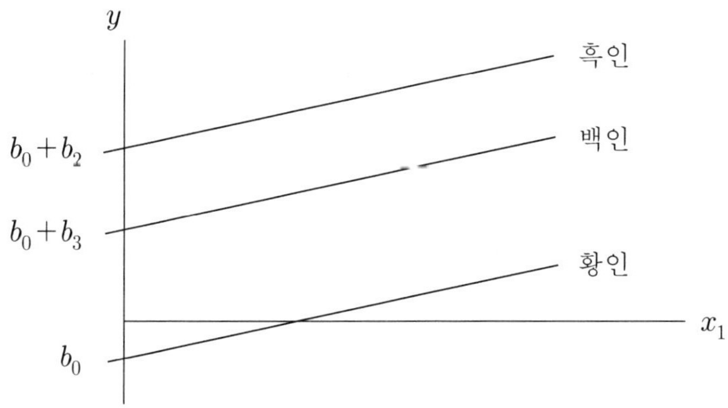

〈그림 9-1〉 세 가지 인종에 따른 추정된 회귀모형의 비교

즉 키의 변화에 따른 몸무게의 변화비율이 모두 똑같다는 의미이다.

이제까지의 회귀모형은 두 가지 독립변수인 키와 인종 사이에 **상호작용**(interaction)이 없다고 가정한 경우인데, 이제 키와 인종 사이에 상호작용이 존재하는 다음의 경우를 살펴보기로 한다.

$$y = \beta_0 + \underbrace{\beta_1 x_1}_{\text{키}} + \underbrace{\beta_2 x_2 + \beta_3 x_3}_{\text{인종}} + \underbrace{\beta_4 x_1 x_2 + \beta_5 x_1 x_3}_{\text{교호작용}} + \epsilon$$

그러면 키와 인종 사이에 상호작용이 존재하는 위의 회귀모형에 대한 추정결과가 다음과 같다고 가정한다.

$$\hat{y} = b_0 + b_1 x_1 + b_2 x_2 + b_3 x_3 + b_4 x_1 x_2 + b_5 x_1 x_3$$

앞에서와 마찬가지로 추정된 회귀모형은 다음과 같이 세 가지 인종에 따라 구분될 수 있다.

$$\begin{cases} \text{황인} : \hat{y} = b_0 + b_1 x_1 \\ \text{흑인} : \hat{y} = (b_0 + b_2) + (b_1 + b_4) x_1 \\ \text{백인} : \hat{y} = (b_0 + b_3) + (b_1 + b_5) x_1 \end{cases}$$

다음의 <그림 9-2>는 상호작용이 존재하는 경우의 인종에 따른 회귀모형을 보여 주고 있는데, 이 경우에는 절편뿐만 아니라 기울기도 달라짐을 알 수 있다.

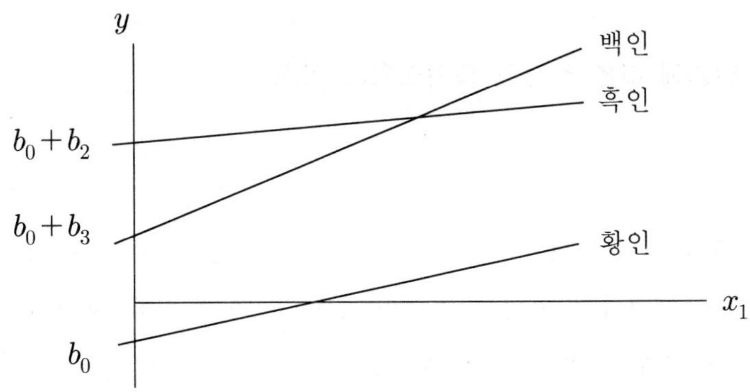

〈그림 9-2〉 상호작용이 존재하는 경우의 회귀모형

〔예제 9-1〕 다음은 전구의 수명시간과 사용횟수 그리고 제조회사(A 또는 B)를 나타내는 자료이다. 이 자료로부터 사용횟수와 제조회사를 독립변수로 하며 상호작용을 포함하는 회귀모형을 설정하시오.

수명시간	:	30	34	14	23	20	19	42	25	17	18
사용횟수	:	81	20	266	109	227	261	157	213	294	235
제조회사	:	A	A	A	A	A	B	B	B	B	B

☞ 앞의 자료에 회귀모형을 설정하기 위하여 필요한 변수를 정의하면 다음과 같다.

- y : 전구의 수명시간
- x_1 : 사용횟수
- x_2 : 제조회사 (여기서 A → $x_2=0$, B → $x_2=1$)
- $x_1 x_2$: 사용횟수와 제조회사의 교호작용

이상에서 정의된 변수를 이용하여 상호작용을 포함하는 회귀모형을 설정하면 다음과 같다.

$$y = \beta_0 + \beta_1 x_1 + \beta_2 x_2 + \beta_3 x_1 x_2 + \epsilon$$

위의 회귀모형을 추정한 결과는 다음과 같다.

$$\hat{y} = 34.613 - 0.074\,x_1 + 32.294\,x_2 - 0.110\,x_1 x_2$$

따라서 제조회사별 추정된 회귀모형은 다음과 같다.

- A회사의 회귀모형 : $\hat{y} = 34.613 - 0.074\,x_1$
- B회사의 회귀모형 : $\hat{y} = 66.907 - 0.184\,x_1$ ■

제2절 질적변수가 두 개인 회귀모형

앞에서 질적변수가 하나인 경우를 다루었다. 여기서는 이의 확장으로 독립변수 중에서 두 개가 질적변수인 경우를 다루기로 한다. 예를 들어 앞의 회귀모형에서 만약 성별에 대한 질적변수도 함께 고려하고 싶다면, 성별은 남녀 두 가지이므로 다음과 같이 하나의 지시변수 x_4가 새로 추가되어야 할 것이다.

$$x_4 = \begin{cases} 1, \text{ 만일 남자이면} \\ 0, \text{ 만일 여자이면} \end{cases}$$

그러면 앞의 회귀모형에 성별이라는 질적변수를 추가하여 모형을 설정한 결과는 다음과 같다.

$$y = \beta_0 + \underbrace{\beta_1 x_1}_{\text{키}} + \underbrace{\beta_2 x_2 + \beta_3 x_3}_{\text{인종}} + \underbrace{\beta_4 x_4}_{\text{성별}} + \epsilon$$

위의 회귀모형을 추정한 결과가 다음과 같다고 가정한다.

$$\hat{y} = b_0 + b_1 x_1 + b_2 x_2 + b_3 x_3 + b_4 x_4$$

여기서 추정된 회귀모형을 세 가지 인종과 성별에 따라 구분하면 다음과 같다.

$$\begin{aligned}
&\text{황인 여자} : \hat{y} = b_0 + b_1 x_1 \\
&\text{황인 남자} : \hat{y} = (b_0 + b_4) + b_1 x_1 \\
&\text{흑인 여자} : \hat{y} = (b_0 + b_2) + b_1 x_1 \\
&\text{흑인 남자} : \hat{y} = (b_0 + b_2 + b_4) + b_1 x_1 \\
&\text{백인 여자} : \hat{y} = (b_0 + b_3) + b_1 x_1 \\
&\text{백인 남자} : \hat{y} = (b_0 + b_3 + b_4) + b_1 x_1
\end{aligned}$$

인종과 성별에 따라 여섯 가지의 경우로 구분된 위의 회귀모형에 있어서도 절편만이 다를 뿐 기울기는 모두 동일함을 알 수 있다. 그러면 이제 키와 인종 그리고 성별 사이에 상호작용이 존재하는 다음의 회귀모형을 다루기로 한다.

$$y = \beta_0 + \beta_1 x_1 + \beta_2 x_2 + \beta_3 x_3 + \beta_4 x_4 + \underbrace{\beta_5 x_1 x_2 + \beta_6 x_1 x_3}_{\text{키와 인종}}$$

$$+ \underbrace{\beta_7 x_1 x_4}_{\text{키와 성별}} + \underbrace{\beta_8 x_2 x_4 + \beta_9 x_3 x_4}_{\text{인종과 성별}} + \epsilon$$

앞의 회귀모형이 다음과 같이 추정되었다고 가정하자.

$$\hat{y} = b_0 + b_1 x_1 + b_2 x_2 + b_3 x_3 + b_4 x_4$$

$$+ b_5 x_1 x_2 + b_6 x_1 x_3 + b_7 x_1 x_4 + b_8 x_2 x_4 + b_9 x_3 x_4$$

그러면 상호작용이 존재한다고 가정하고 추정된 회귀모형을 세 가지 인종과 성별에 따라 구분한 결과는 다음과 같다.

- 황인 여자 : $\hat{y} = b_0 + b_1 x_1$
- 황인 남자 : $\hat{y} = (b_0 + b_4) + (b_1 + b_7)x_1$
- 흑인 여자 : $\hat{y} = (b_0 + b_2) + (b_1 + b_5)x_1$
- 흑인 남자 : $\hat{y} = (b_0 + b_2 + b_4 + b_8) + (b_1 + b_5 + b_7)x_1$
- 백인 여자 : $\hat{y} = (b_0 + b_3) + (b_1 + b_6)x_1$
- 백인 남자 : $\hat{y} = (b_0 + b_3 + b_4 + b_9) + (b_1 + b_6 + b_7)x_1$

제3절 구간 선형회귀

여기서는 독립변수의 범위에 따라 종속변수와 독립변수 사이의 회귀모형이 달라지는 경우를 다루기로 한다. 이러한 예로는 어느 공장에서 원료를 구입하는 경우를 들 수 있겠다. 예를 들어 <그림 9-3>과 같이 독립변수를 주문량이라 하고 종속변수를 주문량에 따른 구입단가라고 한다면, 주문량이 증가할수록 구입단가는 작아지게 되는데 주문량이 어떤 값 x_p를 초과하는 경우에는 구입단가가 급속도로 작아지는 경우를 고려해보자.

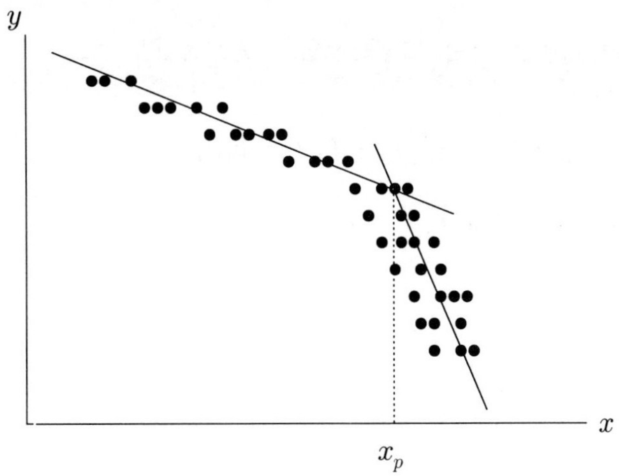

〈그림 9-3〉 구간 선형회귀모형

위의 그림에서와 같이 독립변수와 종속변수 사이의 회귀모형이 독립변수의 범위에 따라 직선의 기울기가 달라지는 회귀모형을 **구간 선형회귀모형**(piecewise linear regression model)이라고 한다. 그러나 <그림 9-3>과 같이 독립변수의 구간에 따라 두 개의 회귀모형으로 구분되는 구간 선형회귀모형의 경우에도 지시변수를 이용하여 하나의 회귀모형으로 나타낼 수가 있다.

그러면 앞의 예에서 구입단가가 급격히 변하게 되는 주문량 x_p의 값을 100이라고 가정하고 구간 선형회귀모형을 설정하면 다음과 같다.

$$y_i = \beta_0 + \beta_1 x_{1i} + \beta_2 (x_{1i} - 100) x_{2i} + \epsilon_i$$

여기서 y와 x_1은 각각 구입단가와 주문량을 의미하는 종속변수와 독립변수이고, 또 다른 독립변수 x_2는 다음과 같이 정의되는 지시변수이다.

$$x_2 = \begin{cases} 1, \text{ 만일 } x_1 > 100 \text{ 이면} \\ 0, \text{ 그렇지 않으면} \end{cases}$$

이제 앞의 구간 선형회귀모형이 다음과 같이 추정되었다고 가정한다.

$$\hat{y} = b_0 + b_1 x_1 + b_2 (x_1 - 100) x_2$$

그러면 이 구간 선형회귀모형은 주문량 100을 기준으로 하여 절편과 기울기가 각각 다른 다음 두 개의 회귀모형으로 구분될 수 있다.

- 주문량이 100 이하인 경우 : $\hat{y} = b_0 + b_1 x_1$
- 주문량이 100 이상인 경우 : $\hat{y} = (b_0 - 100 b_2) + (b_1 + b_2) x_1$

〔예제 9-2〕 다음은 주문량에 따른 구입단가를 나타내는 자료이다. 주문량 80을 기준으로 하는 구간 선형회귀모형을 추정하시오.

구입단가	38	35	36	30	28	25	20	19	16	11
주 문 량	60	64	70	78	87	90	95	102	105	110

☞ 앞의 자료로부터 주문량 80이 초과하면 구입단가가 급격하게 떨어진다고 가정하고 구간 선형회귀모형을 설정하면 다음과 같다.

$$y_i = \beta_0 + \beta_1 x_{1i} + \beta_2 (x_{1i} - 80) x_{2i} + \epsilon_i$$

여기서 x_2는 지시변수로서 다음과 같이 정의된다.

$$x_2 = \begin{cases} 1, & \text{만일 } x_1 > 80 \text{ 이면} \\ 0, & \text{그렇지 않으면} \end{cases}$$

그러면 앞의 구간 선형회귀모형을 추정하면 다음의 결과를 얻는다.

$$\hat{y} = 57.508 - 0.331x_1 - 0.292(x_1 - 80)x_2$$

이상에서 추정된 구간 선형회귀모형은 주문량 80을 기준으로 하여 다음 두 개의 회귀모형으로 구분된다.

$$\begin{cases} \text{주문량이 80 이하인 경우} : \hat{y} = 57.508 - 0.331x_1 \\ \text{주문량이 80 이상인 경우} : \hat{y} = 80.868 - 0.623x_1 \end{cases}$$ ■

제4절 종속변수가 질적변수인 회귀모형

이제까지 독립변수가 질적변수를 취하는 경우의 회귀분석을 다루었다. 회귀모형에서 일반적으로 종속변수는 양적변수가 되지만 종속변수가 질적변수인 경우도 종종 발생한다. 예를 들어 운전면허 취득을 위한 자동차 주행시험의 경우에 있어 독립변수 x를 주행훈련시간으로 하고 주행시험에서의 합격여부를 종속변수 y로 한다면 종속변수는 다음과 같이 0 또는 1의 값 중 하나를 갖는 지시변수의 형태를 취하게 될 것이다.

$$y = \begin{cases} 1, \text{ 만일 합격이면} \\ 0, \text{ 만약 불합격이면} \end{cases}$$

이와 같이 0 또는 1의 두 값 중에서 하나를 갖게 되는 경우의 종속변수를 특별히 **이원반응변수**(binary response variable)라고 하는데, 여기서는 종속변수가 이러한 이원반응변수인 경우의 회귀분석을 다루기로 한다.

종속변수가 이원반응변수인 경우의 회귀모형은 다음과 같이 설정된다.

$$y_i = \beta_0 + \beta_1 x_i + \epsilon_i, \quad y_i = 0 \text{ 또는 } 1$$

여기서 다음의 반응함수를 고려해보자.

$$E(y_i) = \beta_0 + \beta_1 x_i$$

한편 종속변수가 0 또는 1의 값을 갖는 버눌리(Bernoulli) 확률분포를 따르므로 독립변수가 x_i일 때 종속변수 y가 1의 값을 가질 확률을 p_i라고 하면, 위의 반응함수는 다음과 같이 구해질 수도 있다.

$$E(y_i) = 0 \cdot (1 - p_i) + 1 \cdot p_i = p_i$$

즉 여기서의 반응함수는 종속변수가 1이 될 확률을 의미하는 것이다. 다음의 <그림 9-4>는 종속변수가 이원반응변수인 경우의 예를 보여주고 있다.

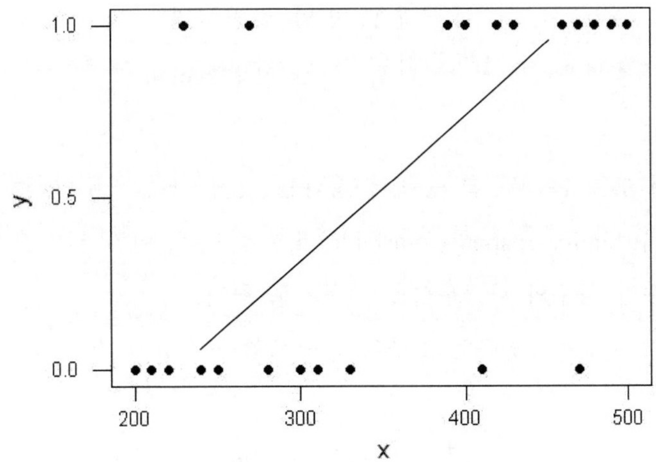

〈그림 9-4〉 종속변수가 이원반응변수인 경우의 반응함수

이와 같이 종속변수가 이원반응변수로 나타나는 경우의 회귀모형에서는 오차항의 정규성과 등분산성이 만족되지 못하며, 또한 반응함수가 확률로 나타나기 때문에 그 범위가 0부터 1까지로 제약되어야 하는 등의 문제점이 발생한다.

(1) 종속변수가 이원반응변수일 때의 문제점

이제 종속변수가 이원반응변수인 경우의 회귀모형에 있어서의 이러한 문제점에 대하여 간략하게 알아보기로 한다.

▶ 오차항의 비정규성

앞에서 설정된 회귀모형으로부터 오차항은 다음과 같이 구해된다.

$$\epsilon_i = y_i - (\beta_0 + \beta_1 x_i), \quad y_i = 0 \text{ 또는 } 1$$

그런데 종속변수가 0 또는 1의 값을 갖는 이원반응변수임을 감안하면, 이 경우의 오차항은 독립변수가 x_i일 때 종속변수의 값에 따라 다음의 두 값 중에서 하나를 취하게 되어 정규분포를 따르지 못하게 된다.

$$\begin{cases} y_i = 1 \text{인 경우} : \epsilon_i = 1 - \beta_0 - \beta_1 x_i \\ y_i = 0 \text{인 경우} : \epsilon_i = - \beta_0 - \beta_1 x_i \end{cases}$$

▶ 오차항의 이분산성

종속변수가 이원반응변수인 경우의 오차항에 대한 분산을 구하면 다음과 같다.

$$var(\epsilon_i) = var(y_i) = p_i(1-p_i) = (\beta_0 + \beta_1 x_i)(1-\beta_0 - \beta_1 x_i)$$

위의 식에서 오차항의 분산은 독립변수 x_i의 2차 함수 형태로 주어짐을 알 수 있다. 즉 오차항은 일정한 분산을 갖지 못하고 독립변수의 값에 따라 변하게 되어 등분산성을 만족하지 못하게 된다. 이러한 경우에는 제4장 5절에서 다룬 바 있는 가중회귀를 적용하여 회귀모형을 추정해야 한다.

▶ 반응함수의 제약조건

종속변수가 이원반응변수인 경우에 있어 또 하나의 문제점은 반응함수가 확률의 형태로 주어지므로 다음의 제약조건을 만족시켜야 한다는 것이다.

$$0 \leq E(y_i) = p_i \leq 1$$

그런데 반응함수가 저절로 이러한 제약조건을 만족시킨다는 보장이 없으므로, 반응함수가 위의 제약조건을 만족할 수 있도록 독립변수의 범위를 제한해야 한다.

(2) 회귀모형의 추정

앞에서 종속변수가 이원반응변수인 경우의 문제점에 대하여 알아보았다. 오차항의 비정규성과 관련한 문제는 표본의 크기가 충분하다면 별 문제가 되지 않을 것이나, 등분산성을 만족하지 못하는 문제점에 대해서는 앞의 제4장 5절에서 다룬 가중최소제곱법을 적용하여 해결해야 할 것이다. 이제 가중최소제곱법을 적용하여 종속변수가 이원반응변수인 경우의 회귀모형을 추정해 보기로 한다.

앞에서 오차항의 분산을 구한 결과는 다음과 같다.

$$var(\epsilon_i) = p_i(1-p_i)$$

따라서 가중값 $\sqrt{W_i}$ 를 부여하여 회귀모형을 나타내면 다음과 같다.

$$\sqrt{W_i}\, y_i = \sqrt{W_i}\,(\beta_0 + \beta_1 x_i) + \sqrt{W_i}\,\epsilon_i, \quad \sqrt{W_i} = \sqrt{\frac{1}{p_i(1-p_i)}}$$

이제 제4장 5절의 결과를 이용하여 회귀모형을 다음과 같이 추정한다.

$$b^* = (X'WX)^{-1}X'Wy$$

이 때, 가중값 행렬 W는 다음과 같다.

$$W = V^{-1} = \begin{bmatrix} \frac{1}{p_1(1-p_1)} & 0 & \cdots & 0 \\ & \frac{1}{p_2(1-p_2)} & \cdots & 0 \\ & & \ddots & \vdots \\ & & & \frac{1}{p_n(1-p_n)} \end{bmatrix}$$

그러나 여기서 가중값으로 이용된 오차항의 분산 p_i가 다음과 같이 모수인 관계로 그 값을 알 수 없는 문제가 발생한다.

$$p_i = \beta_0 + \beta_1 x_i$$

따라서 여기에서 설명한 가중최소제곱법을 그대로 적용할 수는 없고, 다음의 추정 절차를 따르게 된다.

[단계 1] 일단 등분산을 가정하고 일반적인 최소제곱법에 의한 회귀계수 추정량을 구한다.

$$\hat{y}_i = b_0 + b_1 x_i$$

[단계 2] 위에서 구한 추정량 b를 이용하여 반응함수의 추정량 $\hat{p}_i$을 추정한다.

$$\hat{p}_i = b_0 + b_1 x_i$$

[단계 3] 반응함수의 추정량 $\hat{p}_i$을 이용하여 가중값 행렬 W를 추정한다.

$$\hat{W} = \begin{bmatrix} \frac{1}{\hat{p}_1(1-\hat{p}_1)} & 0 & \cdots & 0 \\ & \frac{1}{\hat{p}_2(1-\hat{p}_2)} & \cdots & 0 \\ & & & \vdots \\ & & \ddots & \\ & & & \frac{1}{\hat{p}_n(1-\hat{p}_n)} \end{bmatrix}$$

[단계 4] 끝으로 가중최소제곱법에 의하여 다음과 같이 회귀모형을 추정한다.

$$b^* = (X'\widehat{W}X)^{-1}X'\widehat{W}y$$

〔예제 9-3〕 다음은 표본으로 추출된 25가구를 대상으로 그들의 가구소득과 맞벌이 여부를 조사한 자료이다.

맞벌이 가구의 소득 : 230 270 390 400 420 430 460 470 480 490 490 500
비맞벌이 가구 소득 : 200 200 210 220 220 240 250 280 300 310 330 410 470

위의 자료에서 맞벌이 가구의 값을 1, 그리고 비맞벌이 가구의 값을 0으로 하는 종속변수에 대하여 가구소득에 대한 선형회귀모형을 가중최소제곱법에 의하여 추정하시오.

☞ 앞에서 설명한 네 단계에 따라 회귀모형을 추정하기로 한다.

[단계 1] 일반적인 최소제곱법에 의하여 회귀모형을 추정한 결과는 다음과 같다.

$$\hat{y}_i = -0.5623 + 0.0030054x_i$$

[단계 2-3] 위에서 구한 추정량을 이용하여 반응함수의 추정량 $\hat{p}_i$과 가중값 행렬 W의 대각원소를 구한 결과는 다음과 같다.

표본	x_i	y_i	$\hat{y}_i = \hat{p}_i$	$\frac{1}{\hat{p}_i(1-\hat{p}_i)}$
1	200	0	0.038780	26.8268
2	200	0	0.038780	26.8268
3	210	0	0.068834	15.6016
4	220	0	0.098888	11.2222
5	220	0	0.098888	11.2222
6	230	1	0.128942	8.9035
7	240	0	0.158996	7.4785
8	250	0	0.189050	6.5227
9	270	1	0.249158	5.3454
10	280	0	0.279212	4.9689
11	300	0	0.339320	4.4607
12	310	0	0.369374	4.2930
13	330	0	0.429482	4.0812
14	390	1	0.609806	4.2027
15	400	1	0.639860	4.3395
16	410	0	0.669914	4.5222
17	420	1	0.699968	4.7616
18	430	1	0.730022	5.0738
19	460	1	0.820184	6.7805
20	470	0	0.850238	7.8534
21	470	1	0.850238	7.8534
22	480	1	0.880292	9.4896
23	490	1	0.910346	12.2525
24	490	1	0.910346	12.2525
25	500	1	0.940400	17.8419

[단계 4] 끝으로 가중최소제곱법에 의하여 다음의 회귀계수추정량을 구한다.

$$b^* = (X'\widehat{W}X)^{-1}X'\widehat{W}\,y = \begin{bmatrix} -1.1516 \\ 0.0025167 \end{bmatrix}$$

그러면 이상의 가중최소제곱법에 의하여 최종적으로 추정된 회귀모형은 다음과 같다.

$$\hat{y}_i = -1.1526 + 0.0025167x_i$$

■

제5절 로지스틱 회귀모형

종속변수가 이원반응변수인 경우로서 앞의 제4절에서는 종속변수와 독립변수의 관계를 선형으로 가정하는 회귀모형을 다루었다. 여기서는 제4절의 확장으로 종속변수와 독립변수 사이에 비선형관계를 나타내는 회귀모형을 다루고자 한다. 이렇게 이원반응변수를 갖는 종속변수와 독립변수의 비선형관계를 다루는 대표적인 예로는 반응함수가 다음의 **로지스틱함수**(logistic function) 형태를 취하는 경우를 들 수 있겠다.

$$E(y_i) = \frac{\exp(\beta_0 + \beta_1 x_i)}{1 + \exp(\beta_0 + \beta_1 x_i)}$$

다음의 <그림 9-5>는 종속변수가 이원반응변수인 경우에 있어 반응함수를 S자 형태로 추정하고자 하는 로지스틱 반응함수의 경우를 보여준다.

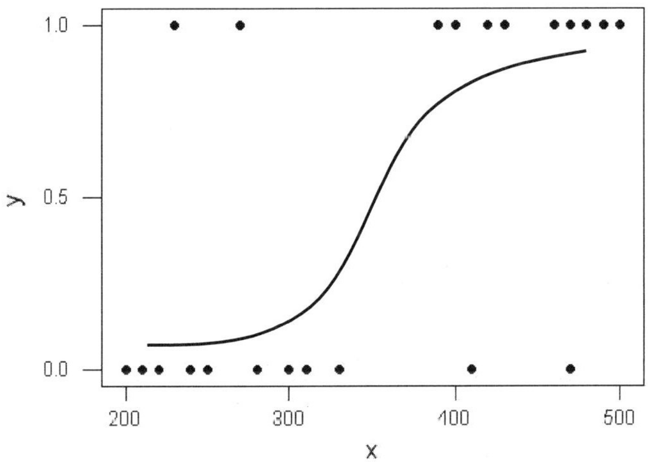

〈그림 9-5〉 종속변수가 이원반응변수인 경우의 로지스틱 반응함수

이와 같이 반응함수를 로지스틱함수로 가정하는 경우에는 앞의 제4절에서 언급한 바 있는 문제점의 하나인 다음의 제약조건이 스스로 만족된다는 장점이 있다.

$$0 \le E(y_i) \le 1$$

또한 로지스틱함수는 비록 비선형 형태이지만 선형관계로의 변환이 가능한 선형가능함수라는 장점도 있다. 이제 이러한 변환과정을 포함하여 로지스틱 회귀모형을 추정하는 방법을 알아보기로 한다. 먼저 종속변수가 이원반응변수인 경우에는 앞의 제4절에서와 같이 반응함수가 다음의 확률로서 구해진다.

$$E(y_i) = P(y=1) = p_i$$

여기서 다음의 변환 p_i^*를 적용하면 바로 선형모형을 얻게 되는데, 이러한 변환을 **로지스틱변환**(logistic transformation)이라고 한다.

$$p_i^* = \ln\left(\frac{p}{1-p}\right) = \ln\left(\frac{E(y)}{1-E(y)}\right)$$

이 때, 이러한 로지스틱 반응함수를 추정하기 위해서는 다음의 <표 9-1>과 같이 독립변수의 각 수준에서 반복된 관찰값이 구해져야만 한다.

〈표 9-1〉 로지스틱 변환을 위한 자료의 형태

독립변수의 수준	반복된 관찰값	관찰값이 1인 수
x_1	$y_{11}, y_{12}, \ldots, y_{1n_1}$	R_1
$\vdots$	$\vdots$	$\vdots$
x_i	$y_{i1}, y_{i2}, \ldots, y_{in_i}$	R_i
$\vdots$	$\vdots$	$\vdots$
x_k	$y_{k1}, y_{k2}, \ldots, y_{kn_k}$	R_k

그러면 독립변수의 임의의 수준 x_i에서 얻어진 n_i개의 관찰값 중에서 그 값이 1인 수를 R_i라고 하면, 반응함수를 의미하는 확률 p_i의 추정량은 다음과 같이 구해진다.

$$\bar{p}_i = \frac{R_i}{n_i}, \quad i = 1, \ldots, k$$

이를 이용하여 선형모형으로의 로지스틱변환을 한 결과는 다음과 같은데, 이 모형은 등분산성을 만족하지 않으므로 가중최소제곱법을 적용하여야 한다.

$$\bar{p}_i^* = \ln\frac{\bar{p}_i}{1-\bar{p}_i}$$

독립변수의 임의의 수준 x_i에서의 관찰값 수인 n_i가 충분히 큰 경우에 $\bar{p}_i^*$의 분산이 근사적으로 다음과 같음을 증명할 수 있다.

$$var(\bar{p}_i^*) = \frac{1}{n_i p_i (1-p_i)}$$

따라서 $\bar{p}_i^*$의 분산에 대한 추정량은 다음과 같다.

$$\widehat{var}(\bar{p}_i^*) = \frac{1}{n_i \bar{p}_i (1-\bar{p}_i)}$$

이제 제4절에서와 마찬가지 방법으로 가중최소제곱법을 적용하여 선형으로 변환된 모형의 회귀계수추정량을 다음과 같이 구한다.

$$b^* = (X' \widehat{W} X)^{-1} X' \widehat{W} \bar{p}^*$$

여기서 X, $\bar{p}^*$ 및 $\widehat{W}$은 각각 다음과 같다.

$$X = \begin{bmatrix} 1 & x_1 \\ 1 & x_2 \\ \vdots & \vdots \\ 1 & x_k \end{bmatrix}, \quad \bar{p}^* = \begin{bmatrix} \bar{p}_1^* \\ \bar{p}_2^* \\ \vdots \\ \bar{p}_k^* \end{bmatrix}, \quad \widehat{W} = \begin{bmatrix} n_1\bar{p}_1(1-\bar{p}_1) & 0 & \cdots & 0 \\ & n_2\bar{p}_2(1-\bar{p}_2) & \cdots & 0 \\ & & \ddots & \vdots \\ & & & n_k\bar{p}_k(1-\bar{p}_k) \end{bmatrix}$$

그러면 이상에서 추정한 회귀계수를 이용하여 선형으로 변환된 회귀모형은 다음과 같이 추정된다.

$$\hat{p}_i^* = b_0^* + b_1^* x_i$$

끝으로 원래의 로지스틱 회귀모형으로 환원한 결과는 다음과 같다.

$$\hat{y}_i = \hat{p}_i = \frac{\exp(b_0^* + b_1^* x_i)}{1 + \exp(b_0^* + b_1^* x_i)}$$

〔예제 9-4〕 어떤 대형할인점에서는 고객사은행사의 일환으로 1000명의 우수고객을 선정하여 5%에서 30%까지 다섯 가지 종류의 전자제품 할인쿠폰을 우송하였다. 1000명의 고객 중 할인쿠폰을 사용한 실적이 다음과 같다고 할 때, 로지스틱 반응함수를 추정하시오.

할인률	5	10	15	20	30
우송 고객수	200	200	200	200	200
사용 고객수	30	55	70	100	137

☞ 다음은 전자제품을 구입한 고객의 비율과 로지스틱 변환을 한 결과이다.

할인율 x_i	우송고객수 n_i	사용고객수 R_i	구입비율 $\bar{p}_i$	변환비율 $\bar{p}_i^*$
5	200	30	.150	-1.7346
10	200	55	.275	-0.9694
15	200	70	.350	-0.6190
20	200	100	.500	0.0000
30	200	137	.685	0.7768

그러면 가중최소제곱법을 적용하여 선형으로 변환된 모형의 회귀계수추정량을 구하면 다음과 같다.

$$b^* = (X' \widehat{W} X)^{-1} X' \widehat{W} \bar{p}^* = \begin{bmatrix} -2.044350 \\ 0.096834 \end{bmatrix}$$

따라서 변환된 선형모형은 다음과 같다.

$$\hat{p}_i^* = b_0^* + b_1^* x_i = -2.044350 + 0.096834 x_i$$

끝으로 이를 이용하여 로지스틱 반응함수를 추정한 결과는 다음과 같다.

$$\hat{y}_i = \hat{p}_i = \frac{\exp(-2.044350 + 0.096834 x_i)}{1 + \exp(-2.044350 + 0.096834 x_i)}$$ ■

제6절 요약

1. 질적변수가 하나인 회귀모형

▶ 지시변수 : 회귀모형에 질적변수를 반영하기 위하여 설정되는 독립변수로 0 또는 1의 값을 취함

▶ 적 용 : a개 수준을 갖는 질적변수를 회귀모형에 나타내기 위해서는 $(a-1)$ 개의 지시변수가 요구됨

▶ 추정의 예 : $y = \beta_0 + \underbrace{\beta_1 x_1}_{\text{키}} + \underbrace{\beta_2 x_2 + \beta_3 x_3}_{\text{인종}} + \epsilon$

- 황인 : $\hat{y} = b_0 + b_1 x_1$
- 흑인 : $\hat{y} = (b_0 + b_2) + b_1 x_1$
- 백인 : $\hat{y} = (b_0 + b_3) + b_1 x_1$

2. 질적변수가 두 개인 회귀모형

▶ 회귀모형 : $y = \beta_0 + \underbrace{\beta_1 x_1}_{\text{키}} + \underbrace{\beta_2 x_2 + \beta_3 x_3}_{\text{인종}} + \underbrace{\beta_4 x_4}_{\text{성별}} + \epsilon$

▶ 지시변수에 의한 회귀모형의 구분

- 황인 여자 : $\hat{y} = b_0 + b_1 x_1$
- 황인 남자 : $\hat{y} = (b_0 + b_4) + b_1 x_1$
- 흑인 여자 : $\hat{y} = (b_0 + b_2) + b_1 x_1$
- 흑인 남자 : $\hat{y} = (b_0 + b_2 + b_4) + b_1 x_1$
- 백인 여자 : $\hat{y} = (b_0 + b_3) + b_1 x_1$
- 백인 남자 : $\hat{y} = (b_0 + b_3 + b_4) + b_1 x_1$

3. 구간 선형회귀

▶ 구간 선형회귀모형 : 종속변수와 독립변수 사이의 회귀모형이 독립변수의 범위에 따라 기울기가 다른 두 개의 선형회귀모형으로 구분되는 경우의 회귀모형

4. 종속변수가 질적변수인 회귀모형

▶ 문제점 : ① 오차항의 비정규성
② 오차항의 이분산성
③ 반응함수의 제약

▶ 추 정 : 〔단계 1〕 최소제곱법에 의한 회귀계수추정량을 구함
〔단계 2〕 반응함수 추정량을 구함
〔단계 3〕 가중값 행렬을 추정함
〔단계 4〕 가중최소제곱법에 의하여 회귀모형을 추정함

5. 로지스틱 회귀모형

▶ 로지스틱함수 : $E(y_i) = \dfrac{\exp(\beta_0 + \beta_1 x_i)}{1 + \exp(\beta_0 + \beta_1 x_i)}$

▶ 로지스틱변환 : $p_i^* = \ln\left(\dfrac{p}{1-p}\right) = \ln\left(\dfrac{E(y)}{1-E(y)}\right)$

▶ 로지스틱변환의 장점 : ① 선형가능함수임
② 반응함수의 제약조건이 스스로 만족됨

■ 연습문제

[9.1] 다음 문장을 읽고 옳으면 '○'표, 또한 틀리면 '×'표를 한 후 틀린 곳을 바르게 고치시오.

a) 세 개의 수준을 갖는 질적변수를 회귀모형에 나타내기 위해서는 세 개의 지시변수가 필요하다.
b) 5개의 수준에 대한 질적변수와 3개의 수준에 대한 질적변수를 교호작용까지 고려하여 회귀모형을 설정하면, 독립변수 항의 수는 모두 15개가 된다.
c) 경우에 따라서는 구간 선형회귀모형이 비선형회귀모형보다 효과적일 수 있다.
d) 종속변수가 이원반응변수인 경우 오차항이 독립적이지 못하는 문제점이 발생한다.
e) 로지스틱 반응함수의 장점 중 하나는 선형가능함수라는 점이다.
f) 로지스틱 반응함수의 추정에서는 반응함수의 값이 1보다 작아지도록 독립변수의 범위를 유지해야 한다.

[9.2] 제5장의 연습문제 [5.8]에서 골동품 시계를 세 가지 종류 A, B, C로 구분하여 회귀모형 ②에 추가하고 싶다면 회귀모형을 어떻게 설정할 것인가를 가능한 모든 교호작용을 고려하여 나타내시오.

[9.3] 다음은 모터의 사용시간과 사용회수를 나타내는 자료이다. 단, 앞의 네 자료는 A 회사 그리고 뒤의 네 자료는 B회사의 제품을 의미한다. 여기서 이 자료를 통하여 사용회수와 회사간의 교호작용이 존재하는 회사별 회귀모형을 추정하려고 한다. 이를 위한 회귀모형을 설정하고 변수를 정의하시오.

사용시간	100	170	320	410	200	290	360	420
사용회수	20	40	60	80	30	50	70	90

[9.4] 다음의 자료는 어떤 프로그램의 훈련시간과 효과를 나타내고 있다.

훈련시간	25	44	45	14	47	35	25	38
효 과	65	34	40	80	30	57	72	48

a) 훈련시간을 독립변수 그리고 효과를 종속변수로 하여 산점도를 작성하시오.

b) 위 자료로부터 적절한 경계점을 설정하여 구간 선형회귀모형을 추정하시오.

[9.5] 다음은 수능시험 성적에 따른 합격여부를 조사한 자료이다.

합격여부	0	0	1	0	1	0	1	0	1	1
수능성적	217	222	233	238	243	245	253	254	265	271

a) 합격여부를 종속변수로 하고 수능성적을 독립변수로 하는 회귀모형을 추정하시오.

b) 합격여부가 이원반응변수라는 점을 감안하여 가중최소제곱법에 의한 회귀모형을 추정한 후 앞의 결과와 비교하시오.

[9.6] 다음 자료는 초등학교 학생들을 대상으로 인터넷을 통하여 음란사이트에 섭해 본 경험이 있는지를 조사한 결과이다. 아래 물음에 답하시오.

학 년	표 본	경험 학생수
1	100	14
2	100	25
3	100	33
4	100	50
5	100	65
6	100	87

a) 로지스틱 반응함수를 추정하시오.

b) 임의의 한 학생이 5학년이라고 할 때, 이 학생이 음란사이트에 접하게 될 확률을 구하시오.

10

시계열분석

제10장 시계열분석

자료의 형태는 크게 두 가지로 구분될 수 있는데, 횡단면자료와 시계열자료가 그것이다. 예를 들어 어느 시점에 있어서의 국가별 GNP를 비교한다면 **횡단면자료**(cross-sectional data)를 이용하는 것이고, 만일 해방이후 우리나라의 GNP 추이 등을 분석한다면 **시계열자료**(time series data)를 이용하게 된다. 즉 시계열자료란 시간별 주가지수, 요일별 교통사고건수, 월별 강우량, 분기별 매출액 및 연도별 수출액 등과 같이 어느 일정한 기간 동안에 걸쳐 관찰된 자료를 의미한다. 이 때, 시계열자료는 올바른 분석을 위하여 서로 비교될 수 있어야 하기 때문에 다음의 조건이 충족되어야 한다.

시계열자료의 조건

① 시계열자료의 시간 간격, 즉 각 시점간의 간격이 동일해야 한다.

② 각 관찰시점에서 동일한 정의와 조건하에 자료가 관찰되어야 한다.

이 장에서는 이러한 시계열자료의 특성과 형태에 대하여 알아보고, 이를 통하여 미래의 값을 예측하는 것과 관련한 **시계열분석**(time series analysis)을 다루기로 한다. 시계열분석의 목적은 다음에서 보는 바와 같이 과거 자료를 모형화하여 미래의 값을 예측하는 것인데, 이는 회귀분석에서의 목적과 동일하나 다만 자료의 특성상 분석방법이 다르게 된다.

시계열분석의 목적

① 시계열자료의 성격을 파악하여 모형화한다.

② 파악된 시계열자료의 성격을 토대로 미래의 자료값을 예측한다.

제1절 시계열자료의 특성

다른 자료와 구분되는 시계열자료의 두드러진 특성으로 자기상관을 들 수 있다. **자기상관**(autocorrelation)이란 자료가 독립적이지 못하고 과거자료의 영향을 받는 것을 의미한다. 예를 들어 다음의 <그림 10-1>에서 보는 바와 같이 어느 시점의 자료값은 과거의 자료, 특히 바로 이전시점의 자료값에 영향을 받고 있다.

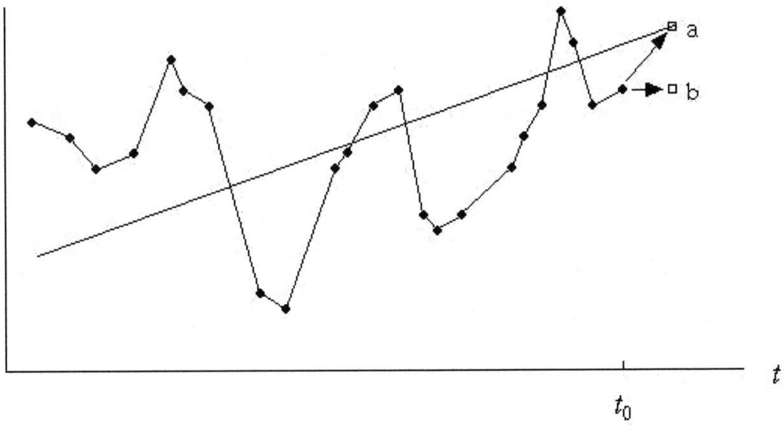

〈그림 10-1〉 시계열자료

따라서 이와 같은 시계열자료는 앞에서 다룬 바 있는 회귀분석을 적용하기가 어렵게 된다. 그 이유는 다음의 경우에서 알 수 있다. 예를 들어 <그림 10-1>의 시점 t_0에서 다음 시점의 자료값을 예측한다고 가정해 보자. 이 경우 추정된 회귀직선을 이용하여 <그림 10-1>의 'a'를 다음 시점에 대한 예측값으로 하는 것은 합리적이지 못할 것이다. 이러한 경우에는 오히려 회귀직선을 무시하고 <그림 10-1>의 'b'와 같이 현재의 값을 다음 시점의 예측값으로 결정하는 것이 차라리 현명할 것이다. 앞으로 이 장에서는 이와 같은 문제를 감안하여 더 좋은 예측을 할 수 있는 방안을 강구하고자 한다.

한편 이상의 예에서와 같이 자기상관이 존재하는 자료에 일반적인 회귀분석방법을 적용하는 것은 다음과 같은 몇 가지 문제를 초래한다.

자기상관이 존재하는 경우

① 회귀계수 추정량은 불편추정량이지만 최소분산을 갖지는 못한다.

② 평균제곱오차 MSE는 분산 σ^2에 대한 과소추정량이 될 수 있다.

따라서 자기상관이 존재하는 자료의 경우에는 통상적인 회귀분석법이 아니라 시계열분석법을 적용해야 올바른 분석이 가능하게 된다.

제2절 시계열자료의 구성요소

일반적으로 시계열자료는 추세, 계절변동, 순환변동 및 불규칙변동의 네 가지 변동요인으로 구성되며, 이러한 시계열자료를 분석하기 위한 시계열모형으로는 가법모형과 승법모형이 주로 가정된다. 먼저 시계열자료 Y_t를 구성하는 추세, 계절변동, 순환변동 및 불규칙변동을 각각 T_t, S_t, C_t 및 I_t라고 할 때, **가법모형**

(additive model)은 다음과 같이 시계열자료의 각 요소를 모두 더한 형태로 정의된다.

$$Y_t = T_t + S_t + C_t + I_t$$

또한 **승법모형**(multiplicative model)은 다음에서와 같이 각 구성요소의 곱으로 표현되며, 이 장에서는 승법모형을 중심으로 시계열분석을 설명하기로 한다.

$$Y_t = T_t \times S_t \times C_t \times I_t$$

이 절에서는 이러한 시계열자료의 구성요소에 관하여 차례로 설명하기로 한다.

(1) 추세

추세(trend)는 시계열자료의 장기적인 성장 또는 퇴화 등의 경향을 의미한다.

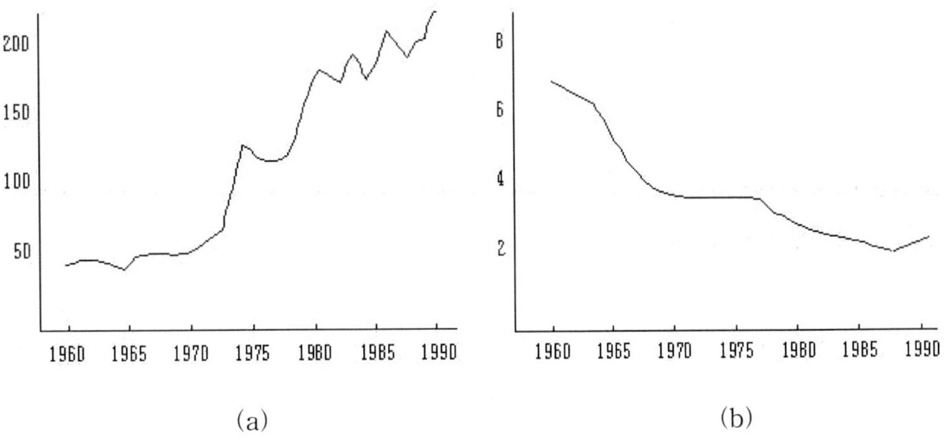

〈그림 10-2〉 시계열자료의 추세

예를 들어 <그림 10-2>의 (a)에서는 1960년부터 1990년까지 30년에 걸친 미국 농가소득의 성장추세를 나타내고 있으며, (b)에서는 같은 기간에 있어서의 농촌 고용인구의 감소추세를 보여 주고 있다.

추세분석의 목적은 추세방정식을 통하여 장기적인 변동을 측정하는데 있다. 여기서 추세방정식은 앞에서 다룬 일반적인 회귀분석에서의 최소제곱법을 통하여 추정될 수 있는데, 이는 시계열자료의 예측을 위한 기초가 된다.

(2) 계절변동

시계열자료의 또 다른 구성요소로 계절변동을 들 수 있다. **계절변동**(seasonal variation)이란 시계열자료가 계절적 요인에 의하여 영향을 받는 것을 의미하는데, 여기서 계절이란 일정한 주기의 시간을 총칭한다고 할 수 있다. 예를 들어 계절변동에는 1주일 주기의 요일변동, 1개월 주기의 주별변동 그리고 1년 주기의 월별변동 또는 분기별변동 등이 포함될 수 있다. 다음의 <그림 10-3>에서는 계절변동의 한 예로 요일별 영화관 출입자수 통계를 나타내고 있다.

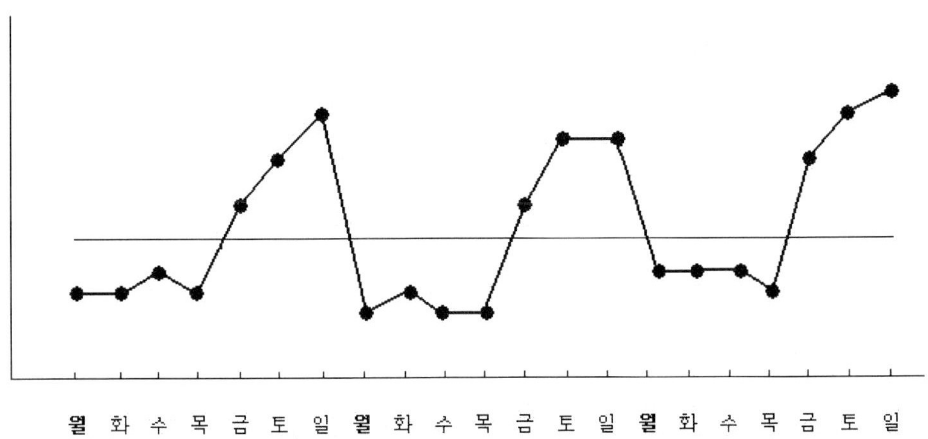

〈그림 10-3〉 시계열자료의 계절변동

한편 계절분석의 결과로서 일련의 지수를 도출하게 되는데, 이러한 **계절지수**(seasonal indexes)를 통하여 각 시점에서의 계절효과를 얻게 된다. 그리고 이러한 계절지수는 추정된 추세방정식을 이용한 시계열자료의 예측을 더욱 정확하게 하는 역할을 한다.

(3) 순환변동

계절변동과 유사한 개념으로 **순환변동**(cyclical variation)을 들 수 있는데, 이의 특징으로는 계절변동에 비하여 그 변동의 주기가 일반적으로 길며 또한 일정하지 못하다는 점을 지적할 수 있겠다. 순화변동의 예로는 경제상황 등을 들 수 있다.

예를 들어 자동차에 대한 수요는 경제상황에 많은 영향을 받을 수 있다. 즉 경제상황이 좋을 때에는 새 차 또는 고급 대형차에 대한 수요가 증가할 것이고, 반대의 경우에는 중고차나 소형차에 대한 선호도가 높게 마련이다. 따라서 이와 관련한 부문의 예측에는 순환변동을 함께 고려해야만 정확한 예측결과를 기대할 수 있게 된다.

(4) 불규칙변동

시계열자료에서 **불규칙변동**(irregular variation)이란 추세, 계절변동 및 순환변동으로 설명할 수 없는 변동부분을 의미한다. 즉 불규칙변동은 예측이 불가능한 오차로 간주되며, 임의적으로 발생한다고 하겠다. 따라서 이와 같은 불규칙변동을 모형화 한다는 것은 불가능하며 또한 체계적인 분석조차도 어려운 일이다. 다만 시계열자료에 매우 커다란 불규칙적 변동이 존재하는 경우에는 이에 관한 분석이 시도되기도 한다. 그러나 이와 같은 불규칙변동에 대한 원인 규명이 곧 불규칙변동을 계량화할 수 있다는 것을 의미하지는 않는다.

제3절 추세분석

추세분석(trend analysis)의 목적은 분석하려는 시계열자료에 적절한 **추세방정식**(trend equation)을 적합시킴으로써 장기적인 패턴을 도출하여 향후 자료값에 대한 예측을 하는 것이다. 여기서는 먼저 추세의 대표적인 유형을 알아보고, 적절한 유형의 선택과 각각의 추세유형에 따른 적합방법을 살펴보기로 한다.

(1) 추세의 유형과 신댁

이 절에서는 다음의 세 가지 대표적인 추세유형을 다루기로 한다.

추세의 대표적 유형

- ▶ 선형 추세 : $\widehat{Y}_t = b_0 + b_1 t$
- ▶ 2차형 추세 : $\widehat{Y}_t = b_0 + b_1 t + b_2 t^2$
- ▶ 지수형 추세 : $\widehat{Y}_t = Y_0(1+g)^t$

여기서 $\widehat{Y}_t$은 시점 t에서의 추정값 그리고 g는 성장률을 의미한다.

다음의 <그림 10-4>에는 추세방정식의 대표적인 유형이 예시되어 있는데, 그림에서 보는 바와 같이 **선형**(linear) 추세방정식, **2차형**(second-order) 추세방정식 그리고 **지수형**(exponential) 추세방정식 등 다양한 추세방정식을 고려할 수 있다.

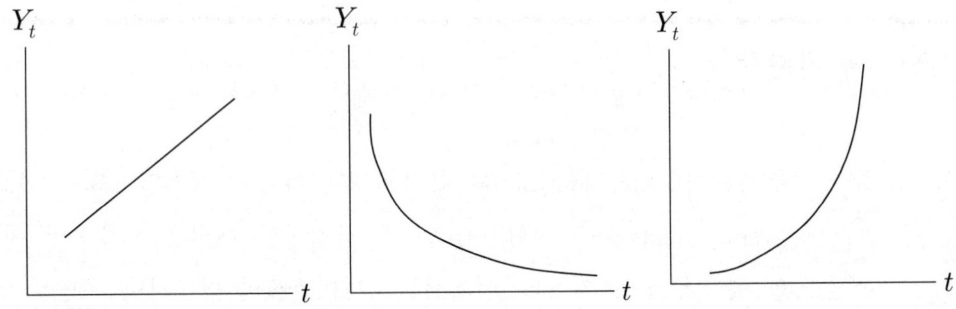

〈그림 10-4〉 추세방정식의 대표적인 유형

추세분석의 첫 단계는 바로 추세방정식의 선택이 된다. 즉 시계열자료에 적합시킬 추세방정식의 유형을 결정하는 일이다. 이러한 작업은 시계열자료를 직선으로 순서대로 연결한 후, 그 그래프의 패턴을 관찰함으로써 해결할 수 있다. 물론 이러한 결정이 불분명한 경우도 있을 것이다. 이러한 경우에는 두 가지 이상의 추세방정식을 적합시킨 후, 각각의 F통계량의 값을 관찰하여 큰 값을 갖는 모형을 선택하게 된다.

한편 이상에서 다룬 추세방정식의 유형 이외에도 다음의 <그림 10-5>에서 보는 바와 같이 **3차형**(third-order) 및 **4차형**(fourth-order) 등의 추세방정식을 경우에 따라 고려할 수 있다.

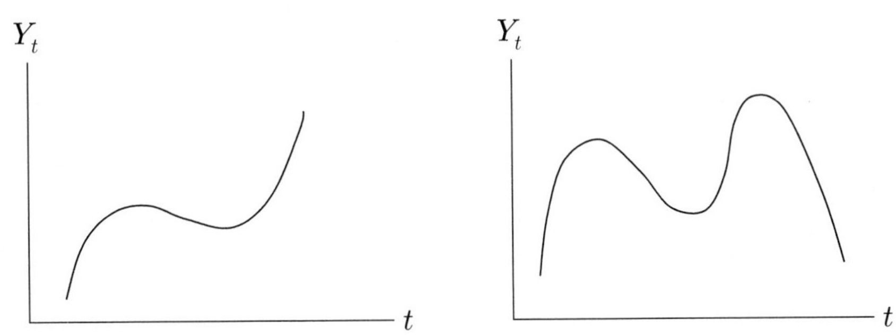

〈그림 10-5〉 3차형 및 4차형 추세방정식

그러나 미래 값의 예측이라는 추세분석의 근본목적을 감안할 때, 추세방정식의 방향이 빈번히 변하게 되는 3차형 및 4차형 추세방정식의 선택에는 신중을 기해야 할 것이다.

(2) 추세유형별 적합방법

이제 앞에서 언급한 세 가지 유형에 따른 추세방정식의 적합방법에 대하여 알아보기로 한다.

▶ 선형 추세방정식의 적합

추세방정식의 추정은 다음과 같이 실제 관찰값과 추정값의 차이, 즉 잔차의 제곱합을 최소화하는 차원에서 이루어 진다.

$$\sum (Y_t - \widehat{Y}_t)^2$$

따라서 적합시키고자 하는 추세방정식이 선형인 경우에는 회귀분석에서 다룬 바 있는 최소제곱법을 이용하여 다음과 같이 추정한다.

$$\widehat{Y}_t = b_0 + b_1 t$$

다만 차이점으로는 회귀분석에서의 독립변수 x가 시계열분석에서는 시점 t로 바뀐 것을 들 수 있다.

〔예제 10-1〕 다음은 어느 백화점의 2000년부터 2009년까지의 매출액을 나타내고 있다. 선형 추세방정식을 이용하여 2010년과 2011년의 매출액을 각각 예측하시오.

연 도	:	2000	2001	2002	2003	2004	2005	2006	2007	2008	2009
매출액	:	1006	1029	1087	1284	1507	1496	1660	1616	1506	1740

☞ 2000년부터 2009년까지의 연도를 1부터 10까지의 시점 t로 변환하여 추세방정식을 구한 결과는 다음과 같다.

$$\widehat{Y}_t = 936.2 + 83.0727t$$

한편 2010년과 2011년도의 매출액을 예측하기 위하여 위의 추세방정식에 각각 $t=11$과 $t=12$를 대입하여 매출액의 점추정량을 도출한 결과는 다음과 같다.

$$\widehat{Y}_t(t=11) = 936.2 + 83.1(11) = 1850.00$$

$$\widehat{Y}_t(t=12) = 936.2 + 83.1(12) = 1933.07$$

■

▶ 2차형 추세방정식의 적합

추정하려는 추세방정식이 다음과 같이 2차형인 경우에는 다중회귀분석에서 독립변수가 두 개인 경우를 적용하여 추정할 수 있겠다.

$$\widehat{Y}_t = b_0 + b_1 t + b_2 t^2$$

역시 다중회귀분석에서의 두 독립변수 x_1과 x_2가 각각 t와 t^2으로 바뀐 것이 차이점이 된다.

▶ 지수형 추세방정식의 적합

이제 다음과 같은 지수형 추세방정식의 추정문제를 살펴보기로 한다.

$$\widehat{Y}_t = Y_0(1+g)^t$$

이 경우에는 역시 앞에서 나둔 변수의 변환을 이용하여 다음과 같이 지수형 추세 방정식을 선형 추세방정식의 형태로 전환한다.

$$\log \widehat{Y}_t = \log Y_0 + \log(1+g)\cdot t$$

그러면 이와 같이 전환된 선형 추세방정식을 먼저 추정하고, 이를 다시 지수형 추세방정식으로 환원한다.

〔예제 10-2〕 다음은 2001년부터 2009년까지의 어느 회사의 평균주가를 나타내고 있다. 지수형 추세방정식을 가정하여 2010년의 평균주가를 예측하시오.

연　　도	:	2001	2002	2003	2004	2005	2006	2007	2008	2009
평균주가	:	122.9	140.6	168.4	182.1	222.3	241.6	302.1	351.6	398.5

☞ 2001년부터 2009년까지의 연도를 1부터 9까지의 시점 t로 변환하고 다음의 지수형 추세방정식을 추정하기로 한다.

$$\widehat{Y}_t = Y_1(1+g)^t$$

먼저 위의 지수형 추세방정식을 다음의 선형 추세방정식으로 전환한다.

$$\log \widehat{Y}_t = \log Y_1 + \log(1+g)\cdot t$$

그러면 [예제 10-1]에서와 같이 선형 추세방정식을 추정한 결과는 다음과 같다.

$$\log \widehat{Y_t} \;=\; \log Y_1 + \log(1+g)\cdot t \;=\; 2.02 + .0645\,t$$

이를 지수형 추세방정식으로 환원하기 위하여 Y_1과 g를 구하면 다음과 같다.

$$Y_1 \;=\; antilog\,(2.02) \;=\; 104.707$$

$$1 + g \;=\; antilog(.0645) \;=\; 1.16003 \;=\; 1 + .16003$$

따라서 추정하고자 하는 지수형 추세방정식은 다음과 같이 구해진다.

$$\widehat{Y_t} \;=\; 104.707(1+.16003)^t$$

그러면 2010년의 평균주가는 위의 추세방정식에 t=10을 대입하여 얻어진다.

$$\widehat{Y_t}(t = 10) \;=\; 104.707(1+.16003)^{10} \;=\; 462.03$$ ■

제4절 계절분석

앞에서 시계열자료의 한 특징으로 하루, 일주일 또는 한 달 등의 주기에 따른 계절적 변동을 언급한 바 있다. 예를 들어 백화점의 매출액 자료 경우에는 졸업과 입학 그리고 크리스마스 시즌 등에 매출이 급증하게 되며, 매 시간대별 전력소모량 자료에 있어서는 새벽보다는 한낮 또는 저녁시간대에 소모량이 많음을 알 수 있다.

계절분석(seasonal analysis)에서는 이러한 계절효과를 지수화하여 반영함으로써 시계열자료에 대한 예측의 정확성을 높이는데 그 목적이 있다. 여기서는 계절효과를 분석하기 위한 지수화 방법으로 **추세비율법**(ratio-to-trend method)과 **이동평균비율법**(ratio-to-moving-average method)을 중심으로 다루고자 한다. 추세비율법과 이동평균비율법을 이용하여 계절지수를 산출하기 위해서는 먼저 **이동평균**(moving average)을 계산하여야 한다. 따라서 이동평균을 계산하는 절차를 먼저 살펴보고 추세비율법과 이동평균비율법을 설명하기로 한다.

(1) 이동평균

이동평균을 산출하는 과정을 살펴보기 위해 다음의 예를 이용하기로 한다. 다음은 어느 도시의 요일별 교통사고 발생건수를 2주 동안 관찰한 자료이다.

〈표 10-1〉 요일별 교통사고건수

구 분	제1주	제2주
월요일	11	9
화요일	8	10
수요일	14	15
목요일	11	10
금요일	10	3
토요일	9	8
일요일	12	10

시계열자료에서 이동평균이란 다음의 <표 10-2>에서와 같이 연속된 일정 개수의 자료로부터 평균을 구한 것을 의미한다. 여기서 일정 개수의 자료란 평균을 구하

기 위하여 이용된 자료의 수를 말한다. 일반적으로 자료의 수는 분석하려는 시계열자료가 월별자료이면 전체 개월 수인 12개, 또한 일별자료이면 전체 요일 수인 7개가 된다. 따라서 <표 10-2>에서는 이동평균이 각각 7개의 자료로부터 구해진 것을 알 수 있다.

〈표 10-2〉 이동평균의 산출

구 분	교통사고건수	이동합계	이동평균
월요일	11		
화요일	8		
수요일	14		
목요일	11	75	10.7
금요일	10	73	10.4
토요일	9	75	10.7
일요일	12	76	10.9
월요일	9	75	10.7
화요일	10	68	9.7
수요일	15	67	9.6
목요일	10	65	9.3
금요일	3		
토요일	8		
일요일	10		

위의 표에서 첫 번째 이동평균인 10.7은 처음 일곱 개의 자료로부터 얻어진 것이고, 두 번째 이동평균 10.4는 두 번째 자료인 화요일의 8부터 여덟 번째 자료인 월요일의 9까지에 대한 평균이 된다. 이러한 방식으로 마지막 이동평균 9.3은 역시 끝의 일곱 개 자료로부터 구한 평균이다.

한편 월별자료 및 분기별자료 등과 같이 시계열자료의 주기를 구성하는 자료의 수가 짝수인 경우에는 <표 10-3>에서 볼 수 있듯이 두 단계의 이동합계를 구한 후에 이동평균이 얻어진다. 다음의 <표 10-3>은 어느 백화점의 매출액을 2년간 분기별로 관찰한 자료로부터 이동평균을 구한 결과이다.

〈표 10-3〉 짝수개 자료로부터의 이동평균 산출

분기	매출액	이동합계(1)	이동합계(2)	이동평균
Ⅰ	128			
Ⅱ	61			
		412		
Ⅲ	11		837	104.6
		425		
Ⅳ	212		842	105.2
		417		
Ⅰ	141		836	104.5
		419		
Ⅱ	53		812	101.5
		393		
Ⅲ	13			
Ⅴ	186			

위의 표에서 첫 번째 이동합계(1)인 412는 처음 네 개의 자료합이고, 두 번째 이동합계(1)인 425는 두 번째 자료인 61부터 다섯 번째 자료인 141까지의 합이다. 이는 앞의 <표 10-2>에서 이동합계를 구한 과정과 동일하다. 그러나 이동합계(2)의 네 자료는 이동합계(1)의 각 자료를 두 개씩 합한 것이고, 이동평균은 이동합계(2)의 자료를 8로 나누어 구한 평균이다.

일반적으로 이동평균을 구하는 방법에는 <표 10-2>에서와 같이 구하는 시점을 기준으로 과거와 현재, 그리고 미래의 자료를 모두 이용하는 방법과 과거의 자료만을 사용하는 방법이 있다. 예를 들어 주가의 움직임을 살펴보는데 중요한 자료

중의 하나인 5일 이동평균은 구하는 시점을 포함하여 과거 5일간의 주가를 평균한 것이다. 이처럼 과거의 자료만을 이용하여 이동평균을 구할 경우에는 기준시점을 포함하여 원하는 수만큼의 과거자료에 대한 평균값을 구하면 된다. 다음의 <표 10-4>는 <표 10-1>의 요일별 교통사고 자료에 대하여 과거의 7개 자료를 이용하여 이동평균을 구한 결과이다.

〈표 10-4〉 이동평균의 산출

구 분	교통사고건수	이동합계	이동평균
월요일	11		
화요일	8		
수요일	14		
목요일	11		
금요일	10		
토요일	9		
일요일	12	75	10.7
월요일	9	73	10.4
화요일	10	75	10.7
수요일	15	76	10.9
목요일	10	75	10.7
금요일	3	68	9.7
토요일	8	67	9.6
일요일	10	65	9.3

(2) 추세비율법

시계열자료에 추세방정식을 적합시켰다면 추세비율법을 이용하여 계절지수를 산출한다. 추세비율법에 적용한 계절지수의 도출과정을 각 단계별로 나타내면 다음과 같다.

추세비율법을 이용한 계절지수의 도출

① 시계열자료의 각 시점을 정의한다.

② 추세방정식을 추정한다.

③ 추정된 추세방정식을 이용하여 각 시점에서의 추정값을 구한다.

④ 각 시점에서의 관찰값과 추정값의 백분율자료 $100(Y_t/T_t)$를 구한다.

⑤ 시계열자료에 계절효과가 존재하는지를 판단한다.

⑥ 불규칙변동을 제거하기 위하여 계절주기에 맞춰 ④에서 구한 백분율 자료의 이동평균을 구한다.

⑦ 위 ④에서 구한 백분율 자료를 ⑥에서 구한 이동평균으로 나누고, 이에 대한 중앙값 또는 수정평균을 구하여 계절지수를 도출한다.

⑧ 필요한 경우에는 계절지수를 조정하여 수정된 계절지수를 구한다.

먼저 단계 ①에서는 분석하려는 시계열자료의 시간단위를 의미한다. 예를 들어 월별 매출액을 파악하고자 한다면, 매월이 시간단위가 된다. 따라서 매월의 시계열자료가 분석되어야 하며, 그 결과로서 12개의 월별 계절지수가 도출된다.

한편 단계 ②와 ③에서의 추세방정식과 관련한 내용은 앞의 제3절을 참고하여 해결할 수 있다.

단계 ④는 시계열자료에서 추세변동을 제거하는 과정이다. 앞의 제2절에서 언급한 바와 같이 시계열자료는 추세변동, 계절변동, 순환변동 및 불규칙변동을 포함하고 있는데, 승법모형의 시계열자료는 다음과 같이 표현된다.

$$Y_t = T_t \times S_t \times C_t \times I_t$$

여기서 순환변동 부분은 일반적으로 그 주기가 수 년 또는 수십 년 등이 되므로, 월별자료 또는 시간별자료 등의 비교적 단기간에 걸친 시계열자료를 다룰 때에는 순환변동이 존재하지 않는 것으로 가정해도 무방할 것이다. 이러한 경우에는 시계열자료를 다음과 같이 추세변동, 계절변동 및 불규칙변동만으로 나타낼 수 있다.

$$Y_t = T_t \times S_t \times I_t$$

따라서 단계 ④에서 각 시점에서의 관찰값 Y_t를 추세방정식의 추정값 T_t로 나누는 것은 다음과 같이 시계열자료에서 추세변동 부분을 제거하고 계절변동과 불규칙변동만으로 구성되는 새로운 자료를 생성하는 과정인 것이다.

$$Y_t / T_t = S_t \times I_t$$

단계 ⑤는 분석중인 시계열자료에 계절효과가 존재하는가를 판단하는 과정이다. 만일 시계열자료에 계절효과가 존재한다면, 단계 ④에서 구한 관찰값과 추정값의 백분율자료에 있어 각 계절 간에는 서로 다른 값을 그리고 동일한 계절에서는 비슷한 값을 나타내게 된다.

단계 ⑥은 시계열자료의 불규칙변동을 제거하는 과정이다. 일반적으로 시계열자료의 불규칙변동을 제거하기 위해서는 이동평균을 이용한다. 이동평균은 앞에서 설명한 방법으로 구할 수 있다.

단계 ⑦은 계절지수를 도출하는 과정이다. 이를 위해서는 중앙값을 이용하는 방법과 수정평균을 이용하는 방법이 있다. 먼저 중앙값을 이용하는 방법을 설명한다. 앞의 단계 ⑤에서 시계열자료에 계절효과가 존재한다면, 동일한 계절에서는 관찰값과 추정값의 백분율자료가 서로 비슷한 값을 나타낸다고 언급하였다. 그러나 시계열자료에 내재하는 불규칙변동의 영향으로 동일한 계절에서의 백분율자료

중에서도 일부는 극단값을 갖게 되는 경우도 있다. 이러한 극단값의 영향을 제거하기 위하여 특정 계절에서의 백분율자료 중 중앙값을 취하여 계절지수로 삼으며, 이를 그 계절에서의 계절효과로 간주하는 것이다. 한편 수정평균을 이용하는 방법은 백분율자료의 중앙값 대신에 백분율자료 중에서 최대값과 최소값을 제외하고 얻은 평균, 즉 수정평균을 계절지수로 이용한다는 차이만이 있을 뿐이다.

끝으로 단계 ⑧은 이상에서 구한 계절지수의 평균이 100이 되도록 조정하여 **수정된 계절지수**(adjusted seasonal indexes)를 도출하는 과정이다.

〔예제 10-3〕 다음은 어느 벤처기업의 최근 3년 동안의 분기별 평균주가를 관찰한 자료이다. 추세비율법의 각 단계를 적용하여 계절지수를 산출하시오.

구분	2008	2009	2010
Ⅰ	19650	24100	26900
Ⅱ	23680	28860	31390
Ⅲ	24930	28980	31840
Ⅵ	30420	33870	36660

☞ 계절지수를 도출하기 위하여 추세비율법의 각 단계를 적용한 결과는 다음과 같다.

[단계 1] 분기별 평균주가를 관찰한 시계열자료이므로 각 시점 t는 분기로 정의된다.

[단계 2] 먼저 추세의 유형을 선택하고자 다음의 <그림 10-6>을 참조한 결과, 이 자료는 선형 추세방정식을 가정하게 된다. 이상의 분기별 자료를 1부터 12까지의 시점 t로 전환하여 추세방정식을 추정한 결과는 아래와 같다.

$$\widehat{Y}_t = 21222 + 1110t$$

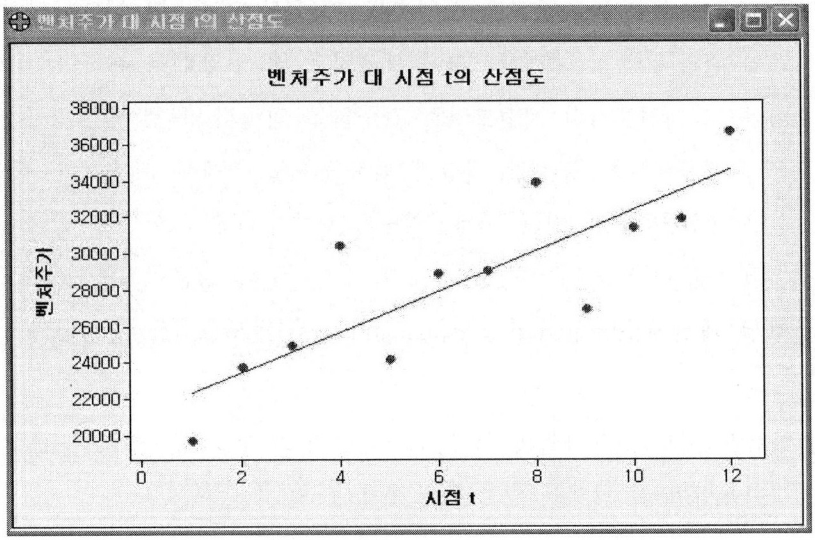

〈그림 10-6〉 어느 벤처기업의 분기별 평균주가자료

[단계 3-4] 위의 추세방정식을 이용하여 각 시점에서의 추정값 또한 각 시점에서의 관찰값과 추정값의 백분율자료를 구한 결과는 다음과 같다.

연도	분기	시점	평균주가	추정값	백분율자료
2008	Ⅰ	1	19650	21222+1110(1)=22332	100(19650/22332)= 88.0
	Ⅱ	2	23680	21222+1110(2)=23442	100(23680/23442)=101.0
	Ⅲ	3	24930	21222+1110(3)=24552	100(24930/24552)=101.5
	Ⅳ	4	30420	21222+1110(4)=25662	100(30420/25662)=118.5
2009	Ⅰ	5	24100	21222+1110(5)=26772	100(24100/26772)= 90.0
	Ⅱ	6	28860	21222+1110(6)=27882	100(28860/27882)=103.5
	Ⅲ	7	28980	21222+1110(7)=28992	100(28980/28992)=100.0
	Ⅳ	8	33870	21222+1110(8)=30102	100(33870/30102)=112.5
2010	Ⅰ	9	26900	21222+1110(9)=31212	100(26900/31212)= 86.2
	Ⅱ	10	31390	21222+1110(10)=32322	100(31390/32322)= 97.1
	Ⅲ	11	31840	21222+1110(11)=33432	100(31840/33432)= 95.2
	Ⅳ	12	36660	21222+1110(12)=34542	100(36660/34542)=106.1

[단계 5] 다음에 정리한 바와 같이 Ⅰ분기의 백분율자료는 Ⅱ분기 및 Ⅲ분기의 백분율자료에 비하여 모두 작게 그리고 Ⅳ분기의 백분율 자료는 Ⅱ분기 및 Ⅲ분기의 자료에 비하여 모두 크게 나타나므로, 계절효과가 존재하는 것으로 판단하게 된다.

구분	2008	2009	2010
Ⅰ	88.0	90.0	86.2
Ⅱ	101.0	103.5	97.1
Ⅲ	101.5	100.0	95.2
Ⅳ	118.5	112.5	106.1

[단계 6] 불규칙변동을 제거하기 위하여 위에서 구한 백분율자료에 대하여 계절주기를 이용하여 이동평균을 구한다.

연도	분기	백분율 자료	이동합계 (1)	이동합계 (2)	이동평균	백분율자료 /이동평균
2008	Ⅰ	88.0				
	Ⅱ	101.0				
			409			
	Ⅲ	101.5		820	102.5	99
			411			
	Ⅳ	118.5		824.5	103.1	114.9
			413.5			
2009	Ⅰ	90.0		825.5	103.2	87.2
			412			
	Ⅱ	103.5		818	102.3	101.2
			406			
	Ⅲ	100.0		808.2	101	99
			402.2			
	Ⅳ	112.5		798	99.8	112.7
			395.8			
2010	Ⅰ	86.2		786.8	98.4	87.6
			391			
	Ⅱ	97.1		775.6	97	100.1
			384.6			
	Ⅲ	95.2				
	Ⅳ	106.1				

이 자료는 분기별로 계절효과가 존재하므로 계절주기는 4가 된다. 따라서 이동평균은 두 단계의 이동합계를 구하여 계산한다.

[단계 7] 계절지수를 계산하기 위하여 앞의 [단계 4]에서 구한 백분율자료를 [단계 6]에서의 이동평균으로 나누고, 이에 대한 중앙값을 다음의 표와 같이 구한다. 백분율자료를 이동평균으로 나눈 값은 위 표의 마지막 열에 나타나 있으며, 이를 분기별로 정리한 결과는 다음의 표와 같다. 또한 표의 마지막 열은 각 계절에 있어서의 중앙값을 구한 것인데, 이것이 바로 계절효과를 의미하는 계절지수가 된다.

구분	2008	2009	2010	중앙값
Ⅰ		87.2	87.6	87.4
Ⅱ		101.2	100.1	100.65
Ⅲ	99.0	99.0		99.0
Ⅳ	114.9	112.7		113.8

[단계 8] 계절지수의 평균은 그 의미상 100이 되어야 하는데, 여기서 구한 계절지수의 평균은 100.2125이다. 따라서 계절지수의 평균이 정확히 100이 되도록 수정된 계절지수를 구한 결과는 다음과 같다.

구분	계절지수	수정된 계절지수
Ⅰ	87.4	100(88.4 /100.2125) = 87.2
Ⅱ	100.65	100(100.65/100.2125) = 100.4
Ⅲ	99.0	100(99.0 /100.2125) = 98.8
Ⅵ	113.8	100(113.8 /100.2155) = 113.6

■

(3) 이동평균비율법

앞에서 시계열자료의 추세방정식을 이용하여 계절지수를 도출하는 추세비율법을 다루었다. 그러나 경우에 따라서는 시계열자료로부터 추세방정식의 추정이 불필요한 경우가 있다. 예를 들어 시계열자료의 시점 범위가 그다지 길지 않은 경우 또는 원래 시계열자료의 산점도에서 추세를 나타내지 않는 경우 등을 들 수 있다. 이러한 경우에는 추세방정식의 추정과정이 생략되고, 바로 시계열자료에서 **이동평균**(moving averages)을 산출하여 계절지수를 구하게 된다.

시계열자료에서 불규칙변동은 계절주기만큼의 이동평균을 구함으로써 제거할 수 있다. 따라서 시계열자료로부터의 이동평균은 다음과 같이 추세변동과 순환변동만으로 구성됨을 알 수 있다.

$$MA_t = T_t \times C_t$$

그러면 앞에서 다룬 추세비율법에서 각 시점에서의 관찰값 Y_t를 추세방정식의 추정값 T_t로 나누었던 것과 마찬가지로, 이동평균비율법에서는 각 시점에서의 관찰값 Y_t를 이동평균 MA_t에 대비한 백분율자료를 구함으로써 다음과 같이 추세변동과 순환변동이 제거되고 계절변동과 불규칙변동만으로 구성되는 새로운 자료를 얻게 된다.

$$Y_t \,/\, MA_t = S_t \times I_t$$

이상에서 언급한 이동평균비율법을 이용한 계절지수의 도출과정을 정리하면 다음과 같다.

이동평균비율법을 이용한 계절지수의 도출

① 시계열자료로부터 이동평균을 구한다.

② 관찰값과 이동평균의 백분율자료, 즉 $100(Y_t/MA_t)$를 구한다.

③ 시계열자료에 계절효과가 존재하는지를 판단한다.

④ 불규칙변동을 제거하기 위하여 백분율자료에 대한 중앙값 또는 수정평균을 구하여 계절지수를 도출한다.

⑤ 필요한 경우에는 계절지수를 조정하여 수정된 계절지수를 구한다.

〔예제 10-4〕 다음은 3주간에 걸쳐 어느 헬스클럽의 출입자 수를 요일별로 관찰한 자료이다. 이동평균비율법의 각 단계를 적용하여 계절지수를 도출하시오.

구 분	제1주	제2주	제3주
월요일	37	35	34
화요일	33	28	39
수요일	34	32	30
목요일	38	39	41
금요일	93	104	100
토요일	128	134	148
일요일	83	73	86

☞ 계절지수를 도출하기 위하여 이동평균비율법의 각 단계를 적용한 결과는 다음과 같다.

[단계 1-2] 시계열자료로부터 이동평균을 구한 후, 각 시점에서의 관찰값과 이동평균의 백분율자료를 구한 결과는 다음과 같다.

구 분	출입자 수	이동합계	이동평균	$100(Y_t/MA_t)$
월요일	37			
화요일	33			
수요일	34			
목요일	38	446	63.7	100(38/63.7)= 59.7
금요일	93	444	63.4	100(93/63.4)=146.7
토요일	128	439	62.7	100(128/62.7)=204.1
일요일	83	437	62.4	100(83/62.4)=133.0
월요일	35	438	62.6	100(35/62.6)= 55.9
화요일	28	449	64.1	100(28/64.1)= 43.7
수요일	32	455	65.0	100(32/65.0)= 49.2
목요일	39	445	63.6	100(39/63.6)= 61.3
금요일	104	444	63.4	100(104/63.4)=164.0
토요일	134	455	65.0	100(134/65.0)=206.2
일요일	73	453	64.7	100(73/64.7)=112.8
월요일	34	455	65.0	100(34/65.0)= 52.3
화요일	39	451	64.4	100(39/64.4)= 60.6
수요일	30	465	66.4	100(30/66.4)= 45.2
목요일	41	478	68.3	100(41/68.3)= 60.0
금요일	100			
토요일	148			
일요일	86			

[단계 3-4] 다음의 표에서 보는 바와 같이 금요일부터 일요일까지의 백분율자료가 월요일부터 목요일까지의 백분율자료에 비하여 모두 크게 나타나므로 계절효과가 존재함을 알 수 있다. 따라서 계절지수를 도출하기 위하여 표의 마지막 열에 백분율자료의 중앙값을 구하였다.

구　분	제1주	제2주	제3주	중앙값
월요일		55.9	52.3	54.1
화요일		43.7	60.6	52.2
수요일		49.2	45.2	47.2
목요일	59.7	61.3	60.0	60.0
금요일	146.7	164.0		155.4
토요일	204.1	206.2		205.2
일요일	133.0	112.8		122.9

[단계 5] 계절지수의 평균이 100이 되도록 수정된 계절지수를 구한 결과는 다음과 같다.

구　분	계절지수	수정된 계절지수
월요일	54.1	54.1 / 99.57 = 54.3
화요일	52.2	52.2 / 99.57 = 52.4
수요일	47.2	47.2 / 99.57 = 47.4
목요일	60.0	60.0 / 99.57 = 60.3
금요일	155.4	155.4 / 99.57 = 156.1
토요일	205.2	205.2 / 99.57 = 206.1
일요일	122.9	122.9 / 99.57 = 123.4

■

제5절 순환분석

일반적으로 순환변동의 특징은 장기간에 걸쳐서 나타난다는 것이고, 추세 및 계절변동과는 달리 그 변동의 양상이 안정적이지 못하기 때문에 모형화하기가 어렵다.

즉 순환변동은 일정한 기간 내에 반복되어 나타나지도 않으며, 변동의 진폭도 일정하지가 않다. 그러나 수많은 경제현상 및 경영활동에 있어서 순환변동이 존재하는 것이 사실이므로 이에 관한 분석도 결코 간과될 수는 없겠다. 따라서 여기서는 시계열자료에서 **순환지수**(cyclical indexes)의 산출을 그 목적으로 하는 **순환분석**(cyclical analysis)에 대하여 알아보기로 한다.

순환분석의 목적은 다음과 같이 네 가지 변동요소로 구성되는 시계열자료에서 순환변동 C_t 만을 분리하고자 하는 것이다.

$$Y_t = T_t \times S_t \times C_t \times I_t$$

그런데 계절변동은 하루, 일주일 또는 한달 등의 짧은 주기내에서 표현되는 관계로 연도별자료 등을 다루는 순환분석에서는 그 영향을 미치지 못하는 것이 일반적이다. 또한 불규칙변동 역시 전쟁과 가뭄 등 매우 특별한 경우를 제외하고는 연도별자료에서는 별 효력이 없다. 따라서 연도별자료 등과 같이 주기가 긴 경우의 시계열자료를 대상으로 하는 순환분석에서는 시계열자료를 다음과 같이 추세와 순환변동만으로 나타낼 수 있다.

$$Y_t = T_t \times C_t$$

그러면 이와 같이 표현되는 시계열자료의 양변을 추세방정식의 추정값 T_t 로 나누어 백분율자료를 구함으로써 순환변동을 분리할 수 있다.

다음은 이제까지 언급한 순환지수의 도출과정을 정리한 것이다.

순환지수의 도출

① 추세방정식을 추정한다.

② 추정된 추세방정식을 이용하여 각 시점에서의 추정값을 구한다.

③ 관찰값과 추정값의 백분율자료, 즉 $100(Y_t/T_t)$를 구하여 순환지수를 도출한다.

이렇게 도출한 순환지수는 100을 기준으로 하여 그 해석이 달라진다. 즉 순환지수의 값이 100을 초과하면 양의 순화변동이 존재한다고 하며, 100보다 작은 경우에는 음의 순환변동이 존재한다고 정의한다.

〔예제 10-5〕 다음은 최근 15년 동안 수도권 지역에 있어서의 신규 아파트 분양건수를 연도별로 조사한 자료이다. 계절변동 및 불규칙변동은 존재하지 않는 것으로 가정하고 순환지수를 도출하시오.

연도	분양건수	연도	분양건수	연도	분양건수
1996	15	2001	19	2006	24
1997	18	2002	22	2007	23
1998	21	2003	25	2008	25
1999	20	2004	27	2009	28
2000	18	2005	26	2010	33

☞ 자료로부터 선형 추세방정식을 추정한 결과는 다음과 같다.

$$\widehat{Y}_t = 15.65 + .91t$$

추정된 추세방정식을 이용하여 연도별 추정값 그리고 관찰값과 추정값의 백분율 자료, 즉 연도별 순환지수를 구한 결과는 다음과 같다.

연도	시점	분양건수	추정값	순환지수
1996	1	15	15.65+.91(1)=16.56	100(15/16.56)= 90.6
1997	2	18	15.65+.91(2)=17.47	100(18/17.47)=103.0
1998	3	21	15.65+.91(3)=18.38	100(21/18.38)=114.3
1999	4	20	15.65+.91(4)=19.29	100(20/19.29)=103.7
2000	5	18	15.65+.91(5)=20.20	100(18/20.20)= 89.1
2001	6	19	15.65+.91(6)=21.11	100(19/21.11)= 90.0
2002	7	22	15.65+.91(7)=22.02	100(22/22.02)= 99.9
2003	8	25	15.65+.91(8)=22.93	100(25/22.93)=109.0
2004	9	27	15.65+.91(9)=23.84	100(27/23.84)=113.2
2005	10	26	15.65+.91(10)=24.75	100(26/24.75)=105.0
2006	11	24	15.65+.91(11)=25.66	100(24/25.66)= 93.5
2007	12	23	15.65+.91(12)=26.57	100(23/26.57)= 86.5
2008	13	25	15.65+.91(13)=27.48	100(25/27.48)= 91.0
2009	14	28	15.65+.91(14)=28.39	100(28/28.39)= 98.6
2010	15	33	15.65+.91(15)=29.30	100(33/29.30)=112.6

■

제6절 시계열자료의 예측

이제까지 시계열자료의 특징과 시계열자료를 구성하고 있는 추세, 계절변동 및 순환변동 등의 각 구성요소별로 이를 계량화할 수 있는 방법에 대하여 다루었다. 이

절에서는 추세방정식과 계절지수 등을 활용하여 시계열자료에 대한 예측의 정확성을 제고하는 방안에 대하여 살펴보고자 한다.

먼저 기간이 1년 이내인 시계열자료에 대하여 계절지수를 감안한 추세방정식을 통한 예측을 알아보고, 또한 일반적인 예측방법이라 할 수 있는 지수평활법에 대해서도 다루기로 한다.

(1) 추세방정식과 계절지수를 이용한 예측

회귀분석에서의 회귀방정식과 마찬가지로 시계열분석에서의 추세방정식도 분명 예측을 위한 도구이다. 그러나 추세방정식에 의한 시계열자료의 예측은 적절한 계절효과를 감안한다면 그 정확성을 더욱 제고할 수 있다.

앞의 제4절에서 다룬 바 있는 어느 벤처기업의 분기별 평균주가자료를 예를 들어 보자. [예제 10-3]에서 구한 바와 같이 Ⅳ분기의 평균주가가 언제나 추세방정식에 의한 추정값보다 12.1% 정도 크다면, 이러한 계절효과를 추세방정식과 더불어 분석에 반영해야만 정확한 평균주가를 예측할 수 있게 된다. 다음은 추세방정식에 계절지수를 적용하여 시계열자료의 예측값을 구하는 일반적인 공식을 보여준다.

추세방정식과 계절지수에 의한 예측

예측값 = (추세방정식의 추정값) × (계절지수/100)

〔예제 10-6〕 앞의 [예제 10-3]에서 다룬 바 있는 어느 벤처기업의 평균주가자료로부터 추세방정식과 계절지수를 이용하여 2012년의 각 분기별 평균주가를 예측하시오.

☞ 앞의 [예제 10-3]의 분기별 시계열자료를 1부터 12까지의 시점 t로 전환하여 추세방정식을 추정한 결과는 다음과 같다.

$$\widehat{Y}_t = 21222 + 1110t$$

또한 다음은 각 분기별 수정된 계절지수를 구한 결과이다.

분기	수정된 계절지수
I	87.2
II	100.4
III	98.8
VI	113.6

한편 2010년의 VI분기 시점 t가 12이므로, 구하고자 하는 2012년의 각 분기의 시점은 각각 17부터 20까지임을 알 수 있다. 그러면 추세방정식과 계절지수를 적용하여 예측한 2012년의 각 분기별 평균주가는 다음과 같이 산출된다.

분기	평균주가의 예측
I	{21222+1110(17)}(87.2/100) = 34960
II	{21222+1110(18)}(100.4/100) = 41367
III	{21222+1110(19)}(98.8/100) = 41804
VI	{21222+1110(20)}(113.6/100) = 49327

■

(2) 지수평활법

앞에서 추세방정식과 계절지수에 의한 시계열자료의 예측문제를 다루었다. 여기서는 미래의 값을 예측하는데 있어 최근의 자료에 더 많은 비중을 부여하는, 즉 최근의 자료에 더 큰 값의 가중값을 두는 **지수평활법**(exponential smoothing)을 다루고자 한다.

지수평활법을 적용하는 경우에 있어 시점 $(t+1)$에 대한 예측값 $\hat{Y}_{t+1}$은 다음과 같이 시점 t에서의 관찰값 Y_t와 예측값 $\hat{Y}_t$의 가중평균으로 정의된다.

지수평활법에 의한 예측

$$\hat{Y}_{t+1} = \alpha Y_t + (1-\alpha)\hat{Y}_t$$

$$= \alpha Y_t + (1-\alpha)\alpha Y_{t-1} + \cdots + (1-\alpha)^{t-1}\hat{Y}_1$$

여기서 α는 **지수평활상수**(exponential smoothing constant)라 하는데, 0부터 1 사이의 값을 갖는다. 만일 α가 0에 가까우면 예측값은 최근의 자료뿐만 아니라 과거자료에도 어느 정도 비중을 두어 산출되는 것이며, 그 결과 시계열이 부드러워진다. 반면에 α가 1에 가까우면 예측값은 최근 자료에 더 큰 비중을 두게 되어 시계열이 뾰족해진다. 따라서 시계열이 들쭉날쭉하다면 지수평활상수 α를 0에 가까운 작은 값으로 하고, 시계열이 안정적이라면 1에 가까운 큰 값을 부여하는 것이 원칙이다. 한편 초기 추정값 $\hat{Y}_1$은 일반적으로 초기 관찰값 Y_1으로 대체한다.

다음은 지수평활법에 의한 시계열자료의 예측과정을 정리한 것이다.

지수평활법에 의한 예측과정

① 지수평활상수 α값을 정한다.

② 초기 예측값을 초기 관찰값으로 하여 다음과 같이 각 시점에서의 예측값을 구한다.

$$\hat{Y}_{t+1} = \alpha Y_t + (1-\alpha)\hat{Y}_t$$

〔예제 10-7〕 다음은 어느 전자상가의 PC 판매대수를 2008년 Ⅲ분기부터 2010년 Ⅱ분기까지 분기별로 관찰한 자료이다.

구분	2008	2009	2010
Ⅰ		326	364
Ⅱ		342	350
Ⅲ	317	295	
Ⅵ	279	311	

지수평활법을 이용하여 2010년 Ⅲ분기의 판매대수를 예측하시오.

☞ 제시된 분기별 시계열자료가 비교적 들쭉날쭉하므로 지수평활계수 α를 작은 값으로 하는 것이 바람직한 추정이 될 것이다. 따라서 α를 0.3으로 정하여 2010년 Ⅲ분기의 판매대수를 예측한 결과는 다음과 같이 334.5가 된다.

$$\hat{Y}_2 = Y_1 = 317$$

$$\hat{Y}_3 = .3\,Y_2 + (1-.3)\,\hat{Y}_2 = .3(279) + .7(317) = 305.6$$

$$\widehat{Y}_4 = .3\,Y_3 + (1-.3)\,\widehat{Y}_3 = .3(326) + .7(305.6) = 311.7$$

$$\vdots$$

$$\widehat{Y}_9 = .3\,Y_8 + (1-.3)\,\widehat{Y}_8 = .3(350) + .7(327.9) = 334.5$$

다음은 α를 0.3에서 0.8로 변화한 경우의 예측값을 비교하여 나타내고 있다.

구분		시점	판매대수	예 측 값	
				$\alpha = .3$	$\alpha = .8$
2008	Ⅲ	1	317		
	Ⅵ	2	279	317	317
2009	Ⅰ	3	326	305.6	286.6
	Ⅱ	4	342	311.7	318.1
	Ⅲ	5	295	320.8	337.2
	Ⅵ	6	311	313.1	303.4
2010	Ⅰ	7	364	312.4	309.5
	Ⅱ	8	350	327.9	353.1
	Ⅲ	9		334.5	350.6

앞서 언급한 바와 같이 지수평활계수 α를 0.8로 한 경우의 예측값이 0.3으로 한 경우보다 진폭이 더 크게 나타나는 것을 알 수 있다. ■

제7절 미니탭의 이용

여기서는 앞에서 다룬 시계열분석의 내용을 미니탭을 이용하여 처리하는 절차에 대하여 알아보고자 한다. 먼저 자료는 워크시트 윈도우의 변수열에 입력되어 있는 것으로 간주하여 추세분석, 이동평균, 계절분석, 지수평활법을 이용한 자료의 분석 방법을 설명한다. 자료를 입력할 때에는 시계열 자료만 입력하면 되고 시간을 나타내는 변수는 입력하지 않아도 된다.

(1) 추세분석

추세분석을 수행하려면 '**통계분석(S) > 시계열분석(S) > 추세분석(N)**' 순서로 메뉴를 선택함으로써 나타나는 대화상자의 내용을 완성하면 된다. 대화상자는 크게 '변수(V)' 및 '모형유형'으로 되어 있다. 이중 '변수(V)'는 분석할 시계열 자료가 입력되어 있는 변수열을 지정하면 되고, '모형유형'에서는 선형(L), 2차(Q), 지수성장(E) 등을 지정할 수 있다. 예측값을 얻으려면 '예측생성(G)'을 이용하면 되고, '저장(S)' 버튼을 이용하면 추정값과 예측값 등을 변수열에 저장할 수 있다.

[예제 10-1]을 미니탭을 이용하여 분석하려면 먼저 C1열에 자료를 입력하고 위에 제시된 순서대로 메뉴를 선택한다. 이 때, 나타나는 대화상자의 '변수(V)' 상자에 매출액을 입력하고 '모형유형'은 선형(L)을 선택한다. 시점 11과 12과 같이 연속된 두 시점의 값을 예측하길 원하면 '예측생성(G)'을 선택하고 '예측개수(N)'에 2를 입력한 후, '확인(O)' 버튼을 누르면 다음과 같은 결과를 얻을 수 있다.

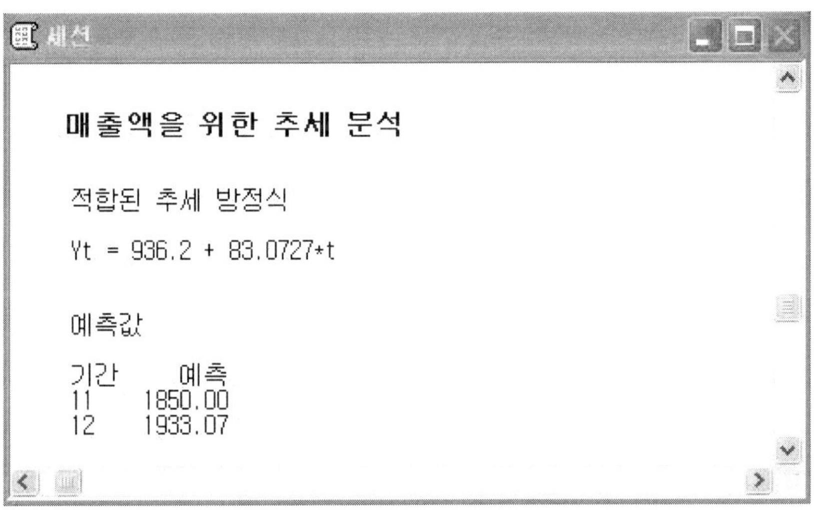

한편 [예제 10-2]의 지수형 추세방정식을 구하려면 '모형유형'에서 지수성장(E)을 선택하면 다음의 결과를 얻는다.

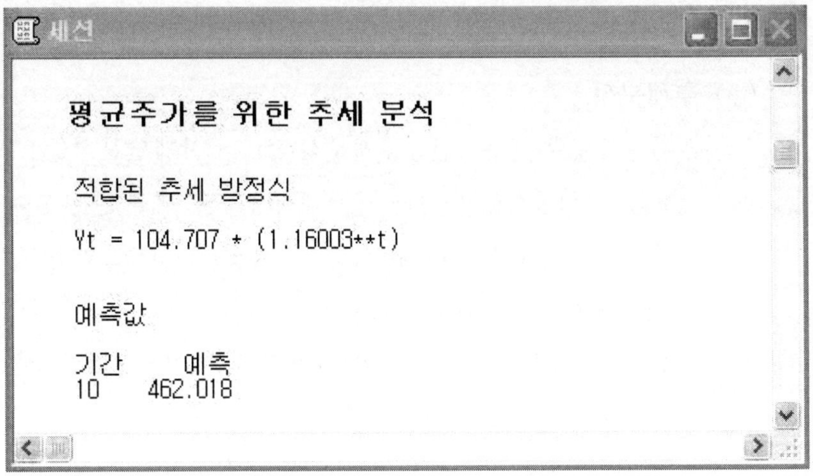

(2) 이동평균

이동평균을 계산하려면 '**통계분석(S) > 시계열분석(S) > 이동평균(M)**' 순서로 메뉴를 선택한다. 이 경우의 대화상자는 크게 '변수(V)'와 'MA길이(M)'로 되어있다. '변수(V)' 칸에는 이동평균을 구하고자 하는 변수열을 지정하면 되고, 'MA길이(M)' 칸에는 이동평균을 구하는데 필요한 관찰값의 수를 입력하면 된다.

기본적으로 이동평균은 과거의 자료를 이용하여 계산하게 되며, 만약 과거와 현재, 그리고 미래의 자료를 이용하여 이동평균을 구하려면 대화상자에 있는 '이동평균의 중심점 찾기(C)' 기능을 선택하면 된다. 앞에서와 같이 예측값을 얻으려면 '예측생성(G)'을 이용하면 되고, '저장(S)' 버튼을 이용하면 추정값과 예측값 등을 변수열에 저장할 수 있다.

<표 10-1>의 자료에 대하여 이동평균을 구하려면 '변수(V)' 칸에는 변수가 입력되어 있는 변수열을 지정하고, 'MA길이(M)' 칸에는 7을 입력하면 된다. 또한 '이동평균의 중심점 찾기(C)' 기능을 선택해야 <표 10-2>와 같은 결과를 얻을 수

있다. 또한 세션 윈도우로 이동평균 값을 출력하기 위해서는 대화상자에서 '결과(R)' 기능을 이용해야 한다. 이상의 미니탭 과정을 통하여 <표 10-1>에서 구한 이동평균은 다음과 같다.

세션

교통사고건수를 위한 이동 평균

이동 평균

길이 7

시간	교통사고건수	MA	예측	오차
1	11	*	*	*
2	8	*	*	*
3	14	*	*	*
4	11	10.7143	*	*
5	10	10.4286	*	*
6	9	10.7143	*	*
7	12	10.8571	*	*
8	9	10.7143	10.7143	-1.71429
9	10	9.7143	10.4286	-0.42857
10	15	9.5714	10.7143	4.28571
11	10	9.2857	10.8571	-0.85714
12	3	*	10.7143	-7.71429
13	8	*	9.7143	-1.71429
14	10	*	9.5714	0.42857

(3) 계절분석 - 승법모형

추세비율법을 이용하여 계절분석을 수행하려면 '**통계분석(S)** > **시계열분석(S)** > **분해(E)**' 순서로 메뉴를 선택해야 한다. 이 경우 대화상자는 크게 '변수(V)'와 '계절길이(H)', '모형유형', '모형성분' 및 '예측생성(G)'으로 구성되어 있다. '변수(V)'의 이용은 앞에서와 같으며, '계절길이(H)'에는 계절주기를 입력한다.

'모형유형'에서는 '승법(M)'과 '가법(I)' 중 하나를 선택할 수 있고, '모형성분'에서는 분석하고자 하는 시계열의 구성요소가 추세와 계절변동을 모두 포함하고 있는 경우의 '추세 더하기 계절'과 계절변동 만을 포함하는 경우의 '계절에 국한' 중에서 하나를 선택하면 된다. '예측생성(G)'을 이용하면 예측값을 얻을 수 있고, '저장(S)' 기능을 이용하면 추세의 추정값, 추세가 제거된 값, 계절지수 등을 워크시트 윈도우에 저장할 수 있다. 이러한 값들을 세션 윈도우로 출력하려면 '결과(R)' 버튼을 선택한 후 나타나는 '요약표 및 결과표(S)' 항목을 선택해야 한다.

[예제 10-3]의 자료에 추세비율법을 이용하여 계절지수를 산출하려면 '변수(V)' 칸에 변수가 입력되어 있는 변수열을 지정하고, '계절길이(H)' 칸에 계절주기인 4를 입력하면 된다. 또한 '모형유형' '승법(M)'을 선택하고, '모형성분'에서는 '추세 더하기 계절'을 선택하면 된다.

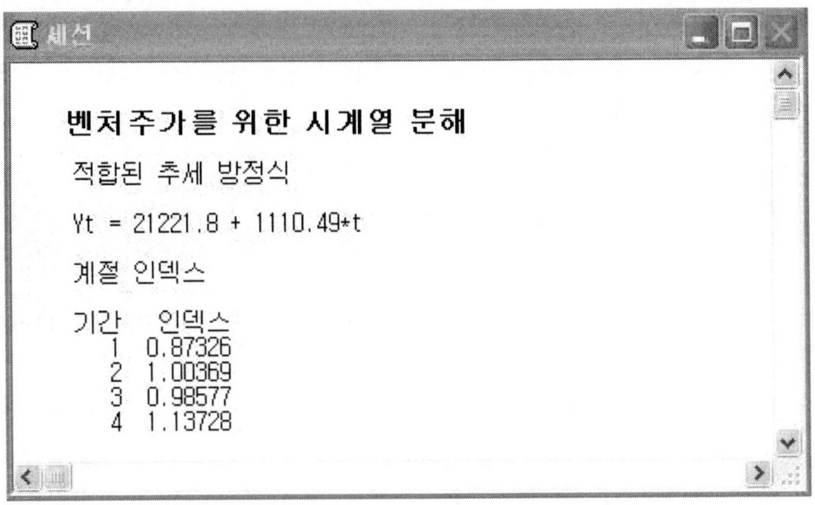

(4) 지수평활법

지수평활법을 이용하여 시계열 자료를 예측하려면 '**통계분석(S) > 시계열분석(S) > 단일지수평활(S)**' 순서로 메뉴를 선택하면 된다. 대화상자는 '변수(V)'와 '평활에 사용할 가중치' 및 '예측생성(G)'으로 구성된다. '변수(V)' 칸에는 지수평활법으로 예측하고자 하는 자료가 저장되어 있는 변수열을 지정하면 되고, '평활에 사용할 가중치'에는 분석에 사용할 평활상수 α값을 지정하면 된다. 만약 적절한 평활상수 값을 알고 있다면 '사용(U)' 항목을 선택하여 평활상수 값을 입력하면 되고, 그렇지 않고 평활상수 값을 모른다면 '최적(M)' 항목을 선택하면 자체적으로 적절한 평활상수 값을 계산하여 분석하게 된다. 한편 지수평활법의 경우 초기 추정값을 선택하는 방법에 따라 추정값에 약간의 차이가 발생하게 된다. 미니탭의 경우 초기 추정값으로 처음 6개 자료의 평균이 기본적으로 사용되고 있으나, '옵션(P)' 기능을 이용한다면 분석자가 원하는 개수로 변경이 가능하다.

'예측생성(G)'을 이용하면 예측값을 얻을 수 있고, '저장(S)' 기능을 이용하면 평활값, 적합값, 잔차 등을 워크시트 윈도우에 저장할 수 있다. 이러한 값들을 세션 윈도우로 출력하려면 '결과(R)' 버튼을 선택한 후 나타나는 '요약표 및 결과표(S)' 항목을 선택하면 된다.

다음은 '사용(U)' 항목에 평활상수 0.3을 적용하고 초기 추정값으로 첫 번째 관찰값을 사용한 [예제 10-7]의 분석결과이다.

세션

PC 판매량을 위한 단일 지수 평활

평활화 상수

알파 0.3

시간	PC 판매량	평활	예측	오차
1	317	317.000	317.000	0.0000
2	279	305.600	317.000	-38.0000
3	326	311.720	305.600	20.4000
4	342	320.804	311.720	30.2800
5	295	313.063	320.804	-25.8040
6	311	312.444	313.063	-2.0628
7	364	327.911	312.444	51.5560
8	350	334.538	327.911	22.0892

예측값

기간	예측	하한	상한
9	334.538	276.292	392.783

제8절 요약

1. 시계열자료의 특성

▶ 시계열자료 : 일정한 기간 동안에 걸쳐 관찰된 자료

▶ 시계열자료의 조건 : ① 각 시점간의 간격이 동일해야 함
② 동일한 정의와 조건하에 관찰되어야 함

▶ 시계열분석의 목적 : ① 자료의 모형화
② 미래값의 예측

▶ 자기상관
- 정 의 : 자료가 독립적이지 않고 과거자료의 영향을 받는 경우
- 문제점 : ① 회귀계수 추정량은 불편추정량이지만 최소분산을 갖지는 못한다.
② 평균제곱오차 MSE는 분산에 대한 과소추정량이 될 수 있다.
- 자기상관의 존재 여부 : 더빈-왓슨 검정

2. 시계열자료의 구성요소

▶ 추세 : 장기적인 성장 또는 퇴화 등의 경향

▶ 계절변동 : 계절적 요인에 의한 주기적인 변동

▶ 순환변동 : 계절변동과 유사하나 변동의 주기가 길고 또한 일정하지 못한 변동

▶ 불규칙변동 : 위의 세 가지 요소로는 설명할 수 없는 부분으로 예측이 불가능한 오차로 간주됨

3. 추세분석

▶ 목적 : 시계열자료로부터 적절한 추세방정식을 추정하여 장기적인 패턴을 도출하고 또한 미래값을 예측하고자 함

▶ 추세의 대표적인 유형

① 선형 추세 : $\hat{Y}_t = b_0 + b_1 t$

② 2차형 추세 : $\hat{Y}_t = b_0 + b_1 t + b_2 t^2$

③ 지수형 추세 : $\hat{Y}_t = Y_0(1+g)^t$

▶ 추세의 석합방법

① 선형 추세 : 단순회귀분석과 유사

② 2차형 추세 : 다중회귀분석과 유사

③ 지수형 추세 : 선형변환하여 추정한 후 지수형으로 환원

4. 계절분석

▶ 목적 : 시계열자료의 계절효과를 반영하여 정확한 예측을 도모함

▶ 추세비율법의 주요 과정

① 추세방정식의 추정

② 관찰값과 추정값의 백분율자료, 즉 $100(Y_t/T_t)$를 산출

③ 계절지수 또는 수정된 계절지수의 도출

▶ 이동평균비율법의 주요 과정

① 이동평균의 계산

② 관찰값과 이동평균의 백분율자료, 즉 $100(Y_t/MA_t)$를 산출

③ 계절지수 또는 수정된 계절지수의 도출

5. 순환분석

▶ 특징 : 장기간에 걸친 변동이며, 추세 및 계절변동과는 달리 변동의 양상이 안정적이지 못함

▶ 순환지수의 도출 과정

① 추세방정식의 추정

② 관찰값과 추정값의 백분율자료, 즉 $100(Y_t/T_t)$를 산출하여 순환지수를 도출

6. 시계열자료의 예측

▶ 추세방정식과 계절지수에 의한 예측

예측값 = (추세방정식의 추정값) × (계절지수/100)

▶ 지수평활법

① 특징 : 과거의 자료보다 최근의 자료에 더 많은 비중을 부여

② 지수평활계수 α : 시계열이 안정적이지 못하면 0에 가까운 값 또한 안정적이면 1에 가까운 값을 부여

③ 예측값 : $\hat{Y}_{t+1} = \alpha Y_t + (1-\alpha)\hat{Y}_t$

■ 연습문제

[10.1] 다음 문장을 읽고 옳으면 '○'표, 또한 틀리면 '×'표를 한 후 틀린 곳을 바르게 고치시오.

a) 시계열자료에서 각 시점간의 간격은 항상 동일해야 한다.

b) 계절변동의 주기는 순환변동의 주기보다 일반적으로 길다.

c) 미래값의 예측이라는 시계열분석의 목적을 감안할 때, 추세방정식의 차수가 높을수록 바람직하다.

d) 분석하고자 하는 시계열자료의 추세방정식이 이미 추정되어 있다면, 이동평균비율법을 이용하여 계절지수를 구하는 것이 효과적이다.

e) 순환변동은 그 주기가 짧고 변동의 양상이 안정적이지 못한 특징이 있다.

f) 지수평활법을 적용하는 경우 자료가 안정적이라면 지수평활계수 α를 큰 값으로 정하는 것이 원칙이다.

[10.2] 다음 자료는 어느 도시의 연도별 실업률을 나타내고 있다. 자료의 산점도로부터 적절한 추세방정식을 추정하고 2011년의 실업률 예측값을 구하시오.

연 도	2004	2005	2006	2007	2008	2009	2010
실업률	4.9	5.6	8.5	7.7	7.0	6.0	5.8

[10.3] 다음은 최근 10년간 마약범죄와 관련한 범죄건수 및 거래금액 자료이다. 아래 물음에 답하시오.

연도	범죄건수	거래금액	연도	범죄건수	거래금액
2001	3	385	2006	10	563
2002	4	420	2007	14	601
2003	4	463	2008	18	652
2004	5	511	2009	24	693
2005	8	549	2010	31	738

a) 두 가지 시계열자료의 산점도를 검토하여 적절한 추세방정식을 추정하시오.

b) 각각의 추세방정식을 이용하여 2012년의 범죄건수 및 거래금액에 대한 예측값을 구하시오.

[10.4] 다음은 어느 실내수영장의 월별 정기회원수를 관찰한 자료이다. 아래의 물음에 답하시오.

구분	2007	2008	2009
1월	78	80	82
2월	74	76	80
3월	82	83	83
4월	87	88	89
5월	100	103	102
6월	112	118	120
7월	123	129	132
8월	119	120	121
9월	104	108	109
10월	97	98	99
11월	83	83	-
12월	79	80	-

a) 월별 시계열자료의 산점도를 작성하고 적절한 추세방정식을 추정하시오.

b) 추세비율법의 각 단계를 적용하여 월별 계절지수를 구하시오.

[10.5] 다음은 최근 3년간의 도시가스 소비량을 분기별로 조사한 자료이다.

구분	2008	2009	2010
I	117	125	142
II	110	123	139
III	94	108	126
VI	120	138	154

a) 분기별 시계열자료의 산점도를 검토하여 적절한 추세방정식을 추정하시오.

b) 추세비율법을 적용하여 분기별 계절지수를 구하시오.

[10.6] 다음 자료는 어느 전자대리점의 3년간 분기별 에어콘 판매대수를 나타내고 있다. 산점도를 작성하고 이동평균비율법의 각 단계를 적용하여 분기별 계절지수를 구하시오.

구분	2008	2009	2010
I	48	50	52
II	73	70	74
III	60	58	63
VI	35	38	40

[10.7] 다음은 어느 갤러리의 방문자수를 3주간에 걸쳐 요일별로 조사한 자료이다. 산점도를 작성하고 이동평균비율법을 이용하여 요일별 계절지수를 구하시오.

구 분	제1주	제2주	제3주
월요일	32	36	30
화요일	33	34	31
수요일	30	29	32
목요일	31	32	34
금요일	43	44	42
토요일	40	42	40
일요일	25	27	28

[10.8] 다음은 어느 자동차회사의 연구개발비를 연도별로 관찰한 자료이다. 아래 물음에 답하시오.

연도	연구개발비	연도	연구개발비	연도	연구개발비
1986	260.5	1995	410.3	2004	576.9
1987	259.1	1996	381.5	2005	575.2
1988	288.6	1997	419.3	2006	509.3
1989	307.1	1998	465.4	2007	545.5
1990	325.9	1999	520.8	2008	447.3
1991	367.0	2000	481.3	2009	503.4
1992	390.5	2001	383.3	2010	661.3
1993	374.4	2002	453.5		
1994	391.8	2003	521.3		

a) 산점도를 검토하여 적절한 추세방정식을 추정하시오.

b) 계절변동 및 불규칙변동은 존재하지 않는 것으로 가정하고 순환지수를 도출하시오.

[10.9] 앞의 [10.4]에서 구한 추세방정식과 계절지수를 이용하여 2010년의 월별 정기회원수를 예측하시오.

[10.10] 앞의 [10.5]에서 구한 추세방정식과 계절지수를 이용하여 2011년의 도시가스 소비량을 각 분기별로 예측하시오.

[10.11] 앞의 [10.4]에서 다룬 실내수영장의 월별 정기회원수 자료에 지수평활계수를 0.4 및 0.6으로 하는 지수평활법을 적용하여 2009년 11월의 정기회원수를 각각 예측하시오.

부 표

〈부표 1〉 표준정규분포표

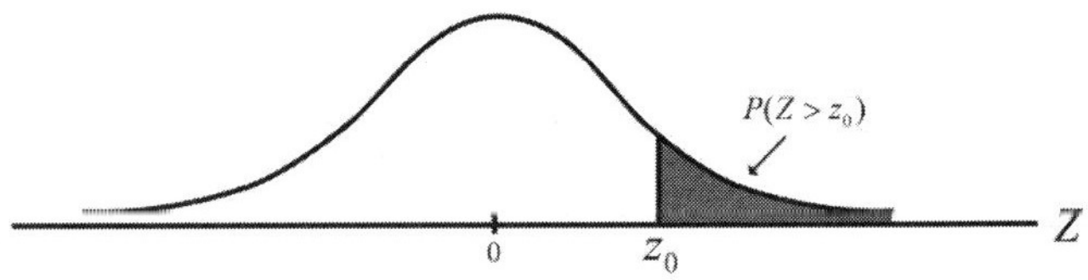

Z_0	0	1	2	3	4	5	6	7	8	9
0.0	.500	.496	.492	.488	.484	.480	.476	.472	.468	.464
0.1	.460	.456	.452	.448	.444	.440	.436	.433	.429	.425
0.2	.421	.417	.413	.409	.405	.401	.397	.394	.390	.386
0.3	.382	.378	.374	.371	.367	.363	.359	.356	.352	.348
0.4	.345	.341	.337	.334	.330	.326	.323	.319	.316	.312
0.5	.309	.305	.302	.298	.295	.291	.288	.284	.281	.278
0.6	.274	.271	.268	.264	.261	.258	.255	.251	.248	.245
0.7	.242	.239	.236	.233	.230	.227	.224	.221	.218	.215
0.8	.212	.209	.206	.203	.200	.198	.195	.192	.189	.187
0.9	.184	.181	.179	.176	.174	.171	.169	.166	.164	.161
1.0	.159	.156	.154	.152	.149	.147	.145	.142	.140	.138
1.1	.136	.133	.131	.129	.127	.125	.123	.121	.119	.117
1.2	.115	.113	.111	.109	.107	.106	.104	.102	.100	.099
1.3	.097	.095	.093	.092	.090	.089	.087	.085	.084	.082
1.4	.081	.079	.078	.076	.075	.074	.072	.071	.069	.068
1.5	.067	.066	.064	.063	.062	.061	.059	.058	.057	.056
1.6	.055	.054	.053	.052	.051	.049	.048	.047	.046	.046
1.7	.045	.044	.043	.042	.041	.040	.039	.038	.038	.037
1.8	.036	.035	.034	.034	.033	.032	.031	.031	.030	.029
1.9	.029	.028	.027	.027	.026	.026	.025	.024	.024	.023
2.0	.023	.022	.022	.021	.021	.020	.020	.019	.019	.018
2.1	.018	.017	.017	.017	.016	.016	.015	.015	.015	.014
2.2	.014	.014	.013	.013	.013	.012	.012	.012	.011	.011
2.3	.011	.010	.010	.010	.010	.009	.009	.009	.009	.008
2.4	.008	.008	.008	.008	.007	.007	.007	.007	.007	.006
2.5	.006	.006	.006	.006	.006	.005	.005	.005	.005	.005
2.6	.005	.005	.004	.004	.004	.004	.004	.004	.004	.004
2.7	.003	.003	.003	.003	.003	.003	.003	.003	.003	.003
2.8	.003	.002	.002	.002	.002	.002	.002	.002	.002	.002
2.9	.002	.002	.002	.002	.002	.002	.002	.001	.001	.001
3.0	.001	.001	.001	.001	.001	.001	.001	.001	.001	.001

〈부표 2〉 t 분포표

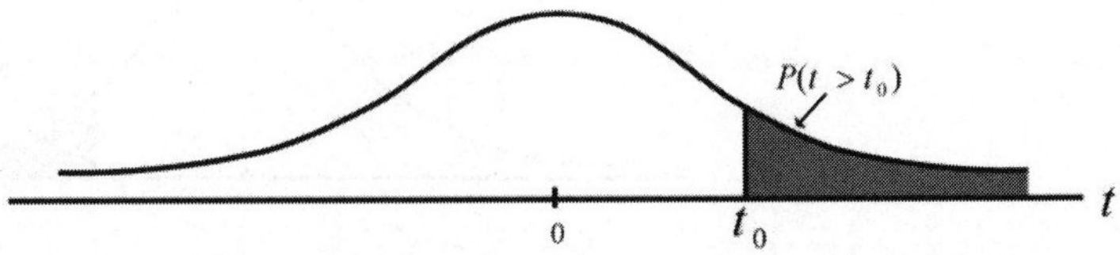

df	$t_{.25}$	$t_{.10}$	$t_{.05}$	$t_{.025}$	$t_{.010}$	$t_{.005}$	$t_{.0025}$	$t_{.0010}$	$t_{.0005}$
1	1.00	3.08	6.31	12.7	31.8	63.7	127	318	637
2	0.82	1.89	2.92	4.30	6.96	9.92	14.1	22.3	31.6
3	0.76	1.64	2.35	3.18	4.54	5.84	7.45	10.2	12.9
4	0.74	1.53	2.13	2.78	3.75	4.60	5.60	7.17	8.61
5	0.73	1.48	2.02	2.57	3.36	4.03	4.77	5.89	6.87
6	0.72	1.44	1.94	2.45	3.14	3.71	4.32	5.21	5.96
7	0.71	1.41	1.89	2.36	3.00	3.50	4.03	4.79	5.41
8	0.71	1.40	1.86	2.31	2.90	3.36	3.83	4.50	5.04
9	0.70	1.38	1.83	2.26	2.82	3.25	3.69	4.30	4.78
10	0.70	1.37	1.81	2.23	2.76	3.17	3.58	4.14	4.59
11	0.70	1.36	1.80	2.20	2.72	3.11	3.50	4.02	4.44
12	0.70	1.36	1.78	2.18	2.68	3.05	3.43	3.93	4.32
13	0.69	1.35	1.77	2.16	2.65	3.01	3.37	3.85	4.22
14	0.69	1.35	1.76	2.14	2.62	2.98	3.33	3.79	4.14
15	0.69	1.34	1.75	2.13	2.60	2.95	3.29	3.73	4.07
16	0.69	1.34	1.75	2.12	2.58	2.92	3.25	3.69	4.01
17	0.69	1.33	1.74	2.11	2.57	2.90	3.22	3.65	3.97
18	0.69	1.33	1.73	2.10	2.55	2.88	3.20	3.61	3.92
19	0.69	1.33	1.73	2.09	2.54	2.86	3.17	3.58	3.88
20	0.69	1.33	1.72	2.09	2.53	2.85	3.15	3.55	3.85
21	0.69	1.32	1.72	2.08	2.52	2.83	3.14	3.53	3.82
22	0.69	1.32	1.72	2.07	2.51	2.82	3.12	3.50	3.79
23	0.69	1.32	1.71	2.07	2.50	2.81	3.10	3.48	3.77
24	0.68	1.32	1.71	2.06	2.49	2.80	3.09	3.47	3.75
25	0.68	1.32	1.71	2.06	2.49	2.79	3.08	3.45	3.73
26	0.68	1.31	1.71	2.06	2.48	2.78	3.07	3.43	3.71
27	0.68	1.31	1.70	2.05	2.47	2.77	3.06	3.42	3.69
28	0.68	1.31	1.70	2.05	2.47	2.76	3.05	3.41	3.67
29	0.68	1.31	1.70	2.05	2.46	2.76	3.04	3.40	3.66
30	0.68	1.31	1.70	2.04	2.46	2.75	3.03	3.39	3.65
40	0.68	1.30	1.68	2.02	2.42	2.70	2.97	3.31	3.55
60	0.68	1.30	1.67	2.00	2.39	2.66	2.92	3.23	3.46
120	0.68	1.29	1.66	1.98	2.36	2.62	2.86	3.16	3.37
∞	0.67 $=Z_{.25}$	1.28 $=Z_{.10}$	1.645 $=Z_{.05}$	1.96 $=Z_{.025}$	2.33 $=Z_{.010}$	2.58 $=Z_{.005}$	2.81 $=Z_{.0025}$	3.09 $=Z_{.0010}$	3.29 $=Z_{.0005}$

〈부표 3〉 F 분포표

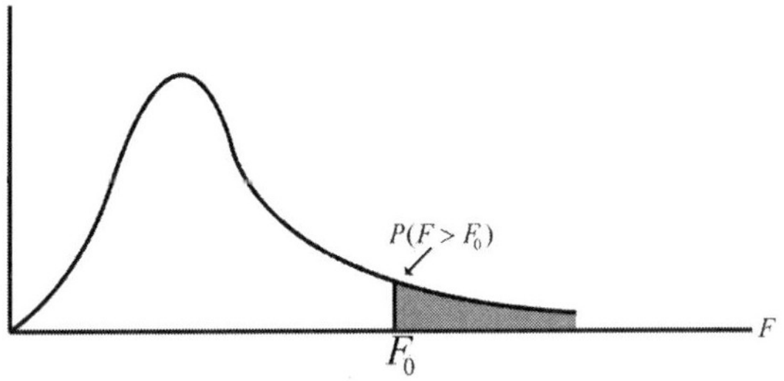

분모의 자유도 및 α		분자의 자유도										
		1	2	3	4	5	6	8	10	20	40	∞
1	$F_{.25}$	5.83	7.50	8.20	8.58	8.82	8.98	9.19	9.32	9.58	9.71	9.85
	$F_{.10}$	39.9	49.5	53.6	55.8	57.2	58.2	59.4	60.2	61.7	62.5	63.3
	$F_{.05}$	161	200	216	225	230	234	239	242	248	251	254
2	$F_{.25}$	2.57	3.00	3.15	3.23	3.28	3.31	3.35	3.38	3.43	3.45	3.48
	$F_{.10}$	8.53	9.00	9.16	9.24	9.29	9.33	9.37	9.39	9.44	9.47	9.49
	$F_{.05}$	18.5	19.0	19.2	19.2	19.3	19.3	19.4	19.4	19.4	19.5	19.5
	$F_{.025}$	38.5	39.0	39.2	39.3	39.3	39.3	39.4	39.4	39.5	39.5	39.5
	$F_{.01}$	98.5	99.0	99.2	99.2	99.3	99.3	99.4	99.4	99.4	99.5	99.5
3	$F_{.25}$	2.02	2.28	2.36	2.39	2.41	2.42	2.44	2.44	2.46	2.47	2.47
	$F_{.10}$	5.54	5.46	5.39	5.34	5.31	5.28	5.25	5.23	5.18	5.16	5.13
	$F_{.05}$	10.1	9.55	9.28	9.12	9.10	8.94	8.85	8.79	8.66	8.59	8.53
	$F_{.025}$	17.4	16.0	15.4	15.1	14.9	14.7	14.5	14.4	14.2	14.0	13.9
	$F_{.01}$	34.1	30.8	29.5	28.7	28.2	27.9	27.5	27.2	26.7	26.4	26.1
4	$F_{.25}$	1.81	2.00	2.05	2.06	2.07	2.08	2.08	2.08	2.08	2.08	2.08
	$F_{.10}$	4.54	4.32	4.19	4.11	4.05	4.01	3.95	3.92	3.84	3.80	3.76
	$F_{.05}$	7.71	6.94	6.59	6.39	6.26	6.16	6.04	5.96	5.80	5.72	5.63
	$F_{.025}$	12.2	10.7	9.93	9.60	9.36	9.20	8.98	8.84	8.56	8.41	8.26
	$F_{.01}$	21.2	18.0	16.7	16.0	15.5	15.2	14.8	14.5	14.0	13.7	13.5
5	$F_{.25}$	1.69	1.85	1.88	1.89	1.89	1.89	1.89	1.89	1.88	1.88	1.87
	$F_{.10}$	4.06	3.78	3.62	3.52	3.45	3.40	3.34	3.30	3.21	3.16	3.10
	$F_{.05}$	6.61	5.79	5.41	5.19	5.05	4.95	4.82	4.74	4.56	4.46	4.36
	$F_{.025}$	10.0	8.43	7.76	7.39	7.15	6.98	6.76	6.62	6.33	6.18	6.02
	$F_{.01}$	16.3	13.3	12.1	11.4	11.0	10.7	10.3	10.1	9.55	9.29	9.02
6	$F_{.25}$	1.62	1.76	1.78	1.79	1.79	1.78	1.77	1.77	1.76	1.75	1.74
	$F_{.10}$	3.78	3.46	3.29	3.18	3.11	3.05	2.98	2.94	2.84	2.78	2.72
	$F_{.05}$	5.99	5.14	4.76	4.53	4.39	4.28	4.15	4.06	3.87	3.77	3.67
	$F_{.025}$	8.81	7.26	6.60	6.23	5.99	5.82	5.60	5.46	5.17	5.01	4.85
	$F_{.01}$	13.7	10.9	9.78	9.15	8.75	8.47	8.10	7.87	7.40	7.14	6.88

(*F* 분포표의 계속)

분모의 자유도 및 α		분자의 자유도										
		1	2	3	4	5	6	8	10	20	40	∞
7	$F_{.25}$	1.57	1.70	1.72	1.72	1.71	1.71	1.70	1.69	1.67	1.66	1.65
	$F_{.10}$	3.59	3.26	3.07	2.96	2.88	2.83	2.75	2.70	2.59	2.54	2.47
	$F_{.05}$	5.59	4.74	4.35	4.12	3.97	3.87	3.73	3.64	3.44	3.34	3.23
	$F_{.025}$	8.07	6.54	5.89	5.52	5.29	5.12	4.90	4.76	4.47	4.31	4.14
	$F_{.01}$	12.2	9.55	8.45	7.85	7.46	7.19	6.84	6.62	6.16	5.91	5.65
8	$F_{.25}$	1.54	1.66	1.67	1.66	1.66	1.65	1.64	1.63	1.61	1.59	1.58
	$F_{.10}$	3.46	3.11	2.92	2.81	2.73	2.67	2.59	2.54	2.42	2.36	2.29
	$F_{.05}$	5.32	4.46	4.07	3.84	3.69	3.58	3.44	3.35	3.15	3.04	2.93
	$F_{.025}$	7.57	6.06	5.42	5.05	4.82	4.65	4.43	4.30	4.00	3.84	3.67
	$F_{.01}$	11.3	8.65	7.59	7.01	6.63	6.37	6.03	5.81	5.36	5.12	4.86
9	$F_{.25}$	1.51	1.62	1.63	1.63	1.62	1.61	1.60	1.59	1.56	1.55	1.53
	$F_{.10}$	3.36	3.01	2.81	2.69	2.61	2.55	2.47	2.42	2.30	2.23	2.16
	$F_{.05}$	5.12	4.26	3.86	3.63	3.48	3.37	3.23	3.14	2.94	2.83	2.71
	$F_{.025}$	7.21	5.71	5.08	4.72	4.48	4.32	4.10	3.96	3.67	3.51	3.33
	$F_{.01}$	10.6	8.02	6.99	6.42	6.06	5.80	5.47	5.26	4.81	4.57	4.31
10	$F_{.25}$	1.49	1.60	1.60	1.59	1.59	1.58	1.56	1.55	1.52	1.51	1.48
	$F_{.10}$	3.28	2.92	2.73	2.61	2.52	2.46	2.38	2.32	2.20	2.13	2.06
	$F_{.05}$	4.96	4.10	3.71	3.48	3.33	3.22	3.07	2.98	2.77	2.66	2.54
	$F_{.025}$	6.94	5.46	4.83	4.47	4.24	4.07	3.85	3.72	3.42	3.25	3.08
	$F_{.01}$	10.0	7.56	6.55	5.99	5.64	5.39	5.06	4.85	4.41	4.17	3.91
12	$F_{.25}$	1.56	1.56	1.56	1.55	1.54	1.53	1.51	1.50	1.47	1.45	1.42
	$F_{.10}$	3.18	2.81	2.61	2.48	2.39	2.33	2.24	2.19	2.06	1.99	1.90
	$F_{.05}$	4.75	3.89	3.49	3.26	3.11	3.00	2.85	2.75	2.54	2.43	2.30
	$F_{.025}$	6.55	5.10	4.47	4.12	3.89	3.73	3.51	3.37	3.07	2.91	2.72
	$F_{.01}$	9.33	6.93	5.95	5.41	5.06	4.82	4.50	4.30	3.86	3.62	3.36
14	$F_{.25}$	1.44	1.53	1.53	1.52	1.51	1.50	1.48	1.46	1.43	1.41	1.38
	$F_{.10}$	3.10	2.73	2.52	2.39	2.31	2.24	2.15	2.10	1.96	1.89	1.80
	$F_{.05}$	4.60	3.74	3.34	3.11	2.96	2.85	2.70	2.60	2.39	2.27	2.13
	$F_{.025}$	6.30	4.86	4.24	3.89	3.66	3.50	3.29	3.18	2.84	2.67	2.49
	$F_{.01}$	8.86	5.51	5.56	5.04	4.69	4.46	4.14	3.94	3.51	3.27	3.00
16	$F_{.25}$	1.42	1.51	1.51	1.50	1.48	1.48	1.46	1.45	1.40	1.37	1.34
	$F_{.10}$	3.05	2.67	2.46	2.33	2.24	2.18	2.09	2.03	1.89	1.81	1.72
	$F_{.05}$	4.49	3.63	3.24	3.01	2.85	2.74	2.59	2.49	2.28	2.15	2.01
	$F_{.025}$	6.12	4.69	4.08	3.73	3.50	3.34	3.12	2.99	2.68	2.51	2.32
	$F_{.01}$	8.53	6.23	5.29	4.77	4.44	4.20	3.89	3.69	3.26	3.02	2.75

(*F* 분포표의 계속)

분모의 자유도 및 α		분자의 자유도										
		1	2	3	4	5	6	8	10	20	40	∞
18	$F_{.25}$	1.41	1.50	1.49	1.48	1.46	1.45	1.43	1.42	1.38	1.34	1.32
	$F_{.10}$	3.01	2.62	2.42	2.29	2.20	2.13	2.04	1.98	1.84	1.75	1.66
	$F_{.05}$	4.41	3.55	3.16	2.93	2.77	2.66	2.51	2.41	2.19	2.06	1.92
	$F_{.025}$	5.98	4.56	3.95	3.61	3.38	3.22	3.01	2.87	2.56	2.38	2.19
	$F_{.01}$	8.29	6.01	5.09	4.58	4.25	4.01	3.71	3.51	3.08	2.84	2.57
20	$F_{.25}$	1.40	1.49	1.48	1.46	1.45	1.44	1.42	1.40	1.36	1.33	1.29
	$F_{.10}$	2.97	2.59	2.38	2.25	2.16	2.09	2.00	1.94	1.79	1.71	1.61
	$F_{.05}$	4.35	3.49	3.10	2.87	2.71	2.60	2.45	2.35	2.12	1.99	1.84
	$F_{.025}$	5.87	4.46	3.86	3.51	3.29	3.13	2.91	2.77	2.46	2.29	2.09
	$F_{.01}$	8.10	5.85	4.94	4.43	4.10	3.87	3.56	3.37	2.94	2.69	2.42
30	$F_{.25}$	1.38	1.45	1.44	1.42	1.41	1.39	1.37	1.35	1.30	1.27	1.23
	$F_{.10}$	2.88	2.49	2.28	2.14	2.05	1.98	1.88	1.82	1.67	1.57	1.46
	$F_{.05}$	4.17	3.32	2.92	2.69	2.53	2.42	2.27	2.16	1.93	1.79	1.62
	$F_{.025}$	5.57	4.18	3.59	3.25	3.03	2.87	2.65	2.51	2.20	2.01	1.79
	$F_{.01}$	7.56	5.39	4.51	4.02	3.70	3.47	3.17	2.98	2.55	2.30	2.01
40	$F_{.25}$	1.36	1.44	1.42	1.40	1.39	1.37	1.35	1.33	1.28	1.24	1.19
	$F_{.10}$	2.84	2.44	2.23	2.09	2.00	1.93	1.83	1.76	1.61	1.51	1.38
	$F_{.05}$	4.08	3.23	2.84	2.61	2.45	2.34	2.18	2.08	1.84	1.69	1.51
	$F_{.025}$	5.42	4.05	3.46	3.13	2.90	2.74	2.53	2.39	2.07	1.88	1.64
	$F_{.01}$	7.31	5.18	4.31	3.83	3.51	3.29	2.99	2.80	2.37	2.11	1.80
60	$F_{.25}$	1.35	1.42	1.41	1.38	1.37	1.35	1.32	1.30	1.25	1.21	1.15
	$F_{.10}$	2.79	2.39	2.18	2.04	1.95	1.87	1.77	1.71	1.54	1.44	1.29
	$F_{.05}$	4.00	3.15	2.76	2.53	2.37	2.25	2.10	1.99	1.75	1.59	1.39
	$F_{.025}$	5.29	3.93	3.34	3.01	2.79	2.63	2.41	2.27	1.94	1.74	1.48
	$F_{.01}$	7.08	4.98	4.13	3.65	3.34	3.12	2.82	2.63	2.20	1.94	1.60
120	$F_{.25}$	1.34	1.40	1.39	1.37	1.35	1.33	1.30	1.28	1.22	1.18	1.10
	$F_{.10}$	2.75	2.35	2.13	1.99	1.90	1.82	1.72	1.65	1.48	1.37	1.19
	$F_{.05}$	3.92	3.07	2.68	2.45	2.29	2.17	2.02	1.91	1.66	1.50	1.25
	$F_{.025}$	5.15	3.90	3.23	2.89	2.67	2.52	2.30	2.16	1.82	1.61	1.31
	$F_{.01}$	6.85	4.79	3.95	3.48	3.17	2.96	2.66	2.47	2.03	1.76	1.38
∞	$F_{.25}$	1.32	1.39	1.37	1.35	1.33	1.31	1.28	1.25	1.19	1.14	1.00
	$F_{.10}$	2.71	2.30	2.08	1.94	1.85	1.77	1.67	1.60	1.42	1.30	1.00
	$F_{.05}$	3.84	3.00	2.60	2.37	2.21	2.10	1.94	1.83	1.57	1.39	1.00
	$F_{.025}$	5.02	3.69	3.12	2.79	2.57	2.41	2.19	2.05	1.71	1.48	1.00
	$F_{.01}$	6.63	4.61	3.78	3.32	3.02	2.80	2.51	2.32	1.88	1.59	1.00

〈부표 4〉 χ^2 분포표

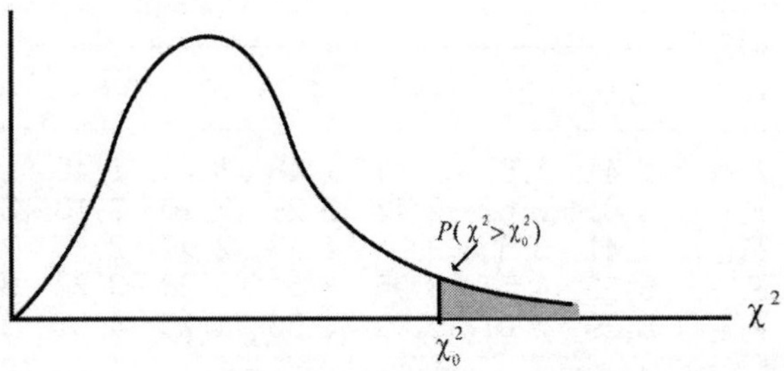

df	$\chi^2_{.99}$	$\chi^2_{.975}$	$\chi^2_{.95}$	$\chi^2_{.05}$	$\chi^2_{.025}$	$\chi^2_{.01}$
1	0.00	0.00	0.00	3.84	5.02	6.63
2	0.02	0.10	0.10	5.99	7.38	9.21
3	0.11	0.22	0.35	7.81	9.35	11.3
4	0.30	0.48	0.71	9.49	11.1	13.3
5	0.55	0.83	1.15	11.1	12.8	15.1
6	0.87	1.24	1.64	12.6	14.4	16.8
7	1.24	1.69	2.17	14.1	16.0	18.5
8	1.65	2.18	2.73	15.5	17.5	20.1
9	2.09	2.70	3.33	16.9	19.0	21.7
10	2.56	3.25	3.94	18.3	20.5	23.2
11	3.05	3.82	4.57	19.7	21.9	24.7
12	3.57	4.40	5.23	21.0	23.3	26.2
13	4.11	5.01	5.89	22.4	24.7	27.7
14	4.66	5.63	6.57	23.7	26.1	29.1
15	5.23	6.26	7.26	25.0	27.5	30.6
16	5.81	6.91	7.96	26.3	28.8	32.0
17	6.41	7.56	8.67	27.6	30.2	33.4
18	7.01	8.23	9.39	28.9	31.5	34.8
19	7.63	8.91	10.1	30.1	32.9	36.2
20	8.26	9.59	10.9	31.4	34.2	37.6
21	8.90	10.3	11.6	32.7	35.5	38.9
22	9.54	11.0	12.3	33.9	36.8	40.3
23	10.2	11.7	13.1	35.2	38.1	41.6
24	10.9	12.4	13.8	36.4	39.4	43.0
25	11.5	13.1	14.6	37.7	40.6	44.3
26	12.2	13.8	15.4	38.9	41.9	45.6
27	12.9	14.6	16.2	40.1	43.2	47.0
28	13.6	15.3	16.9	41.3	44.5	48.3
29	14.3	16.0	17.7	42.6	45.7	49.6
30	15.0	16.8	18.5	43.8	47.0	50.9
40	22.2	24.4	26.5	55.8	59.3	63.7
50	29.7	32.4	34.8	67.5	71.4	76.2
60	37.5	40.5	43.2	79.1	83.3	88.4
70	45.4	48.8	51.7	90.5	95.0	100
80	53.5	57.2	60.4	102	107	112
90	61.6	65.6	69.1	113	118	124
100	70.1	74.2	77.9	124	130	136

〈부표 5〉 더빈-왓슨 검정의 상한과 하한

n	α	k=1 d_L	d_U	2 d_L	d_U	3 d_L	d_U	4 d_L	d_U	5 d_L	d_U
15	.01	0.81	1.07	0.70	1.25	0.59	1.46	0.49	1.70	0.39	1.96
	.05	1.08	1.36	0.95	1.54	0.82	1.75	0.69	1.97	0.56	2.21
16	.01	0.84	1.09	0.74	1.25	0.63	1.44	0.53	1.66	0.44	1.90
	.05	1.10	1.37	0.98	1.54	0.86	1.73	0.74	1.93	0.62	2.15
17	.01	0.87	1.10	0.77	1.25	0.67	1.43	0.57	1.63	0.48	1.85
	.05	1.13	1.38	1.02	1.54	0.90	1.71	0.78	1.90	0.67	2.10
18	.01	0.90	1.12	0.80	1.26	0.71	1.42	0.61	1.60	0.52	1.80
	.05	1.16	1.39	1.05	1.53	0.93	1.69	0.82	1.87	0.71	2.06
19	.01	0.93	1.13	0.83	1.26	0.74	1.41	0.65	1.58	0.56	1.77
	.05	1.18	1.40	1.08	1.53	0.97	1.68	0.86	1.85	0.75	2.02
20	.01	0.95	1.15	0.86	1.27	0.77	1.41	0.68	1.57	0.60	1.74
	.05	1.20	1.41	1.10	1.54	1.00	1.68	0.90	1.83	0.79	1.99
21	.01	0.97	1.16	0.89	1.27	0.80	1.41	0.72	1.55	0.63	1.71
	.05	1.22	1.42	1.13	1.54	1.03	1.67	0.93	1.81	0.83	1.96
22	.01	1.00	1.17	0.91	1.28	0.83	1.40	0.75	1.54	0.66	1.69
	.05	1.24	1.43	1.15	1.54	1.05	1.66	0.96	1.80	0.86	1.94
23	.01	1.02	1.19	0.94	1.29	0.86	1.40	0.77	1.53	0.70	1.67
	.05	1.26	1.44	1.17	1.54	1.08	1.66	0.99	1.79	0.90	1.92
24	.01	1.04	1.20	0.96	1.30	0.88	1.41	0.80	1.53	0.72	1.66
	.05	1.27	1.45	1.19	1.55	1.10	1.66	1.01	1.78	0.93	1.90
25	.01	1.05	1.21	0.98	1.30	0.90	1.41	0.83	1.52	0.75	1.65
	.05	1.29	1.45	1.21	1.55	1.12	1.66	1.04	1.77	0.95	1.89
26	.01	1.07	1.22	1.00	1.31	0.93	1.41	0.85	1.52	0.78	1.64
	.05	1.30	1.46	1.22	1.55	1.14	1.65	1.06	1.76	0.98	1.88

(더빈-왓슨 검정의 상한과 하한의 계속)

n	α	k=1		2		3		4		5	
		d_L	d_U	d_L	d_U	d_L	d_U	d_L	d_U	d_L	d_U
27	.01	1.09	1.23	1.02	1.32	0.95	1.41	0.88	1.51	0.81	1.63
	.05	1.32	1.47	1.24	1.56	1.16	1.65	1.08	1.76	1.01	1.86
28	.01	1.10	1.24	1.04	1.32	0.97	1.41	0.90	1.51	0.83	1.62
	.05	1.33	1.48	1.26	1.56	1.18	1.65	1.10	1.75	1.03	1.85
29	.01	1.12	1.25	1.05	1.33	0.99	1.42	0.92	1.51	0.85	1.61
	.05	1.34	1.48	1.27	1.56	1.20	1.65	1.12	1.74	1.05	1.84
30	.01	1.13	1.26	1.07	1.34	1.01	1.42	0.94	1.51	0.88	1.61
	.05	1.35	1.49	1.28	1.57	1.21	1.65	1.14	1.74	1.07	1.83
40	.01	1.25	1.34	1.20	1.40	1.15	1.46	1.10	1.52	1.05	1.58
	.05	1.44	1.54	1.39	1.60	1.34	1.66	1.29	1.72	1.23	1.79
50	.01	1.32	1.40	1.28	1.45	1.24	1.49	1.20	1.54	1.16	1.59
	.05	1.50	1.59	1.46	1.63	1.42	1.67	1.38	1.72	1.34	1.77
60	.01	1.38	1.45	1.35	1.48	1.32	1.52	1.28	1.56	1.25	1.60
	.05	1.55	1.62	1.51	1.65	1.48	1.69	1.44	1.73	1.41	1.77
70	.01	1.43	1.49	1.40	1.52	1.37	1.55	1.34	1.58	1.31	1.61
	.05	1.58	1.64	1.55	1.67	1.52	1.70	1.49	1.74	1.46	1.77
80	.01	1.47	1.52	1.44	1.54	1.42	1.57	1.39	1.60	1.36	1.62
	.05	1.61	1.66	1.59	1.69	1.56	1.72	1.53	1.74	1.51	1.77
90	.01	1.50	1.54	1.47	1.56	1.45	1.59	1.43	1.61	1.41	1.64
	.05	1.63	1.68	1.61	1.70	1.59	1.73	1.57	1.75	1.54	1.78
100	.01	1.52	1.56	1.50	1.58	1.48	1.60	1.46	1.63	1.44	1.65
	.05	1.65	1.69	1.63	1.72	1.61	1.74	1.59	1.76	1.57	1.78

부록

미니탭의 개요

1. 미니탭의 시작과 종료
2. 미니탭의 화면 구성
3. 미니탭에서의 작업 수행
4. 미니탭의 기본 명령어
5. 미니탭에서의 파일 생성
6. 미니탭 결과물의 출력

부록 : 미니탭의 개요

미니탭은 여러 종류가 이용되고 있는데, 여기서는 윈도우스 XP에 실치된 윈도우즈용 미니탭 15 한국어판을 기준으로 설명한다. 다른 운영체제에서 사용할 경우에도 사용법에는 크게 다를 것이 없다. 이 책의 목적이 미니탭의 사용법을 다루는 것이 아닌 만큼 본문에서 다룬 통계적 방법들을 분석하는데 필요한 부분을 골라 간단히 설명하기로 한다. 따라서 미니탭 사용을 위한 더 이상의 자세한 설명은 미니탭 매뉴얼 등을 참고할 수 있겠다.

1. 미니탭의 시작과 종료

미니탭을 시작하는 방법에는 윈도우즈의 바탕화면에서 시작 메뉴를 이용하는 방법과 미니탭의 단축아이콘을 이용하는 방법이 있다. 먼저 미니탭이 프로그램 그룹에 등록되어 있다면 '**시작 > 프로그램(P) > Minitab Solutions > Minitab 15 한국어**' 순서로 선택하면 된다. 또한 미니탭이 설치된 폴더를 선택하여 실행아이콘을 두 번 누르기 하여 시작할 수도 있다. 일반적으로 실행아이콘을 단축아이콘으로 만들어 바탕화면에 위치시킨 후, 단축아이콘을 두 번 누르기 하는 방법이 가장 편리하다.

미니탭의 사용을 완료하였거나 또는 중단하고자 하는 경우에는 다음의 세 가지 방법이 이용될 수 있다. 첫째 방법은 세션 윈도우에서 'STOP' 이라는 명령어를 부여함으로써 윈도우즈 상태로 돌아올 수 있다. 두 번째 방법은 미니탭의 메뉴를 이용하는 것인데, 메뉴 바에서 '**파일(F) > 종료(X)**' 순서로 선택하면 된다. 마지막 방법은 '**창 종료 단추**'를 누르기 함으로써 종료할 수 있다.

2. 미니탭의 화면 구성

다음의 <그림 A-1>은 미니탭을 실행시키면 나타나는 초기 화면이다. 그림에서 볼 수 있듯이 미니탭은 크게 세션 윈도우와 워크시트 윈도우로 구성되어 있다. **세션 윈도우**는 미니탭의 명령문을 입력하여 실행하고, 그 실행결과를 표시하는 곳이다. **워크시트 윈도우**는 엑셀 등에서 사용하는 시트(sheet) 형태를 띠고 있으며, 분석에 사용할 자료가 입력된다.

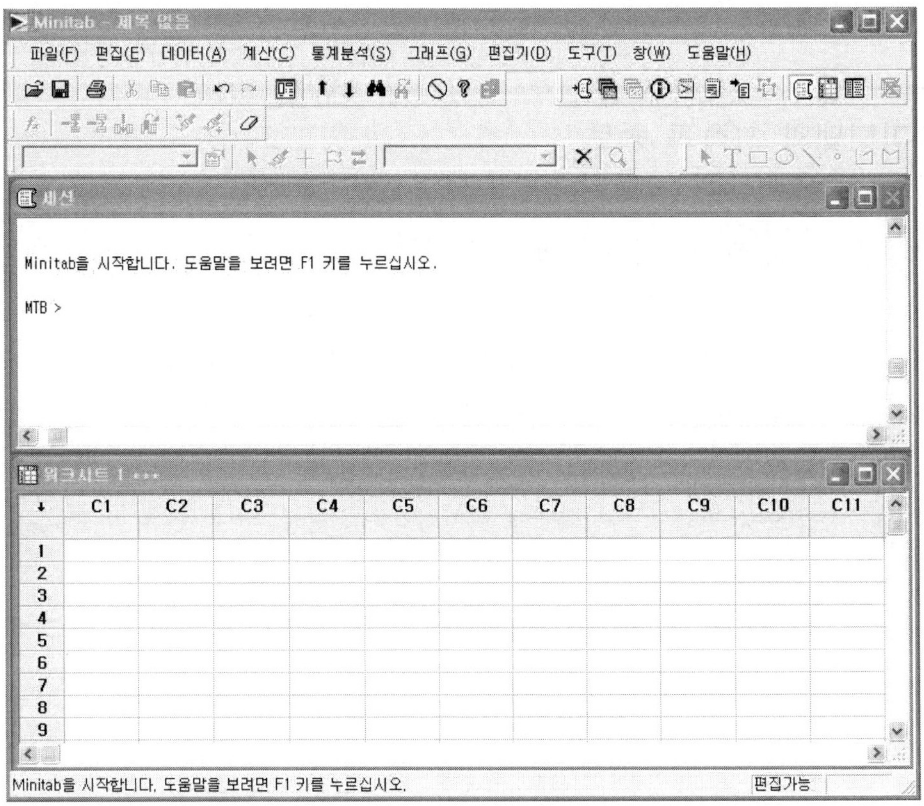

〈그림 A-1〉 미니탭의 초기 화면

앞의 초기화면에는 나타나지 않지만 미니탭에는 세션 윈도우와 워크시트 윈도우 외에도 프로젝트 매니저 윈도우 및 그래프 윈도우 등이 있다. 먼저 **프로젝트 매니저**(Project Manager) **윈도우**에서는 현재 작업중인 워크시트와 관련된 정보의 요약 그리고 세션 윈도우에서 수행한 작업과 관련된 명령어들을 보여 준다. 또한 **그래프 윈도우**는 막대그래프 및 상자그림 등과 같은 형태의 그래프를 작성할 경우에 활성화되는 창이다.

3. 미니탭에서의 작업 수행

미니탭에서의 작업은 메뉴를 이용하는 방법과 명령어를 이용하는 방법으로 나눌 수 있다. 윈도우즈를 기반으로 하는 다른 소프트웨어와 마찬가지로 미니탭의 메뉴도 그 운영 방법이 동일하다. 또한 미니탭에서 취급하는 명령어는 200 가지가 넘으며, 이를 사용하기 위해서는 명령어를 숙지해야만 한다. 메뉴를 이용하든 또는 명령어를 이용하든 같은 작업에 대한 결과는 동일하다. 여기서는 작업을 수행하는데 필요한 기본적인 절차만을 기술할 것이다. 그밖에 분석에 필요한 자세한 절차나 명령문의 형식 등은 관련 매뉴얼 등을 참고하기 바란다.

메뉴를 이용하는 방식은 먼저 화면의 가장 위에 위치한 주메뉴에서 원하는 작업을 선택하면, 그와 관련된 부메뉴가 나타나고 더 이상의 관련된 부메뉴가 없을 경우 작업을 수행하는데 필요한 대화상자가 나타난다. 이 때, 사용자는 대화상자에 필요한 요소를 키보드나 마우스를 통해 입력한 후 '확인(O)' 버튼을 클릭하면 선택된 작업이 수행된다.

다음의 <그림 A-2>는 요약 통계량을 구하기 위한 대화상자이다. 이 대화상자를 얻으려면 '**통계분석(S) > 기초통계학(B) > 기술통계량 표시(D)**' 순서로 메뉴를 선택하면 된다.

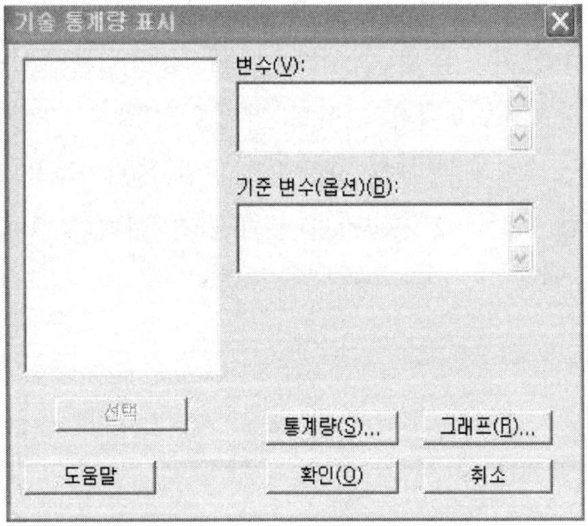

〈그림 A-2〉 요약 통계량을 구하는데 필요한 대화상자

앞서 언급했듯이 미니탭에서 취급하는 명령어는 200 가지가 넘는데, 여기서는 명령문을 사용할 때 필요한 규칙들을 기술하고 다음 절에서는 자주 사용되는 기본적인 명령어에 대해서 소개하기로 한다. 명령문은 세션 윈도우의 '**MTB >** '라는 프롬프트에서 사용할 수 있다. 만약 세션 윈도우에 이러한 MTB > 프롬프트가 없다면, '**편집기(D) > 명령 사용(E)**'을 선택하면 된다. 미니탭에서 명령문을 사용할 때 알아 두어야 할 중요한 규칙은 다음과 같다.

(1) 모든 미니탭 명령문은 다음과 같이 '**READ**' 또는 '**LET**' 등 명령어로 시작하여 변수, 상수 및 수식 등을 수반하는 형태로 구성된다.

```
MTB > 명령어 + ARGUMENT(변수, 상수, 파일 등)
```

(2) 명령어는 앞의 네 글자만으로 줄여서 쓸 수 있다. 따라서 '**INFORMATION**' 등의 명령어는 간단히 '**INFO**' 등으로 나타낼 수 있다.

```
MTB > INFORMATION
또는
MTB > INFO
```

(3) 연속된 변수나 상수는 대쉬(-)를 이용하여 간략하게 표현할 수 있다.

```
MTB > READ C1 C2 C3 C4 C5
또는
MTB > READ C1-C5
```

(4) 명령문은 반드시 새로운 줄에서 시작해야 한다. 만약 명령문이 매우 길어서 한 줄에 전부 나타낼 수 없는 경우에는 아래와 같이 '**&**' 기호를 사용하여 다음 줄까지 이용할 수 있다.

```
MTB > READ C1 C2 C6 C8-C11 C13 C15 C16 &
CONT>     C19 C21 C22
```

(5) 숫자를 나타내는 경우에는 쉼표(,)를 사용하지 않는다. 예를 들면 '만 이천 삼백 사십 오'는 '12,345'가 아니라 '12345'로 나타낸다.

(6) 필요시 문장 전체 또는 일부를 **주석문**(comment)으로 사용할 수 있는데, 이 때에는 다음과 같이 '**NOTE**' 또는 '**#**' 기호를 이용한다.

```
MTB > NOTE : DATA FROM '94 STUDY
MTB > # DATA FROM '94 STUDY
MTB > READ C1 C2 # '94 STUDY DATA
```

(7) 또한 명령어 다음에 세미콜론(;)을 부여함으로써 **부명령어**(subcommand)를 사용할 수 있다. 이 경우에는 반드시 부명령어 구문의 끝에 마침표를 찍어 명령문이 끝났음을 나타내야만, 미니탭에서 명령문이 완전히 종료되었다는 것을 인식하고 이에 따른 작업을 수행하게 된다.

```
MTB > HISTOGRAM C1;
SUBC> INCREMENT 10;
SUBC> START 60.
```

4. 미니탭의 기본 명령어

미니탭에서 기본적으로 사용되는 명령어를 소개하기에 앞서 변수 및 상수 등을 지정하는데 이용되는 C, K, E 및 M 등의 몇 가지 기호를 먼저 익혀 두기로 한다.

```
C : 변수 및 열의 지정  (예) C1, C2, C3, ...
K : 상수의 지정        (예) K1, K2, K3, ...
E : 변수 또는 상수의 지정
M : 행렬의 지정        (예) M1, M2, M3, ...
```

(1) READ, SET, END : **자료입력을 위한 명령어**

미니탭에서 자료를 입력시키기 위한 명령어로는 READ와 SET의 두 가지가 있다. 먼저 '**READ**'는 자료를 행 단위로 입력시키기 위한 것이고, '**SET**'은 많은 수의 자료를 열 단위로 입력시키고자 할 때 사용한다. 어느 경우이든 자료입력이 끝나면 '**END**'라는 명령어를 부여하여 자료입력이 완료되었음을 나타내야 한다.

```
MTB > READ C1 C2 C3
DATA> 1 2 3
DATA> 2 4 6
DATA> 3 6 9
DATA> 4 8 12
DATA> END
```

```
MTB > SET C1
DATA> 1 2 3 4
DATA> END
MTB > SET C2
DATA> 2 4 6 8
DATA> END
MTB > SET C3
DATA> 3 6 9  → 자료의 수가 많은 경우에는 여러
DATA> 12        줄로 나누어 입력이 가능
DATA> END
```

위에서 수행한 명령어 대신에 직접 워크시트 윈도우에서 키보드를 이용하여 자료를 입력할 수 있다. 먼저 워크시트 윈도우에서 입력하고자 하는 위치, 즉 해당 셀(cell)을 선택한 후 원하는 값을 입력하면 된다. 워크시트 윈도우의 작업표는 C1, C2, C3 등과 같이 열 방향이 변수를 나타내며, 행 방향이 하나의 관찰 대상을 의미한다.

(2) PRINT : **입력된 자료의 출력을 위한 명령어**

```
MTB > PRINT C1-C3

 ROW   C1    C2    C3

   1    1     2     3
   2    2     4     6
   3    3     6     9
   4    4     8    12
```

(3) LET : 수학적 연산을 위한 명령어

```
MTB > LET C3(2)=7     → C3의 2번째 자료값을 7로 대체함
MTB > LET K1=2        → K1이라는 상수에 2를 저장함
MTB > LET C4=(K1-6)*C1  → C1의 각 값에 (K1-6), 즉 -4를 곱한
                           결과를 새로운 변수 C4에 입력함
MTB > LET C5=ABSO(C4) → C4의 각 값에 절대값을 취하여 C5에 입력함
MTB > LET C6=C2**2    → C2의 각 값을 제곱하여 C6에 입력함
```

'**LET**'을 이용한 위의 연산 결과는 메뉴 방식으로도 수행할 수 있다. '**계산(C) > 계산기(L)**' 순서로 메뉴를 선택하여 나타나는 대화 상자를 이용하면 된다.

(4) INSERT, DELETE : 자료의 추가입력 또는 부분삭제를 위한 명령어

'**INSERT**'는 기존 변수에 자료를 추가적으로 입력시키는 경우의 명령어이고, 또한 '**DELETE**'는 지정하는 위치의 자료를 삭제하라는 명령어이다.

```
MTB > INSERT 5 6 C4  →  C4의 5번째 행과 6번째 행 사이에 자료를
                         추가하여 입력하겠다는 명령
DATA> -22
DATA> END
```

```
MTB > INSERT C5 C6  →  C5와 C6의 맨끝에 자료를 입력한다는 명령
DATA> 32 225
DATA> END

MTB > DELETE 2:4 6:7 C3  →  C3의 2-4행과 6-7행을 삭제하라는 명령
```

INSERT와 DELETE 명령은 마우스를 이용하여 워크시트 윈도우에서 직접 수행할 수 있다. 먼저 삽입 또는 삭제하고자 하는 영역을 마우스 끌기(drag)를 이용하여 선택한 후 마우스의 오른쪽 단추를 누르면 실행 가능한 메뉴가 나타나며, 이중에서 원하는 명령을 선택하면 된다.

(5) ERASE : **특정 상수나 변수 전체를 삭제하기 위한 명령어**

```
MTB > ERASE C3  →  변수 C3를 삭제함
```

특정 변수를 워크시트 윈도우 상에서 직접 삭제하기 위해서는 먼저 마우스의 커서를 삭제하고자 하는 변수명 위에 위치시켜 왼쪽 단추를 눌러 변수를 선택한 후, 앞에서와 같이 마우스의 오른쪽 단추를 눌러 나타나는 메뉴 가운데 '**셀 삭제(D)**'를 선택한다.

(6) NAME : **변수명을 부여하기 위한 명령어**

자료분석의 목적상 또는 편의상 필요하다면 변수에 어퍼스트로피(')를 이용하여

여덟 자 이내의 이름을 부여할 수 있다. 그러나 이 때, 이름의 처음과 끝에는 빈 칸이 사용될 수 없으며, 여덟 자 내의 이름 중에 어퍼스트로피가 포함될 수 없음을 유의해야 한다. 한편 일단 이름이 부여된 변수는 앞으로의 분석에 있어서, 다음과 같이 해당 변수 자리에 부여된 변수명이 사용된다.

```
MTB > NAME C1='FIRST' C2='SECOND'
```

워크시트 윈도우 상에서 직접 변수의 이름을 부여하려면 C1, C2, C3 등과 같은 열의 이름과 실제 자료가 입력되는 셀 사이에 있는 빈 칸을 이용한다. 즉, 원하는 변수의 칸을 선택한 후 부여하고자 하는 변수의 이름을 앞에서 언급한 조건에 맞도록 입력하면 된다.

(7) INFORMATION : **작업표의 상황을 알려 주는 명령어**

현재까지의 분석에서 사용된 변수의 목록과 각 변수에 입력된 자료의 수 또는 변수명 등을 알아보고자 할 때에는 '**INFORMATION**'이라는 명령어를 이용한다. 이 결과는 '**창(W) > 2 Project Manager**' 메뉴를 선택하여 확인할 수도 있다.

(8) HELP : **미니탭 사용의 도움을 요청하는 명령어**

미니탭에서는 '**HELP**'라는 명령어를 통하여 미니탭 사용자에게 도움말을 제공하고 있으며, 이는 주메뉴에 있는 '**도움말(H)**' 메뉴를 이용할 수도 있다. 도움말에서는 미니탭의 개요, 미니탭에서 제공하는 분석방법, 그리고 여러 가지 미니탭 명령어에 대하여 설명하고 있다.

5. 미니탭에서의 파일 생성

미니탭에서 이용 가능한 파일에는 여러 가지가 있으나 여기서는 워크시트 윈도우의 작업표에서 생성한 자료를 저장하는 것과 작업 수행 결과물을 저장하는 과정을 중심으로 다루기로 한다.

(1) 작업표 저장파일의 생성

작업표 저장파일이란 워크시트 윈도우의 작업표에 생성된 자료 전체가 저장된 파일을 말한다. 작업표 저장파일을 생성하기 위해서는 '**SAVE**'라는 명령어 또는 메뉴를 이용할 수 있다. 작업표 저장파일에는 작업표상의 모든 변수와 상수 그리고 변수명 등의 정보를 담게 된다. 명령어 SAVE를 이용할 경우에 파일 이름은 변수명의 경우와 마찬가지로 어퍼스트로피를 이용하여 표시하는데, 자동적으로 'MTW'라는 확장자가 부여된다. 메뉴를 이용하려면 '**파일(F) > 현재 워크시트 저장(C)**'을 선택하여 나타나는 대화상자에 새로운 파일 이름을 지정하면 된다.

```
MTB > SAVE 'LTS'  →  작업표의 내용을 'LTS.MTW'라는
                     파일에 저장함
```

한편 SAVE에 의하여 저장된 파일은 '**RETRIEVE**'라는 명령어를 통하여 저장할 당시의 상태 그대로를 다시 복원할 수 있다. 이 과정을 메뉴를 이용하려면 '**파일(F) > 워크시트 열기(W)**'를 선택하여 나타나는 대화상자에서 원하는 파일명을 선택하면 된다.

```
MTB > RETRIEVE `LTS'
```

(2) 결과물 저장파일의 생성

결과물 저장파일이란 미니탭을 이용한 작업의 결과를 저장해 놓기 위한 파일을 말한다. 미니탭을 이용한 결과는 다음 두 가지 방법에 의하여 생성된다. 먼저 대부분의 분석결과는 세션 윈도우에 나타나며, 필요한 경우 별도의 그래프 윈도우에 여러 가지 그래프 작업결과가 나타난다.

세션 윈도우에 나타난 작업결과는 '**OUTFILE**'과 '**NOOUTFILE**'이라는 명령어에 의하여 파일로 생성되거나, 또는 '**파일(F) > 프로젝트 저장(S)**' 메뉴를 선택하여 나타나는 대화상자에 파일명을 입력하여 파일로 생성할 수 있다. 명령어 OUTFILE과 NOOUTFILE을 이용하는 경우에는 OUTFILE 이후의 내용부터 NOOUTFILE 이전까지의 내용을 저장하게 되며, 파일의 이름은 OUTFILE이라는 명령어 다음에 어퍼스트로피를 사용하여 부여하는데 'LIS' 라는 확장자가 자동적으로 붙게 된다. 따라서 다음 예의 경우에는 OUTFILE과 NOOUTFILE 사이의 작업내용이 'LTS.LIS'라는 파일명으로 저장된다.

```
MTB > OUTFILE `LTS'
MTB > ······
      ······
MTB > ······
      ······
MTB > NOOUTFILE
```

'**파일(F) > 프로젝트 저장(S)**' 메뉴를 이용할 경우 대화상자에서 저장하길 원하는 파일의 형태를 지정하여야 한다. 대개의 경우 작업한 결과 전체를 저장할 경우에는 메뉴를 이용하는 것이 간편하며, 부분적인 결과만을 저장할 경우에는 'OUTFILE'과 'NOOUTFILE' 명령어를 사용하는 것이 편리하다. 그래프 윈도우의 내용을 저장하려면 그래프 윈도우를 활성화시킨 후 '**파일(F) > 프로젝트 저장(S)**' 메뉴를 선택하면 된다.

미니탭 작업을 종료하려 할 때, 만약 종료 직전에 수행한 작업의 결과를 저장하지 않았을 경우에는 미니탭에서 자동적으로 저장 여부를 사용자에게 확인하게 되므로 이를 이용하여 저장할 수도 있다.

6. 미니탭 결과물의 출력

이제 미니탭의 작업내용 및 결과물을 출력용지에 출력하고자 하는 경우에 대하여 알아보기로 한다. 윈도우에 있는 내용 전체를 출력하려면 먼저 출력하고자 하는 윈도우를 활성화시킨 후, '**파일(F) > 세션 창 인쇄(P)**' 메뉴를 선택하여 나타나는 대화상자에서 '**모두**' 항목을 선택하면 된다.

선택한 윈도우 중 일부분만을 출력하길 원한다면 먼저 출력하길 원하는 영역을 마우스 끌기를 이용하여 선택한 후, '**파일(F) > 세션 창 인쇄(P)**' 메뉴를 선택하여 나타나는 대화상자에서 '**인쇄 범위**' 항목을 선택하면 원하는 부분만을 출력할 수 있다.

참 고 문 헌

김종덕, SAS를 이용한 선형회귀분석, 자유아카데미, 2002.

김철응 · 박상언, 미니탭, 자유아카데미, 2002.

박정섭, 미니탭 프로그래밍, 자유아카데미, 2011.

안성진, Minitab 다루기 : 입출력, 데이터, 그래픽스, 매크로, 자유아카데미, 2012.

염준근, 선형회귀분석, 자유아카데미, 2005.

윤상운 · 이태섭, 미니탭을 이용한 실용통계학, 자유아카데미, 2022.

최종후 등, 미니탭을 이용한 통계적 방법, 자유아카데미, 2009.

허명회 · 서혜선, SAS 회귀분석, 자유아카데미, 2001.

Chatterjee, S., Hadi, A.S. and Price, B., *Regression Analysis by Example*, 3rd ed., John Wiley & Sons, 1999.

Draper, N.R. and Smith, H., *Applied Regression Analysis*, 3rd ed., John Wiley & Sons, 1998.

Montgomery, D.C. and Peck, E.A., *Introduction to Linear Regression Analysis*, 2nd ed., John Wiley & Sons, 1992.

Neter, J., Kutner, M.H., Nachtsheim, C.J. and Li, W., *Applied Linear Statistical Models*, 5th ed., McGraw Hill, 2005.

Ott, R.L., *An Introduction to Statistical Methods and Data Analysis*, 4th ed., Duxbury, 1993.

Seber, G.A.F. and Lee, A.S.,, *Linear Regression Analysis*, 2nd ed., John Wiley & Sons, 2003.

Wonnacott, T.H. and Wonnacott, R.J., *Introductory Statistics for Business and Economics*, 4th ed., John Wiley & Sons, 1990.

찾 아 보 기

【ㅎ】

| 저자 약력 |

이 태 섭(李 台 爕)

연세대학교 상경대학 응용통계학과
연세대학교 대학원 응용통계학과 (통계학박사)
한국국방연구원 선임연구원
미국 뉴저지주립대학교 통계학과 방문교수
미국 조지워싱턴대학교 통계학과 방문교수
안양대학교 입학처장
안양대학교 기획처장
현재 : 안양대학교 이공대학 통계데이터사이언스학과 교수

미니탭을 이용한
실용회귀분석

| 저 자 이태섭
| 발 행 인 김지영
| 발 행 처 자유아카데미
| 주 소 경기도 파주시 회동길 37-42
파주출판도시
| 전 화 031-955-1321
| 팩 스 031-955-1322
| 홈페이지 www.freeaca.com
| 전자우편 main@freeaca.com(대표)
editor@freeaca.com(편집)
crm@freeaca.com(영업)
| 등 록 제406-2003-017호, 1980. 7. 12
| 제1판1쇄 2011년 12월 20일 발행
| 제1판2쇄 2023년 2월 28일 발행
| 정 가 24,000원

저자와의
협의하에
인지생략

ISBN 978-89-7338-915-5 93310